第1章　室内外效果图的特点

第2章 二维图形建模与修改

第3章 三维建模与修改

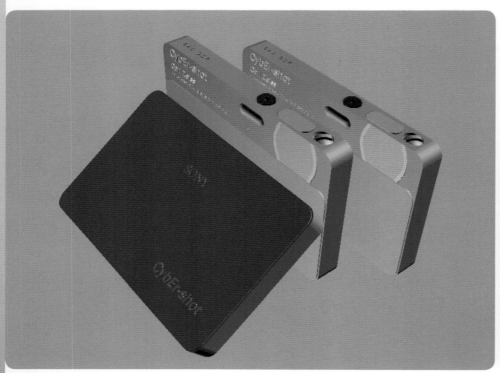

第4章　材质分类与属性

第5章　VRay材质的运用

第6章　VRay 渲染器

第7章　欧式客厅效果表现

第8章　雅致书房效果表现

第9章　敞开式厨房

第10章　商店空间

第11章　商业楼群

第12章　现代楼群

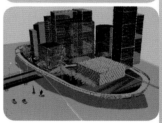

第13章　现代别墅

第14章　清爽洗浴间

3ds Max 2014/VRay

室内外效果图

从新手到高手

数码创意　编著

中国铁道出版社

CHINA RAILWAY PUBLISHING HOUSE

内 容 简 介

本书全面深入地介绍了3ds Max 2014建模、材质和渲染的各项技巧，帮助读者快速从新手走向高手。全书共分为14章，第1～6章为基础知识部分，主要讲解3ds Max和VRay渲染器的各项基本参数，并配合各个精致的实例进行操作分析；第7～14章为实例制作部分，通过综合的实例，介绍效果图制作的精湛技术。

本书旨在通过大量的实例练习，让读者快速掌握3ds Max 2014及VRay渲染器的基础知识，并逐步提高室内外效果图设计、制作水平。本书非常适合初学者自学，也可作为相关院校及社会培训机构的教学用书。

图书在版编目（CIP）数据

3ds Max 2014/VRay室内外效果图从新手到高手 / 数码
创意编著. —北京：中国铁道出版社，2014.4
　ISBN 978-7-113-17987-8

Ⅰ. ①3… Ⅱ. ①数… Ⅲ. ①建筑设计－计算机辅助
设计－三维动画软件 Ⅳ. ①TU201.4

中国版本图书馆CIP数据核字（2014）第018595号

书　　名：**3ds Max 2014/VRay室内外效果图从新手到高手**
作　　者：数码创意 编著

责任编辑：王　宏　　　　　　读者热线电话：010-63560056
编辑助理：吴伟丽　　　　　　封面设计：多宝格
责任印制：赵星辰

出版发行：中国铁道出版社（北京市西城区右安门西街8号　邮政编码：100054）
印　　刷：北京市新魏印刷厂
版　　次：2014年4月第1版　　2014年4月第1次印刷
开　　本：850mm×1092mm　1/16　印张：26.75　插页：4　字数：630千
书　　号：ISBN 978-7-113-17987-8
定　　价：69.00元（附赠光盘）

前 言 Foreword

3ds Max是目前全世界范围内使用范围最广、用户群体最多的三维动画软件之一，也是目前室内装修设计和影视动画设计行业的通用软件。作为一款高端的设计软件，相信许多朋友可以了解和使用一些简单的操作功能，但这并不代表您已经掌握了3ds Max。

如果您想真正掌握该软件，并成为3ds Max高手，那么必须从软件的基础知识入手，通过大量的练习，逐步提高操作能力和技术水平。本书将全面深入地介绍3ds Max建模、材质和渲染的各项技巧，帮助读者快速地从新手走向高手。

本书共分为14章，第1~6章为基础知识部分，主要讲解3ds Max和VRay渲染器的各项基本参数，并配合各个精致的实例进行操作分析。其中：第1章为"室内外效果图的特点"；第2章为"二维图形建模与修改"；第3章为"三维建模与修改"；第4章为"材质分类与属性"；第5章为"VRay材质的运用"；第6章为"VRay 渲染器"。第7~14章为实例制作部分，通过综合的实例，介绍效果图制作的精湛技术。其中：第7章为"欧式客厅"；第8章为"雅致书房"；第9章为"敞开式厨房"；第10章为"商店空间"；第11章为"商业楼群"；第12章为"现代楼群"；第13章为"现代别墅"；第14章为"清爽洗浴间"。

本书内容丰富，知识涵盖面广，实例典型，非常适合广大3ds Max和VRay渲染器的初、中级使用者阅读，还可作为相关专业的培训参考用书。由于时间仓促，加之编者水平有限，书中疏漏之处在所难免，敬请读者批评和建议。您可以通过xzhd2008@163.com和我们联系。

编　者

2014年2月

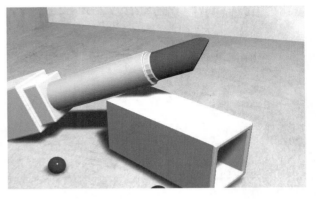

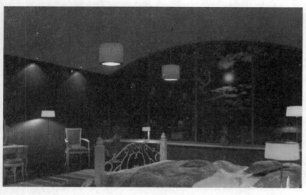

第 *1* 章　室内外效果图的特点

　　在室内外设计领域，效果图通过一种形象的方式传达设计师的意识和美感，也是设计师必须具备的能力之一。制作效果图要追求一种基于真实的美感，也就是说，效果图首先要真实，然后在真实的基础上表现美的一面。

在室内设计与建筑设计领域，效果图通过一种形象的方式传达设计师内在的意念和视觉的美感，因此，制作效果图是设计师必须具备的重要能力之一，即使再好的创意、再好的设计，如果不能通过视觉化的方式传达给其他人，那它就毫无价值可言。效果图是设计师最常用的传达设计信息、研究设计方案、交流创作意见的专业语言之一，一幅具有表现力的效果图，不仅可以将设计师的设计思想表现得淋漓尽致，还可以有效地说服客户。并且多数设计都是在逐步视觉化的过程中不断更正错误，逐渐成熟的。利用效果图，设计师可以在创造性的设计过程中捕捉、追踪并激发快速运转的创作思维，发掘出更多潜在的可能性。

传统室内效果图采用手绘的方式，在绘制之前往往要先制作产品的透视图，过程烦琐、周期漫长、难于修改，室内或建筑的空间体量关系、表面的材质机理也难于表达。针对传统效果图绘制手段的不足，利用计算机三维动画制作软件绘制室内效果图正逐渐成为设计界的主流。手绘效果图如图1-1所示。室外手绘效果图如图1-2所示。

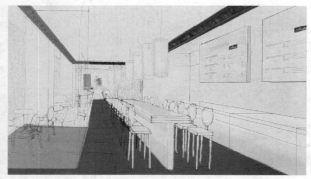

图1-1 手绘效果图表现

图1-2 室外手绘效果图表现

另外，在室内设计与建筑设计领域，设计师往往要在短时间内提供大量的设计方案，以供评估和选择，面对这样的挑战，3ds Max使设计师的工作流程更为简捷、高效，并极大地拓展了设计师的思维空间。制作出的效果图更为准确、真实、便于修改，比手绘效果图能更真切、完整地说明设计构思，在视觉感上建立起设计者与其他人进行沟通和交流的渠道。在虚拟的三维空间中创建的室内效果模型可以真实展现形态、尺度、材质、色彩、光影乃至环境气氛等造型特征。

不久之前，计算机三维动画制作领域还存在着高端与低端软件的明显差别。高端软件如Softimage、Prismw（现在的Houdini）以及Alias/Waveront（现在的Maya）是三维动画制作软件的主流，拥有着该领域全部的技术精粹。这些高端软件功能非常强大，可以完成极为复杂的任务，但是它们的结构非常复杂，只能在SGI等高性能的三维动画工作站运行，所以只有少数大型专业公司能够承受其昂贵的价格与苛刻的运行环境要求。低端软件如3ds Max和lighteave等三维动画制作软件则能够在个人计算机上运行，这些软件虽然也能完成相对复杂的任务，但是由于其软件规模与硬件平台的限制，总是要耗费设计师更多的时间与精力，所以最终完成的作品效果也大打折扣。

随着技术的发展，现在的高端软件除了在大型影视制作与三维虚拟现实领域还保持着一定的优势之外，在建筑设计、室内设计、展示设计、产品造型设计、小型影视制作（如影视片头设计、多媒体设计、网页动画设计等）领域，低端软件已经与高端软件没有太大的分别了，究其原因主要有以下两点：首先，低端软件在不断追逐着高端软件的技术发展，往往在高端软件发布新的功能之后，低端软件在其新版本中也加入类似的功能；其次，低端软件基本都采用开放式的体系，很多小型的专业公司为其开发高性能的外挂插件，3ds Max拥有多达数千个专业高效的外挂插件，高端软件能够完成的复杂任务，低端软件借助其外挂插件也能同样能出色地完成。

在建筑与室内设计领域，利用3ds Max可以创建具有精确结构与尺度的仿真模型，一旦模型制作完成，就可以在建筑物的外部与内部以任意视点与角度进行观察，还可以结合现实的环境场景输出更为真实的效果图，甚至可以在未开工前就制作出工程竣工后的效果专题片。客厅效果图如图1-3所示，卧室效果图如图1-4所示，厨房效果图如图1-5所示。

图1-4 卧室效果图表现

图1-3 客厅效果图表现

图1-5 厨房效果图表现

1.2 优秀室内外效果图的特点

优秀的室内外效果图应该注意以下几点：构图和形式美、整体效果、灯光的表现、恰当地处理配景和渲染环境、风格与表现。

1.2.1 构图和形式美

一幅室内外效果图是否完整统一，很大程度上取决于效果图的构图。不同的美术作品具有不同的构图原则。对于建筑效果图来说，基本上遵循平衡、统一、比例、节奏、对比等原则。

平衡

所谓平衡是指空间构图中各元素的视觉分量给人以稳定的感觉。不同的形态、色彩、质感在视觉传达和心理上会产生不同的分量感觉，只有不偏不倚的稳定状态才能产生平衡、庄重、肃穆的美感。平衡有对称平衡和非对称平衡之分，对称平衡是指画面中心两侧或四周的元素具有相等的视觉分量，给人以安全、稳定、庄严的感觉；非对称平衡是指画面中心两侧或四周的元素比例不等，但是利用视觉规律，通过大小、形状、远近、色彩等因素来调节构图元素的视觉分量，从而达到一种平衡状态，给人以新颖、活泼、运动的感觉。例如，相同的两个物体，深色的物体要比浅色的物体感觉上重一些；表面粗糙的物体要比表

3

面光滑的物体显得重一些。图1-6所示的是通过效果图中墙面的黄色与布面的红色形成对比而达到平衡。除了通过色彩之外，还可以通过空间摆设的对称达到平衡，如图1-7所示。

图1-6 效果图的颜色平衡表现

图1-7 效果图的对称平衡表现

统一

统一是美术设计中的重要原则之一，制作建筑效果图时也是如此，一定要使画面拥有统一的思想与格调，把所涉及的构图要素运用艺术的手法创造出协调统一的感觉。这里所说的统一，是指构图元素的统一、色彩的统一、思想的统一、氛围的统一等多方面。统一不是单调，在强调统一的同时，切忌把作品推向单调，应该是既不单调又不混乱、既有起伏又有协调的整体艺术效果。例如，可以借助正方形、圆形、三角形等基本元素，使不协调的空间得以和谐统一。图1-8所示的专卖店利用灯罩使空间达到和谐统一。

比例

在进行效果图构图时，比例问题是很重要的，主要包括两个方面：一是指造型比例；二是指构图比例。造型比例效果表现如图1-9所示。

图1-8 利用装饰物使空间达到统一

图1-9 效果图的比例

首先，对于效果图中的各种造型，不论其形状如何，都存在着长、宽、高3个方向的度量。这3个方向上的度量比例一定要合理，物体才会给人以美感。例如，制作一座楼房的室外效果图，其中长、宽、高就是一个比例问题，只有把长、宽、高之间的比例设置合理，效果图看起来才逼真。实际上，在建筑和艺术领域有一个非常实用的比例关系，那就是黄金分割——1:1.618，这对于制作建筑造型具有一定的指导意义，当然，不同的问题还要结合实际情况进行不同的处理。图1-10所示为女性专卖店的空间比例效果。

图1-10 女性专卖店的空间比例效果

其次，当具备了比例和谐的造型后，把它放在一个环境之中时，需要强调构图比例，理想的构图比例是2:3、3:4、4:5等。对于室外效果图来说，主体与环境设施、人体、树木等要保持合理的比例。

节奏

节奏体现了形式美。在效果图中，将造型或色彩以相同或相似的序列重复交替排列可以获得节奏感。自然界中有许多事物，例如，人工编织物、斑马纹等，由于有规律地重复出现，或者有秩序地变化，给人以美的感受。在现实生活中，人类有意识地模仿和运用自然界中的一些纹理，创造出了很多有条理、重复和连续的美丽图案。例如，皮革纹理、布匹纹理等，很多都是重复美。

节奏就是有规律的重复，各空间要素之间具有单纯的、明确的、秩序井然的关系，使人产生匀速有规律的动感。如图1-11所示，空间的瓷砖和墙面上的壁纸使空间显得有节奏感。

图1-11 节奏感的体现

对比

有效地运用任何一种差异，通过大小、形状、方向、明暗及情感对比等方式，都可以引起读者的注意。在制作效果图时，应用最多的是明暗对比，这主要体现在灯光的处理技术上。效果图的对比如图1-12所示。

技巧提示

通过对比的手法，可以使原本狭小的空间在视觉上产生延伸。例如，在小空间中大面积地使用对比色。

（a） 效果图灯光对比表现　　　　　　　　　　　　（b） 效果图颜色对比表现

图1-12　效果图的对比

1.2.2 灯光的表现

　　一张效果图的灯光表现通常分为天光、太阳光、室内灯光三大表现形式，在多数情况下，这3种表现形式会交错使用。太阳光表现效果如图1-13所示，天光表现效果如图1-14所示。

图1-13　太阳光效果图表现　　　　　　　　　　　　图1-14　天光效果图表现

　　不管是白天还是晚上都有天光，只是晚上是月光，显得很暗。如果想提高效果图的水平，建议去设计论坛多与设计师交流一下，还要多观察现实生活中灯光的布局。

一般色彩效果：蓝、绿、灰色表示"安静、凉爽"；红、粉红、棕色使人感到"温暖、兴奋"；明亮色调使房间显得较大，常用在较小、较暗的房间；暗淡色调使房间看上去较小、亮度较低。

和谐色彩：两三种相近色调的颜色搭配，如蓝、绿或灰色，可产生精巧安静的效果；色彩搭配得当，可使房间或房屋混为一体，显得宽敞。

侧重色彩：对大面积区域选定颜色后，可用一种比其更亮或更暗的颜色以示渲染，如用于线角处。侧重色彩用于有装饰线的小房间或公寓，更能相映成趣。

对比色彩：选用具有强烈对比效果的色彩，如亮对暗、暖色对冷色，可以达到生气盎然的效果。

同一张效果图，由于灯光设置的颜色不同，效果也不同。白色的灯光使效果干净、清新，如图1-15所示。黄色的灯光使空间表现得更加温馨，如图1-16所示。

图1-15 白色灯光表现效果

图1-16 黄色灯光表现效果

1.2.3 恰当地处理配景和渲染环境

在制作效果图过程中，恰当地处理好配景是十分有必要的，把效果图的配景处理恰当，会让效果图的整体看起来比较舒服，如图1-17所示，室外的石墙可以把室内空间的斑驳感觉更好地表现出来。

好的渲染环境对效果图的表现是非常重要的，渲染环境可以更好地烘托渲染效果，让效果图在表现上更加完美，如图1-18所示，以别墅窗外的景色作为渲染环境，使得整体效果清新自然。

图1-17 恰当的配景

图1-18 渲染环境

欧式风格

在装修兴起的年代，装修大多追求的是较为豪华富裕的风格。尤其是在20世纪80年代和90年代初，室内装修往往是炫耀自己身份的一种特殊形式。人们会要求把各种象征豪华的设计嵌入装修之中，例如，彩绘玻璃吊顶、壁炉、装饰面板、装饰木角线等，而且基本上以类似于巴洛克风格结合国内存在的材料为主要装饰方式。图1-19所示为欧式风格。

图1-20　朴素风格

图1-19　欧式风格

朴素风格

20世纪90年代在一些地区出现一股家装热。由于受技术和材料所限，那时还没有真正意义上的设计师来进行家装指导，因此随心所欲就是当时的最大写照。人们开始追求一种整洁明亮的室内效果。时至今日，这种风格仍然是大多数初次置业者装修的首选，如图1-20所示。

精致风格

经过近10年的摸索，随着国内居民的生活水平提高、对外开放的增多，人们开始向往和追求高品质的生活。大约是从20世纪90年代中期开始，人们开始在装修中使用精致的装饰材料和家具，尤其是在这个时候，国内的设计师步入家装设计行列，从而带来了一种新的装饰理念，如图1-21所示。

图1-21　精致风格

自然风格

20世纪90年代开始的装饰热潮带给人们众多的装饰观念。市面上大量出现的中国台湾、香港地区的装饰杂志让人们大开眼界，以前大家所不敢想象的诸如小花园、文化石装饰墙和雨花石等装饰手法纷纷出现在现实的设计中。尤其是大家看惯了大量使用红榉所造成的"全国装修一片黄"的装饰现象之后，亲近自然、返璞归真也就成了人们所追求的目标之一，如图1-22所示。

轻快风格

20世纪90年代中期开始，家居的设计思想得到了很大的解放，人们开始追求各种各样的设计方式，其中现代主义、后现代主义等一系列较为完整的设计体系在室内设计中形成。人们在谈及装修时，这些"主义"频繁地出现在嘴边。这种风格基本上以樱桃木作为主要的木工饰面，如图1-23所示。

图1-22　自然风格

图1-23　轻快风格

柔和风格

在20世纪末21世纪初，一种追求平稳中带点豪华的仿会所式的设计开始在各式房地产楼盘的样板房和写字楼中出现，继而大量出现在普通的家居装饰之中。这种风格比较强调一种较为简单但又不失内容的装饰形式，逐步形成了以黑胡桃为主要木工装饰面板的风格。其中，简约主义和极简主义开始浮出水面，如图1-24所示。

优雅风格

这也是出现在20世纪末21世纪初的一种设计风格，它基本上基于以墙纸为主要装饰面材、结合混油的木工做法。这种风格强调比例和色彩的和谐。人们开始会把一面墙的上部分与天花板同色，而墙面使用一种带有淡淡纹理的墙纸。整个风格显得十分优雅和恬静，不带有一丝的浮躁，如图1-25所示。

图1-24　柔和风格

图1-25　优雅风格

都市风格

进入21世纪，房改的进行，众多年轻的初次置业者的出现，为这种风格的产生注入了动力。年轻人刚买了房子，很多人都囊中羞涩，而这个时候的房地产基本上又都是以毛坯房（一种不带基本装修的风格）为主，这些年轻人被迫进行了装修的革命。受财力所限，人们开始通过各种各样的形式来强调已经"装修"的观感，其中大量使用明快的色彩就是一种典型的例子。人们会在家居中大量使用各种各样的色彩，有时候甚至在同一个空间中，使用3种或3种以上的色彩，如图1-26所示。

图1-26　都市风格

清新风格（轻淡写意）

这是在简约主义影响下衍生出来的一种带有"小资"味道的室内设计风格。尤其是随着众多的单身贵族的出现，这种小资风格大量地出现在各式公寓装修之中。由于很多时候，他们的居住者没有

诸如老人和小孩之类的成员，所以在装修中不必考虑众多的功能问题，往往强调一种随意性和平淡性。轻飘的白色纱帘配着一张柔软的布艺沙发，再堆放着一堆各种颜色的抱枕，就形成了一个充满懒洋洋氛围的室内空间，如图1-27所示。

图1-27　清新风格

中式风格

随着众多现代派主义的出现，国内已出现了一股复古风，那就是中式装饰风格的复兴。国画、书画及明清家具构成了中式设计的主要元素。但这些复古家私价格不菲，成为爱好者的一大障碍，如图1-28所示。

图1-28　中式风格

下面介绍效果图的测试和出图。

测试阶段

打开场景素材模型后，先检查场景模型是否有问题，比如破面、重面和漏光等错误。在视图中添加并设置好摄影机后，可以先粗略地渲染一张设置较低的小图来检查模型是否存在问题。

01 首先在材质编辑器中，设置以通用VRay材质替代场景中的所有物体的材质。为了让物体对光的反弹更充分一些，把漫反射通道中的颜色设置为R：230，G：230，B：230的灰度值，这样方便观察暗部，其他的参数保持默认即可，如图1-29所示。

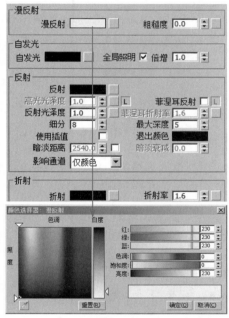

图1-29 设置测试材质参数

02 按【F10】键将渲染面板打开，接着打开"V-Ray::全局开关"卷展栏，把刚才设置好的材质拖到所要覆盖材质右边的按钮上，如图1-30所示。

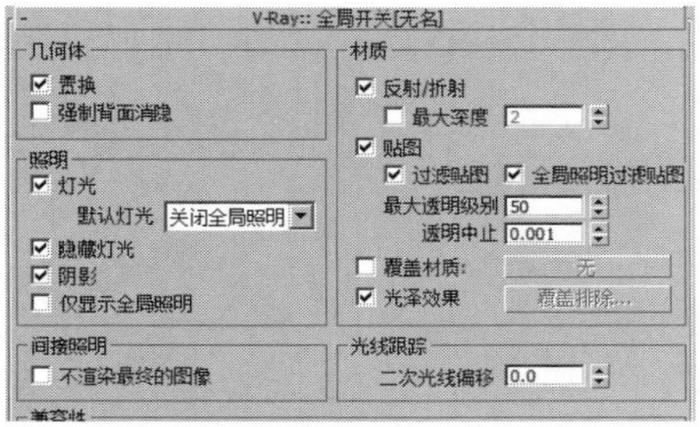

图1-30 勾选覆盖材质

03 由于是测试模型，为了节省渲染速度，因此渲染图像的尺寸设置得要小一些，如图1-31所示。

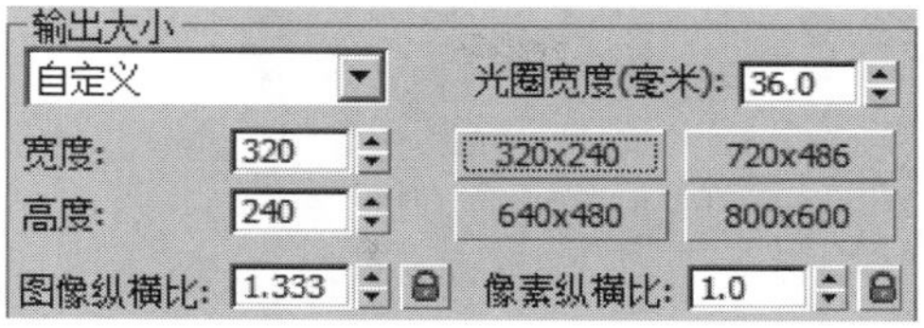

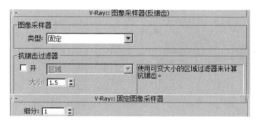

图1-31 设置渲染图像尺寸

04 为了提高测试渲染速度，图像采样使用低参数的固定方式，同时取消选择抗锯齿过滤选项，再将固定图像采样器细分值设置为1，如图1-32所示。

图1-32 设置图像采样参数

05 在"V-Ray::间接照明（GI）"卷展栏中将首次反弹全局光引擎设置为"发光图"方式，将二次反弹全局光引擎设置为"灯光缓存"方式，如图1-33所示。

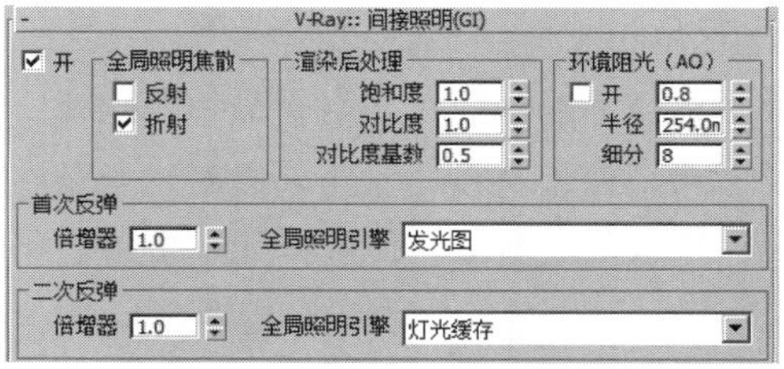

图1-33 设置间接照明参数

06 在"V-Ray::发光图"卷展栏中将当前预置设置为"自定义"，最小采样比率和最大采样比率都为 -4，并将半球细分值设置为30，如图1-34所示。

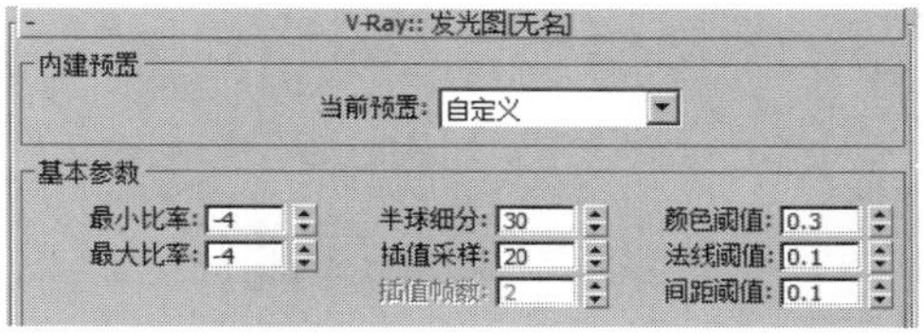

图1-34 设置发光贴图参数

07 打开 "V-Ray::灯光缓存" 卷展栏，将细分值设置为300，如图1-35所示。

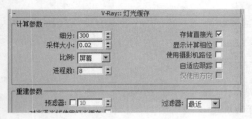

图1-35　设置灯光缓存参数

08 打开 "V-Ray::颜色贴图" 卷展栏，将颜色贴图的类型设置为 "线性倍增"，伽玛值设置为1.0，如图1-36所示。

图1-36　设置颜色贴图参数

09 在视图中添加灯光，并调整好灯光的亮度。布光时，要先从天光开始，然后逐步地增加灯光，每次增加一种灯光，进行测试渲染观察，当场景中的灯光已调整满意后再添加新的灯光。大体顺序为天光—阳光—人工装饰光—补光。

10 勾选天光Skylight开关，测试渲染，也可以通过辅助灯光完成。

11 如果环境明暗不理想，可适当调整天光强度或提高曝光方式中的暗部亮度，直至明暗对比合适为止。或者是添加辅助装饰灯，直到明暗合适为止。

12 到这里，场景的基本设置就完成了，下面开始渲染，其渲染的效果如图1-37所示。

图1-37　场景测试渲染效果

设置场景材质贴图

13 打开反射、折射，设置并调整主要材质。

出图阶段

以上是效果图的测试阶段，下面介绍效果图的出图阶段。

14 在 "发光图" 卷展栏中将当前预置设置为 "自定义"，最小采样比率和最大采样比率都为 −4，并将半球细分值设置为50，正式跑小图，保存光子文件，如图1-38所示。

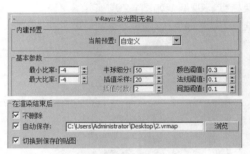

图1-38　保存光子文件

15 正式渲染：调高抗锯齿级别，调用光子文件渲染出大图，最终渲染效果如图1-39所示。

图1-39　最终效果

第2章　二维图形建模与修改

　　在3ds Max中包含了三维图形和二维图形的创建，二维图形的创建在复合物体、面片建模中的应用比较广泛，本章主要讲解对二维图形进行拉伸、旋转和斜切等编辑修改。

3ds Max中二维建模的方式有两种。一种是放样建模，使用放样建模可以制作出欧式风格的建筑构件，比如罗马柱、石膏线（见图2-1）等。这种建模的方法比较特殊，它可以为任意的横截面图形创建作为路径的图形对象。该路径可以成为一个框架，用于保留形成对象的横截面。

另一种是挤出建模，就是使用命令面板中的命令创建完二维图形，利用"修改"面板中的命令直接生成三维实体模型，例如，墙体、天花板等，如图2-2所示。

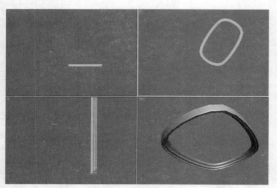

图2-1　二维线形制作石膏线

图2-2　挤出生成三维实体

二维图形还可以用于线条及贴图制作。例如，分格线可以直接用线条渲染生成，不需要再经过放样制作，这样就可以节省制作效果图的时间，而且，此方法使用起来方便、简单。利用线条及贴图制作的效果图如图2-3所示。

图2-3　线条制作效果

在"创建"面板中单击"图形"按钮，即可进入二维图形的"创建"面板，如图2-4所示。它包含的参数设置如图2-5所示。

图2-4　创建二维图形面板

3ds Max 2014/VRay室内外效果图从新手到高手

图2-5 二维图形参数"修改"面板

创建方法：在二维图形"创建"面板中单击要创建的二维线形即可在视图中创建该二维图形。

二维图形参数"修改"面板

● 在渲染中启用：启用该选项后，使用为渲染器设置的径向或矩形参数将图形渲染为 3D 网格。在该程序的以前版本中，可渲染开关执行相同的操作，可以启用和禁用样条线的渲染性，在渲染场景中指定其厚度并应用于贴图坐标，如图2-6所示。

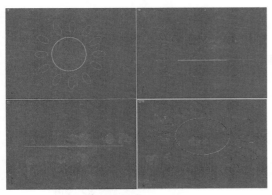

图2-6 可渲染的二维物体

● 在视口中启用：启用该选项后，使用为渲染器设置的径向或矩形参数将图形作为 3D 网格显示在视口中。在该程序的以前版本中，"显示渲染网格"执行相同的操作。

● 使用视口设置：用于设置不同的渲染参数，并显示"视口"设置所生成的网格。只有启用"在视口中启用"时，此选项才可用。

● 生成贴图坐标：启用此项可应用贴图坐标。默认设置为禁用状态。

● 真实世界贴图大小：控制应用于该对象的纹理贴图材质所使用的缩放方法。

● 视口：选择该选项为该图形指定径向或矩形参数，当启用"在视口中启用"时，它将显示在视口中。

● 渲染：启用该选项为该图形指定径向或矩形参数，当启用"在视口中启用"时，渲染或查看后它将显示在视口中。

● 径向：将 3D 网格显示为圆柱形对象。

● 厚度：指定视口或渲染样条线网格的直径。默认设置为 1.0。

● 边：在视口或渲染器中为样条线网格设置边数（或面数）。

● 角度：调整视口或渲染器中横截面的旋转位置。

2.3 样条线类型

样条线类型包括线形样条线、矩形样条线、圆形样条线、椭圆样条线、弧形样条线、圆环样条线、多边形样条线、星形样条线、文本样条线、螺旋线样条线、截面样条线。

2.3.1 线

线的"创建"面板如图2-7所示，线的"修改"面板如图2-8所示。

图2-7 线的"创建"面板

图2-8 线的"修改"面板

"初始类型"组

● 角点：产生一个尖端。样条线在顶点的任意一边都是线性的。

2.3.2 矩形

使用矩形可以创建方形和矩形样条线。矩形的"创建"面板如图2-9所示。

"参数"卷展栏

创建矩形之后，可以使用以下参数进行更改。

● 长度：指定矩形沿着局部 Y 轴的大小在视图中进行矩形绘制。

● 宽度：指定矩形沿着局部 X 轴的大小在视图中进行矩形绘制。

● 角半径：创建圆角。设置为 0 时，矩形包含 90° 角。

创建的矩形如图2-10所示。

图2-10　创建矩形

（1）"创建方法"卷展栏

● 平滑：通过顶点产生一条平滑的、不可调整的曲线。由顶点的间距来设置曲率的数量。

"拖动类型"组

当拖动顶点位置时设置所创建顶点的类型。顶点位于第一次按下鼠标左键的光标所在位置。拖动的方向和距离仅在创建 Bezier 顶点时产生作用。

● 角点：产生一个尖端。样条线在顶点的任意一边都是线性的。

● 平滑：通过顶点产生一条平滑的、不可调整的曲线。由顶点的间距来设置曲率的数量。

● Bezier：通过顶点产生一条平滑的、可调整的曲线。通过在每个顶点拖动鼠标来设置曲率的值和曲线的方向。

（2）"键盘输入"卷展栏

● 添加点：在当前 X/Y/Z 坐标上对线添加新的点。

● 关闭：使图形闭合，在最后和最初的顶点间添加一条最终的样条线线段。

● 完成：完成该样条线而不将它闭合。

图2-9　矩形的"创建"面板

2.3.3 圆

圆主要用于创建封闭的圆样条线，圆的"创建"面板如图2-11所示。在视图中创建的圆如图2-12所示。

图2-11　圆的"创建"面板

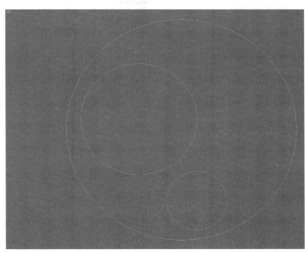

图2-12　在视图中创建圆

"参数"卷展栏

创建圆形之后，可以使用以下参数进行更改。

半径：指定圆形的半径。

2.3.4 椭圆

使用"椭圆"可以创建椭圆形和圆形样条线。椭圆的"创建"面板如图2-13所示。在视图中创建的椭圆如图2-14所示。

图2-13　椭圆的"创建"面板

图2-14　在视图中创建椭圆

"参数"卷展栏

创建"椭圆"之后，可以使用以下参数进行更改。

● 长度：指定椭圆局部 Y 轴的大小。

● 宽度：指定椭圆局部 X 轴的大小。

2.3.5 弧

使用弧来创建由4个顶点组成的打开或闭合的圆形弧形。弧的"创建"面板如图2-15所示。在视图中创建弧，如图2-16所示。

图2-15 弧的"创建"面板

图2-16 在视图中创建弧

"创建方法"卷展栏

该卷展栏中的选项确定在创建弧形时所涉及的鼠标单击的序列。

● 端点-端点-中央：拖动并松开以设置弧形的两端点，然后单击以指定两端点之间的第3个点。

● 中间-端点-端点：按下鼠标左键以指定弧形的中心点，拖动并松开以指定弧形的一个端点，然后单击以指定弧形的其他端点。

"参数"卷展栏

创建"弧"之后，可以使用以下参数进行更改。

● 半径：指定弧形的半径。

● 从：在从局部正 X 轴测量角度时指定起点的位置。

● 到：在从局部正 X 轴测量角度时指定端点的位置。

● 饼形切片：启用此选项后，以饼形形式创建闭合样条线。起点和端点将中心与直分段连接起来。

● 反转：启用此选项后，反转弧样条线的方向，并将第一个顶点放置在打开弧的相反末端。只要该形状保持原始形状（不是可编辑的样条线），可以通过切换"反转"来切换其方向。如果弧形已转换为可编辑的样条线，可以使用"样条线"子对象层级上的"反转"来反转方向。

2.3.6 圆环

使用圆环可以通过两个同心圆创建封闭的形状。每个圆都由4个顶点组成。圆环的"创建"面板如图2-17所示。在视图中创建的圆环如图2-18所示。

图2-17　圆环的"创建"面板

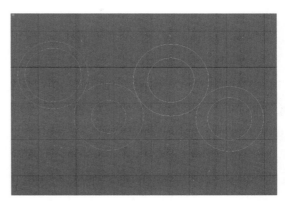

图2-18　在视图中创建圆环

"参数"卷展栏

创建圆环之后，可以使用以下参数进行更改。

● 半径 1：设置第一个圆的半径。

● 半径 2：设置第二个圆的半径。

2.3.7 多边形

使用多边形可创建具有任意面数或顶点数（N）的闭合平面或圆形样条线。多边形的"创建"面板如图2-19所示。在视图中创建的多边形如图2-20所示。

图2-19　多边形的"创建"面板

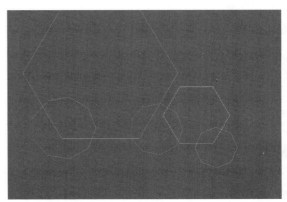

图2-20　在视图中创建多边形

"参数"卷展栏

创建"多边形"之后，可以使用以下参数进行更改。

● 半径：指定多边形的半径。可使用以下两种方法之一来指定半径。

➤ 内接：从中心到多边形各个角的半径，在视图中绘制多边形。

➤ 外接：从中心到多边形各个面的半径。

● 边数：指定多边形使用的面数和顶点数，范围为 3～100。

● 角半径：指定应用于多边形角的圆角度数，设置为 0，指定标准非圆角。

● 圆形：启用该选项之后，将指定圆形"多边形"。

2.3.8 星形

使用星形可以创建具有很多点的闭合星形样条线。星形样条线使用两个半径来设置外点和内点之间的距离。星形的"创建"面板如图2-21所示。在视图中创建的星形如图2-22所示。

图2-21　星形的"创建"面板

图2-22　在视图中创建星形

"参数"卷展栏

创建"星形"之后，可以使用以下参数进行更改。

● 半径 1：指定星形内部顶点（内点）的半径。

● 半径 2：指定星形外部顶点（外点）的半径。

● 点：指定星形上的点数，范围为 3～100。

● 扭曲：围绕星形中心旋转顶点（外点），从而生成锯齿形效果。

● 圆角半径 1：圆化星形的内部顶点（内点）。

● 圆角半径 2：圆化星形的外部顶点（外点）。

2.3.9 文本

使用文本来创建文本图形的样条线。场景中的文本只是图形，在图形中每个字母或字母的一部分都是单独的样条线。文本的"创建"面板如图2-23所示。在视图中创建的文本如图2-24所示。

图2-23　文本的"创建"面板

图2-24　在视图中创建文本

"参数"卷展栏

创建文本之后，可以使用以下参数进行更改。

● 字体列表：可以从所有可用字体的列表中进行选择。可用的字体包括 Windows 中安装的字体和"类型 1 PostScript"字体。其中"类型1PostScript"字体安装在"配置系统路径"对话框中的"字体"路径指向的目录中。

● 斜体：切换斜体文本。

● 下画线：切换下画线文本。

● 左侧对齐：将文本对齐到边界框左侧。

● 居中：将文本对齐到边界框的中心。

● 右侧对齐：将文本对齐到边界框右侧。

● 对正：分隔所有文本行以填充边界框的范围。4个文本对齐按钮需要多行文本才能生效，因为它们作用于与边界框相关的文本。如果只有一行文本，则其大小与其边界框的大小相同。

● 大小：设置文本高度，其中测量高度的方法由活动字体定义。第一次输入文本时，默认尺寸为 100单位。

● 字间距：调整字间距（字间的距离）。

● 行间距：调整行间距（行间的距离）。只有图形中包含多行文本时才起作用。

● 文本编辑框：可以输入多行文本。在每行文本之后按【Enter】键可以开始下一行。

初始的默认会话是"MAX 文本"。编辑框不支持自动换行。可以从"剪贴板"中剪切和粘贴单行和多行文本。

"更新"组

可以勾选"手动更新"复选框，用于文本图形太复杂，不能自动更新的情况。

● 更新：更新视口中的文本来匹配编辑框中的当前设置。仅当"手动更新"处于启用状态时，此按钮才可用。

● 手动更新：启用此选项后，键入编辑框中的文本未在视口中显示，直到单击"更新"按钮时才会显示。

2.3.10 螺旋线

使用螺旋线可创建开口平面或 3D 螺旋线，螺旋线的"创建"面板如图2-25所示。在视图中创建的螺旋线如图2-26所示。

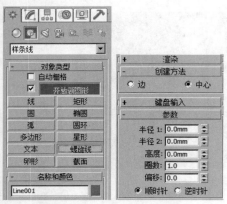

图2-25　螺旋线的"创建"面板

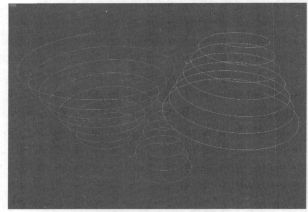

图2-26　在视图中创建螺旋线

"参数"卷展栏

创建"螺旋线"之后，可以使用以下参数进行更改。

● 半径1：指定螺旋线起点的半径。

● 半径2：指定螺旋线终点的半径。

● 高度：指定螺旋线的高度。

● 圈数：指定螺旋线起点和终点之间的圈数，圈数越大，越密集。

● 偏移：强制在螺旋线的一端累积圈数。高度为 0.0 时，偏移的影响不可见。

2.3.11 截面

这是一种特殊类型的对象，其可以通过网格对象基于横截面切片生成其他形状。截面的"创建"面板如图2-27所示。

图2-27　截面的"创建"面板

"截面参数"卷展栏

● 创建图形：基于当前显示的相交线创建图形，将弹出一个对话框，可以在此对话框中命名新对象。结果图形是基于场景中所有相交网格的可编辑样条线，该样条线由曲线段和角顶点组成。

● 移动截面时：在移动或调整截面图形时更新相交线。

● 选择截面时：在选择截面图形但是未移动时更新相交线。

● 手动：在单击"更新截面"按钮时更新相交线。

● 更新截面：在使用"选择截面时"或"手动"选项时更新相交点，以便与截面对象的当前位置匹配。

在使用"选择截面时"或"手动"时，可以使生成的横截面偏移相交几何体的位置。在移动截面对象时，黄色横截面线条将随之移动，以使几何体位于后面。单击"创建图形"按钮时，将在偏移位置上以显示的横截面线条生成新图形。

● 无限：截面平面在所有方向上都是无限的，从而使横截面位于其平面中的任意网格几何体上。

● 截面边界：只在截面图形边界内或与其接触的对象中生成横截面。

● 禁用：不显示或生成横截面。禁用"创建图形"按钮。

● 色样：此选项可设置相交的显示颜色。

在视图中创建的截面如图2-28所示。

图2-28　在视图中创建截面

2.4　"修改"面板

使用修改器可以塑形和编辑对象，它们可以更改对象的几何形状及其属性。

使用样条线编辑的方法制作会议椅的支架，会利用到第3章中的知识点（堆栈器中FFD变形修改器，将简单的切角长方体变形为需要的形状，最终组合完成一个会议椅的制作），效果如图2-29所示。

修改器堆栈及其编辑对话框是管理所有修改方面的关键，使用这些工具可以执行以下操作：

（1）找到特定修改器，并调整其参数。

（2）查看和操纵修改器的顺序。

（3）在对象或对象集合之间对修改器进行复制、剪切和粘贴。

（4）在堆栈、视口显示或两者中取消激活修改器的效果。

（5）选择修改器的组件，例如 Gizmo或中心。

（6）删除修改器。

图2-29　利用修改器制作会议椅

在创建的物体中都会有它自身的修改器堆栈，以存储对象的全部编辑修改操作。可以使用多种方式编辑修改一个对象，但不管使用哪种方式，每一步操作都会被记录在堆栈中，从而可以在需要修改的时候对前面的操作进行调整。

2.4.1　"修改"面板内容

堆栈的操作面板位于"修改"面板中，先建一个对象，单击"修改"按钮 ，如图2-30所示。

上端为修改选择工具栏，下端为堆栈面板。

● 锁定堆栈 ：将堆栈和所有"修改"面板控件锁定到选定对象的堆栈。即使在选择了视口中的另一个对象之后，也可以继续对锁定堆栈的对象进行编辑。

- 显示最终结果 ⓜ：启用此选项后，会在选定的对象上显示整个堆栈的效果。禁用此选项后，会仅显示到使用当前修改器时堆栈的效果。

- 使唯一 ⓥ：使实例化对象成为唯一的，或者使实例化修改器对于选定对象是唯一的。

- 移除修改器 ⓑ：从堆栈中删除当前的修改器，消除该修改器引起的所有更改。

- 配置修改器集 ⓖ：单击可弹出一个下拉列表，用于配置在"修改"面板中怎样显示和选择修改器。

图2-30　"修改"面板

修改器列表

修改器列表如图2-31所示。可以对当前对象的堆栈进行编辑修改。对修改器的操作应该注意以下几点：

（1）不要增加不必要的堆栈。

（2）重要的、有可能修改的步骤单独设置堆栈。

"选择"卷展栏

基本样条线可以转换为可编辑样条线。"可编辑样条线"提供了将对象作为样条线并以以下3个子对象层级进行操纵的控件："顶点"、"线段"和"样条线"。这3个控件在二维对象"修改"面板的"选择"卷展栏中，如图2-32所示。

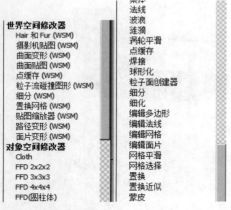

图2-31　修改器列表

图2-32　"选择"卷展栏

- 顶点 ⋯：定义点和曲线切线。

- 线段 ╱：连接顶点。

- 样条线 ⋀：是一个或多个相连线段的组合。

　　"命名选择"组

- 复制：将命名选择放置到复制缓冲区中。

- 粘贴：从复制缓冲区中粘贴命名选择。

- 锁定控制柄：通常每次只能变换一个顶点的切线控制柄，即使选择了多个顶点也一样。

- 相似：拖动传入向量的控制柄时，所选顶点的所有传入向量将同时移动。
- 全部：移动的任何控制柄将影响选中的所有控制柄，无论它们是否已断裂。
- 区域选择：允许自动选择所单击顶点的特定半径中的所有顶点。
- 线段端点：通过单击线段选择顶点。在顶点子对象中，启用并选择接近您要选择的顶点的线段。
- 选择方式：选择所选样条线或线段上的顶点。
- "显示"组

  显示顶点编号：启用后，程序将在任何子对象层级的所选样条线的顶点旁边显示顶点编号。
- 仅选定：启用后，仅在所选顶点旁边显示顶点编号。

2.4.2 修改顶点级别

下面以两个实例来讲述一下顶点级别的修改。

Bezier角点

01 在顶视图创建一条闭合的样条线，如图2-33所示。

图2-33 创建闭合线条

02 选择"修改"面板 。在修改编辑器堆栈显示区域单击线左边的"＋"号，就会显示出线的次对象层级，这时"＋"号将变成"－"号。

在修改编辑器堆栈显示区域单击"顶点"按钮，这样就选择了顶点次对象层次，如图2-34所示。

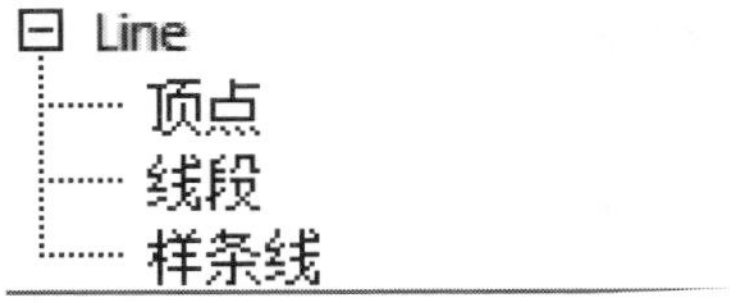

```
⊟ Line
├── 顶点
├── 线段
└── 样条线
```

图2-34 选择顶点对象

03 选择"顶点"层次后，选择视图中的闭合线形的结点，并对其进行编号，如图2-35所示。

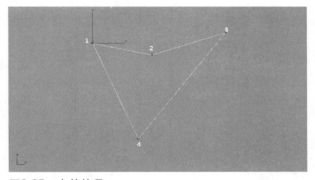

图2-35 点的编号

04 选择点1和点3并右击，然后从弹出的快捷菜单中选择"Bezier角点"命令，如图2-36所示。

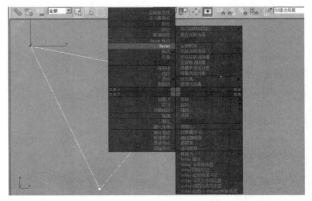

图2-36 选择"Bezier角点"命令

05 在顶视图中可以看出Bezier角点类型的两个调节句柄是相互独立的，改变句柄的长度和方向将得到不同的效果，将Bezier句柄调整成图2-37所示的样式。

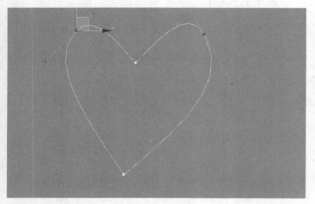

图2-37　调整Bezier句柄

焊接和圆角

01 在"创建"面板中单击 按钮，然后单击 线 按钮，在顶视图中用线创建三角形，如图2-38所示。

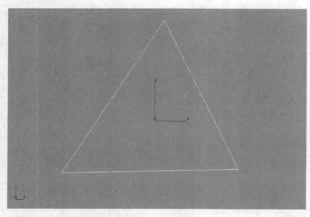

图2-38　用线创建三角形

02 用线创建三角形时，系统将弹出"样条线"对话框，询问是否闭合样条线，如图2-39所示。

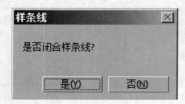

图2-39　"样条线"对话框

03 单击"否"按钮，然后右击，结束样条线的创建。在"修改"面板的"选择"卷展栏中单击 按钮，选中所有结点，在几何体卷展栏中设置圆角的数值为25。在视图中，样条线如图2-40所示。

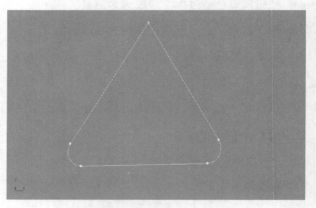

图2-40　将顶点编辑为圆角

04 从图2-40中可以看出，样条线中有一个点没有执行圆角命令，这是因为在创建样条线时，没有闭合样条线。将未执行圆角的顶点框选，在"几何体"卷展栏中单击 焊接 按钮，并给一个较小的焊接值0.1。

05 对焊接好的顶点执行"圆角"命令，并将其圆角值设置为25，效果如图2-41所示。

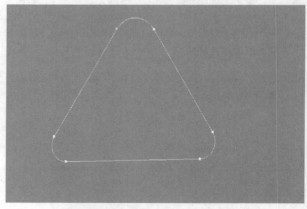

图2-41　执行"圆角"命令

2.4.3 修改线段级别

线段是样条线曲线的一部分，在两个顶点之间。在"可编辑样条线（线段）"层级，可以选择一条或多条线段，并使用标准方法移动、旋转、缩放或克隆段。

下面以一个小实例来讲述一下线段级别的修改。

01 在顶视图中创建一个圆，选中圆并右击，将圆转换为可编辑样条线，如图2-42所示。

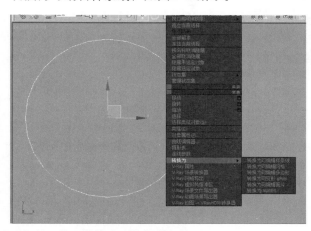

图2-42　将圆转换为可编辑样条线

02 在"修改"面板的编辑修改器堆栈显示区域展开层级，选择"顶点"层级。在"顶点"面板的"几何体"卷展栏中单击 优化 按钮。

03 接着在工具栏的捕捉按钮 上将三维捕捉更改为2.5维捕捉，右击，弹出"栅格和捕捉设置"对话框，如图2-43所示。

图2-43　"栅格和捕捉设置"对话框

04 在顶视图的圆上加4个结点，如图2-44所示。

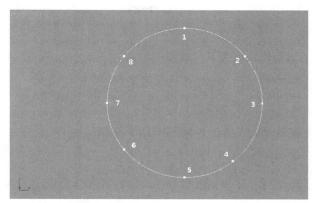

图2-44　给圆的顶点进行编号

05 在"修改"面板的编辑修改器堆栈器显示区域选择线段层级。

06 将点1和点8之间的线段及点4和点5之间的线段移动至图2-45所示的位置。

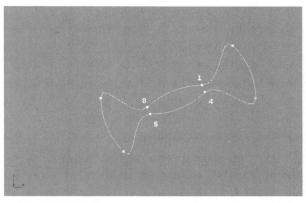

图2-45　移动线段

27

修改样条线级别

在"样条线"层级中，可选择一条或多条样条线，并使用标准方法移动、旋转、缩放或克隆样条线，如图2-46所示。

"新顶点类型"组

- 线性：新顶点将具有线性切线。

- 平滑：新顶点将具有平滑切线。

- Bezier：新顶点将具有 Bezier 切线。

- Bezier 角点：新顶点将具有 Bezier 角点切线。

- 创建线：将更多样条线添加到所选样条线。

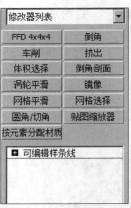

图2-46　"样条线"面板

- 附加：将场景中的其他样条线附加到所选样条线。

- 重定向：重定向附加的样条线，使它创建的局部坐标系与所选样条线创建的局部坐标系对齐。

- 附加多个：单击此按钮可以显示"附加多个"对话框，该对话框包含场景中的所有其他形状的列表。

- 横截面：在横截面形状外面创建样条线框架。

"端点自动焊接"组

- 自动焊接：启用"自动焊接"后，会自动焊接在与同一样条线的另一个端点的阈值距离内放置和移动的端点顶点。

- 阈值：一个近似设置，用于控制在自动焊接顶点之前，顶点可以与另一个顶点接近的程度。

- 插入：插入一个或多个顶点，以创建其他线段。

- 反转：反转所选样条线的方向。

- 轮廓：制作样条线的副本，所有侧边上的距离偏移量由"轮廓宽度"微调器指定。

- 中心：如果禁用（默认设置），原始样条线将保持静止，而仅仅一侧的轮廓偏移到"轮廓宽度"指定的距离。

- 布尔：通过执行更改您选择的第一个样条线并删除第二个样条线的 2D 布尔操作，将两个闭合多边形组合在一起。有3种布尔操作：

> 并集：将两个重叠样条线组合成一个样条线，在该样条线中，重叠的部分被删除，保留两个样条线不重叠的部分，构成一个样条线。

> 差集：从第一个样条线中减去与第二个样条线重叠的部分，并删除第二个样条线中剩余的部分。

> 相交：仅保留两个样条线的重叠部分，删除两者不重叠的部分。

- 镜像：沿长、宽或对角方向镜像样条线。首先单击以激活要镜像的方向，然后单击"镜像"。

- 复制：选择后，在镜像样条线时复制（而不是移动）样条线。

- 以轴为中心：启用后，以样条线对象的轴点为中心镜像样条线。

- 修剪：使用"修剪"可以清理形状中的重叠部分，使端点接合在一个点上。
- 扩展：使用"扩展"可以清理形状中的开口部分，使端点接合在一个点上。
- 无限边界：为了计算相交，启用此选项将开口样条线视为无穷长。
- 隐藏：隐藏选定的样条线。选择一个或多个样条线，然后单击"隐藏"。
- 全部取消隐藏：显示任何隐藏的子对象。
- 删除：删除选定的样条线。
- 闭合：通过将所选样条线的端点顶点与新线段相连，来闭合该样条线。
- 分离：将所选样条线复制到新的样条线对象，并从当前所选样条线中删除复制的样条线。
- 重定向：移动并旋转要分离的样条线，使它创建的局部坐标系与所选样条线创建的局部坐标系对齐。
- 复制：选择后，在分离样条线时复制（而不是移动）样条线。
- 分解：通过将每个线段转换为一个独立的样条线或对象，来分裂任何所选样条线。

下面以一个小实例来讲述样条线级别的修改。

布尔运算的运用

在顶视图中创建椭圆和多边形，如图2-47所示。

图2-47　创建样条线

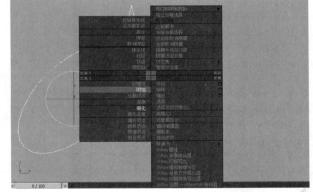

图2-48　附加样条线

选中椭圆并右击，将椭圆转换为可编辑样条线。

将椭圆转换为可编辑样条线后右击，在弹出的快捷菜单中选择"附加"命令，如图2-48所示。将多边形附加到椭圆中。

在"样条线"层级下，单击"修改"面板的"几何体"卷展栏中的 布尔 按钮，并选择布尔中的差集，在顶视图中单击多边形未与椭圆相交的区域，执行了布尔差集的命令后的效果如图2-49所示。

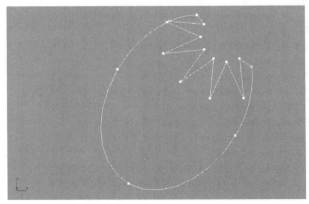

图2-49　执行"布尔"命令

2.5 利用二维图形创建模型

2.5.1 制作酒瓶和酒杯模型

01 在“创建”面板中单击“图形”按钮，再单击“矩形”按钮，在视图中绘制一个长为200、宽为60的矩形，如图2-50所示。

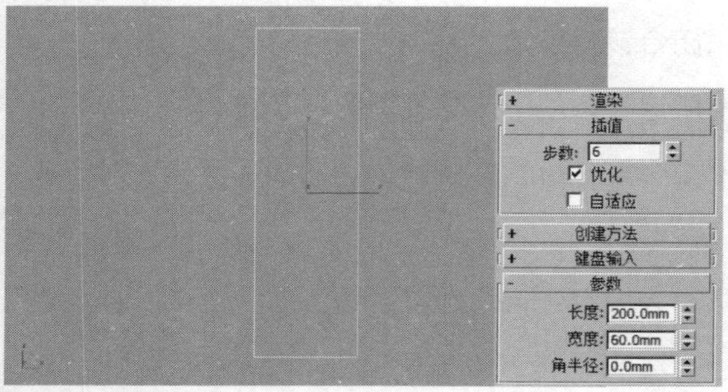

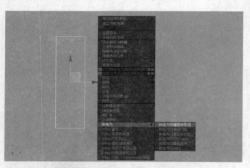

图2-50　绘制矩形

02 在视图中选中图形并右击，在弹出的快捷菜单中选择“转换为”→“转换为可编辑样条线”命令，将图形转换成可编辑的样条线，如图2-51所示。

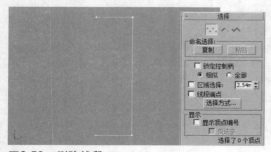

图2-51　将图形转换成可编辑的样条线

03 按【2】键，进入“修改”面板，单击“选择”卷展栏中的 按钮，然后在视图中选中图形一侧的边，按【Delete】键将其删除，如图2-52所示。

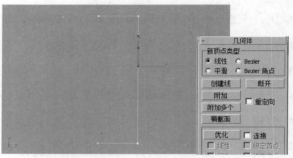

图2-52　删除线段

04 打开“几何体”卷展栏，单击 优化 按钮，在图2-53所示的位置添加顶点。

图2-53　添加顶点

05 利用选择移动工具对图形上的顶点位置进行重新移动，如图2-54所示。

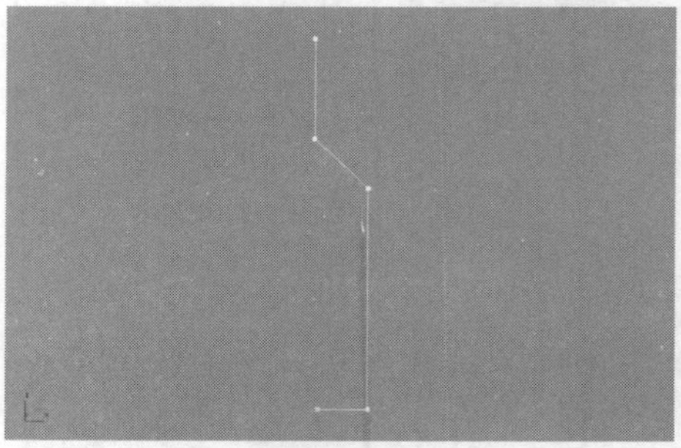

图2-54　移动顶点的位置

06 单击 圆角 按钮，对图2-55所示的顶点添加圆角修改。

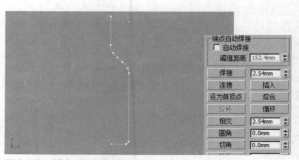

图2-55　添加圆角修改

07 单击"选择"卷展栏中的∿按钮，然后在视图中选中所有的样条线，如图2-56所示。

图2-56 选中所有的样条线

08 单击 轮廓 按钮，并输入"轮廓"的数量为5，如图2-57所示。

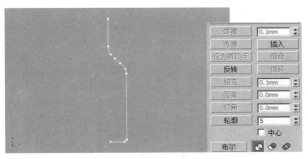

图2-57 轮廓修改

09 选中添加轮廓修改后的图形，进入"修改"面板，在修改器列表中选择"车削"选项，效果如图2-58所示。

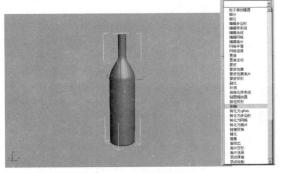

图2-58 车削修改

10 制作瓶盖模型。瓶盖模型和瓶身模型一样，都采用车削的方法进行创建。在绘制图形之前先设置一下捕捉工具，如图2-59所示。

11 利用矩形工具在视图中绘制一个图2-60所示的矩形。

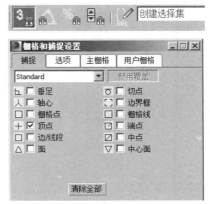

图2-59 设置捕捉工具

图2-60 绘制矩形

12 在视图中选中图形并右击，在弹出的快捷菜单中选择"转换为"→"转换为可编辑样条线"命令，将图形转换成可编辑的样条线，如图2-61所示。

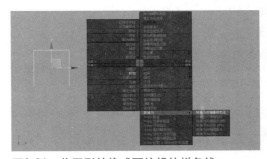

图2-61 将图形转换成可编辑的样条线

13 按【2】键，进入"修改"面板，单击"选择"卷展栏中的∿按钮，然后在视图中选中图形一侧的边，按【Delete】键将其删除，如图2-62所示。

14 打开"几何体"卷展栏，单击 优化 按钮，在图2-63所示的位置添加顶点。

图2-62 删除线段

图2-63 添加顶点

15 利用选择移动工具对图形上的顶点位置进行重新移动，如图2-64所示。

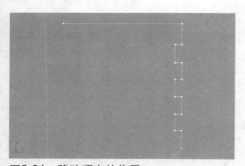

图2-64 移动顶点的位置

16 单击 圆角 按钮，对图2-65所示的顶点添加圆角修改。

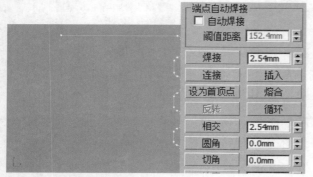

图2-65 添加圆角修改

17 单击 轮廓 按钮，并输入"轮廓"的数量为2，如图2-66所示。

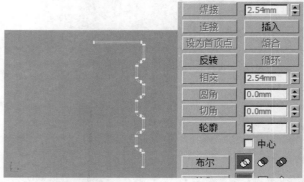

图2-66 添加轮廓修改

18 选中添加轮廓修改后的图形，进入"修改"面板，在修改器列表中选择"车削"选项，效果如图2-67所示。

图2-67 添加轮廓修改

19 单击图形创建面板中的 弧 按钮，在顶视图中绘制一段图2-68所示的弧形图形。

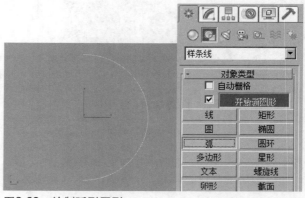

图2-68 绘制弧形图形

20 在视图中选中图形并右击，在弹出的快捷菜单中选择"转换为"→"转换为可编辑样条线"命令，将图形转换成可编辑的样条线，如图2-69所示。

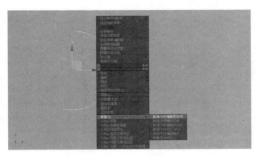

图2-69　将图形转换成可编辑的样条线

21 单击 轮廓 按钮，并输入"轮廓"的数量为0.1，如图2-70所示。

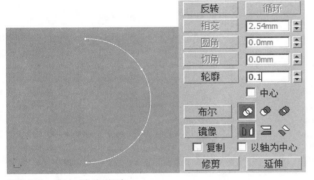

图2-70　添加轮廓修改

22 选中添加轮廓修改后的图形，进入"修改"面板，在修改器列表中选择"挤出"选项，如图2-71所示。

图2-71　添加挤出修改

23 继续创建瓶贴模型，单击图形创建面板中的 圆 按钮，在顶视图中绘制一个图2-72所示的圆形。

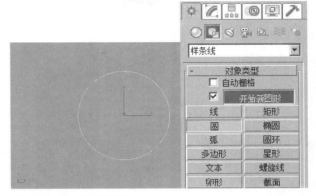

图2-72　绘制圆形图形

24 在视图中选中图形并右击，在弹出的快捷菜单中选择"转换为"→"转换为可编辑样条线"命令，将图形转换成可编辑的样条线，如图2-73所示。

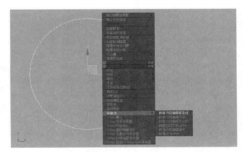

图2-73　将图形转换成可编辑的样条线

25 单击 轮廓 按钮，并输入"轮廓"的数量为0.1，如图2-74所示。

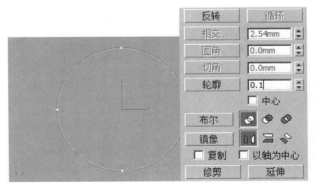

图2-74　添加轮廓修改

26▶ 选中添加轮廓修改后的图形，进入"修改"面板，在修改器列表中选择"挤出"选项，如图2-75所示。

图2-75 添加挤出修改

27▶ 在视图中选中较大的瓶贴模型，按【Alt+Q】组合键，将其孤立出来，如图2-76所示。

图2-76 孤立模型

28▶ 在几何体创建面板中单击"长方体"按钮，在视图中创建一个图2-77所示的长方体模型。

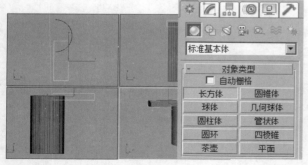

图2-77 创建长方体模型

29▶ 将长方体模型复制3组，利用旋转工具将模型旋转成图2-78所示的角度。

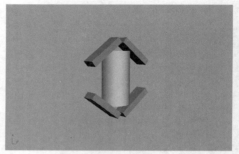

图2-78 复制并旋转模型

30▶ 选中瓶贴模型，进入"修改"面板，单击"复合对象"面板中的 布尔 按钮，然后单击 拾取操作对象 B 按钮，并在视图中单击长方体模型，如图2-79所示。

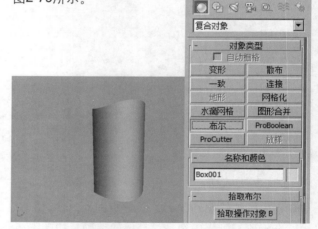

图2-79 布尔运算修改

31▶ 创建杯子模型，利用图形创建面板中的线修改工具，在视图中绘制一个图2-80所示的样条线。

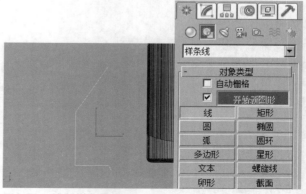

图2-80 绘制样条线图形

32 在视图中选中图形并右击，在弹出的快捷菜单中选择"转换为"→"转换为可编辑样条线"命令，将图形转换成可编辑的样条线，如图2-81所示。

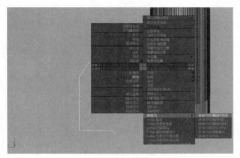

图2-81 将图形转换成可编辑的样条线

33 进入"修改"面板，选中底部的两个顶点，利用移动工具将顶点移动到图2-82所示的位置。

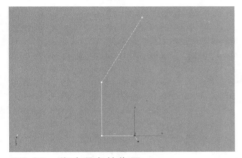

图2-82 移动顶点的位置

34 单击 圆角 按钮，为图2-83所示的顶点添加圆角修改。

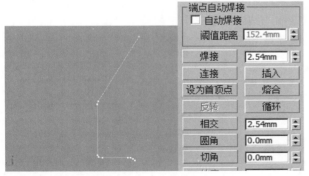

图2-83 添加圆角修改

35 单击 轮廓 按钮，并输入"轮廓"的数量为1，如图2-84所示。

36 选中添加轮廓修改后的图形，进入"修改"面板，在修改器列表中选择"车削"选项，如图2-85所示。

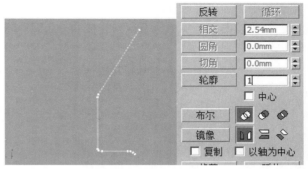

图2-84 添加轮廓修改

图2-85 添加车削修改

37 将杯子模型复制一组，命名为"酒水"模型，进入"修改"面板，将"车削"修改删除，如图2-86所示。

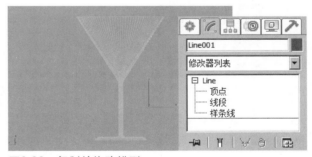

图2-86 复制并修改模型

38 根据图2-87所示的要求，删除图形上多余的线段。

图2-87 删除线段

39 选中添加轮廓修改后的图形，进入"修改"面板，在修改器列表中选择"车削"选项，如图2-88所示。

图2-88　添加车削修改

40 选中酒水模型，进入"修改"面板，在修改器列表中选择"FFD 4×4×4"选项，对晶格点的位置进行移动，如图2-89所示。

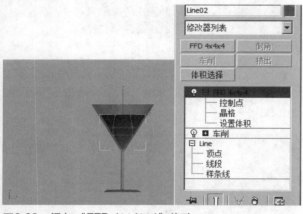

图2-89　添加"FFD 4×4×4"修改

41 创建水果模型，单击几何体创建面板中的"球体"按钮，在视图中创建一个图2-90所示的球体模型。

图2-90　创建球体模型

42 利用选择缩放工具对球体模型进行缩放修改，得到的效果如图2-91所示。

图2-91　缩放修改

43 选中酒水模型，进入"修改"面板，在修改器列表中选择"FFD 4×4×4"选项，对晶格点的位置进行移动，得到的效果如图2-92所示。

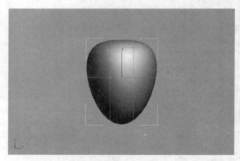

图2-92　添加"FFD 4×4×4"修改

44 创建牙签模型，单击几何体创建面板中的"圆柱体"按钮，在视图中创建一个图2-93所示的圆柱体模型。

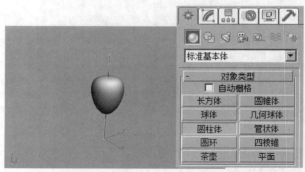

图2-93　创建圆柱体模型

45 选中酒水模型，进入"修改"面板，在修改器列表中选择"FFD 2×2×2"选项，对晶格点的位置进行移动，得到的效果如图2-94所示。

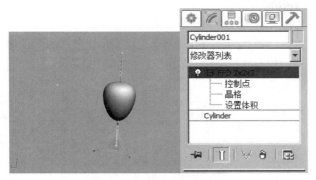

图2-94　添加"FFD 2×2×2"修改

46 单击图形创建面板中的"线"按钮，在视图中绘制图2-95所示的样条线图形。

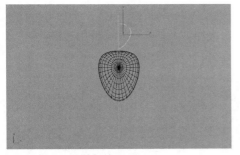

图2-95　绘制样条线图形

47 进入"修改"面板，打开"渲染"卷展栏，勾选"在渲染中启用"和"在视口中启用"两个选项，设置"厚度"的值为0.2，如图2-96所示。

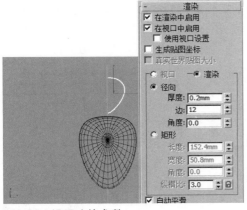

图2-96　设置渲染参数

48 在几何体创建面板中单击"球体"按钮，在视图中创建一个图2-97所示的球体模型。

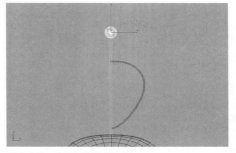

图2-97　创建球体模型

49 至此，整组模型都已经创建完成了，如图2-98所示。

图2-98　整体的模型效果

50 最后请读者自行为模型指定材质，并布置灯光，由于本节主要讲二维图形建模，所以材质和灯光部分就不做详细叙述了，请参照后面单独章节所讲解的材质和灯光的知识，最终的参考效果如图2-99所示。

图2-99　最终的参考效果

2.5.2 时尚手机的制作

本节将带领大家来制作一个时尚手机模型，在制作的过程中将会运用到编辑样条线和编辑几何体等知识，另外本节还将简单介绍手机材质的设置方法，是一个综合性的例子。

01 绘制出手机正面的轮廓，先在前视图中绘制一个图2-100所示的矩形。

图2-100　绘制矩形

02 将矩形图形转换成可编辑的样条线，并对4个顶点进行圆角修改，如图2-101所示。

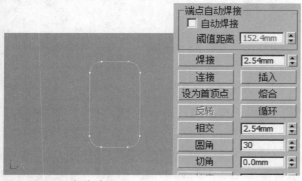

图2-101　圆角修改

03 在视图中选中图形，进入"修改"面板，在修改器列表中选择"挤出"选项，设置"挤出"的数量为20，如图2-102所示。

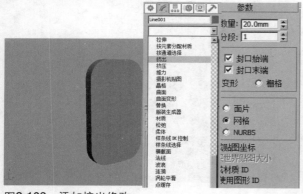

图2-102　添加挤出修改

04 在视图中选中模型并右击，在弹出的快捷菜单中选择"转换为"→"转换为可编辑多边形"命令，将模型转换成可编辑的多边形，如图2-103所示。

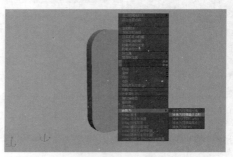

图2-103　将模型转换成可编辑的多边形

05 按【2】键，进入"修改"面板，单击"选择"卷展栏中的 ◁ 按钮，然后在视图中选中图2-104所示的线段。

图2-104　选择线段

06 单击"编辑边"卷展栏中的 切角 按钮，在弹出的"切角边"对话框中输入"切角量"的值为4，然后单击"确定"按钮，如图2-105所示。

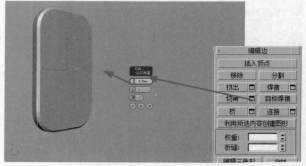

图2-105　添加切角修改

07 多次添加切角修改，使垂直的两个面之间有一个圆滑的过渡效果，如图2-106所示。

图2-106　多次切角修改

08 在视图中选中手机模型，进入"复合对象"修改面板，单击 图形合并 按钮，展开"拾取操作对象"卷展栏，单击 拾取图形 按钮，然后在视图中单击轮廓图形，如图2-107所示。

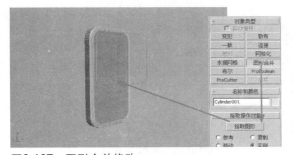

图2-107　图形合并修改

09 按【2】键，进入"修改"面板，单击"选择"卷展栏中的 ■ 按钮，然后在视图中选中图2-108所示的多边形。

图2-108　选择多边形

10 单击"编辑多边形"卷展栏中的 挤出 按钮，在弹出的"挤出多边形"对话框中输入"挤出高度"的值为−5，然后单击"确定"按钮，如图2-109所示。

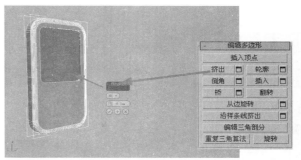

图2-109　添加挤出修改

11 继续激活多边形选择模式，然后在视图中选中图2-110所示的多边形。

图2-110　选择多边形

12 单击"编辑几何体"卷展栏中的 分离 按钮，在弹出的"分离"对话框中直接单击"确定"按钮，如图2-111所示。

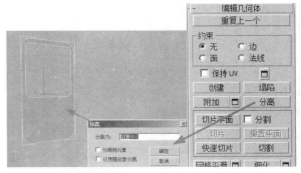

图2-111　分离多边形

13 单击"编辑几何体"卷展栏中的 切割 按钮，对模型进行切割修改，如图2-112所示。

14 激活多边形选择模式，然后在视图中选中图2-113所示的多边形。

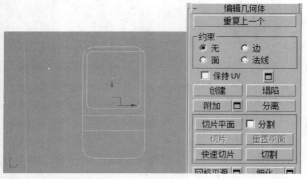

图2-112 切割修改

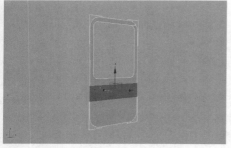

图2-113 选择多边形

15 单击"编辑多边形"卷展栏中的 挤出 按钮，在弹出的"挤出多边形"对话框中输入"挤出高度"的值为1，然后单击"确定"按钮，如图2-114所示。

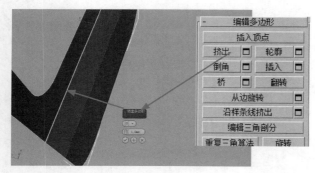

图2-114 添加挤出修改

16 在视图中选中图2-115所示的线段。单击"编辑边"卷展栏中的 切角 按钮，在弹出的"切角边"对话框中输入"切角量"的值为0.6，然后单击"确定"按钮。

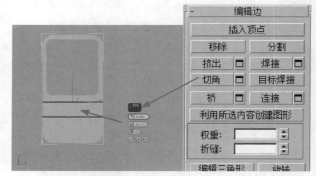

图2-115 添加切角修改

17 创建导航按键，将视图切换到前视图，利用线工具绘制图2-116所示的图形。

图2-116 绘制图形

18 在视图中选中手机模型，进入"复合对象"修改面板，单击 图形合并 按钮，进入"拾取操作对象"卷展栏，单击 拾取图形 按钮，然后在视图中单击上一步绘制的图形，如图2-117所示。

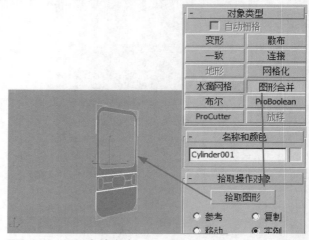

图2-117 图形合并修改

19 单击"编辑多边形"卷展栏中的 挤出 按钮，在弹出的"挤出多边形"对话框中输入"挤出高度"的值为-1，然后单击"确定"按钮，如图2-118所示。

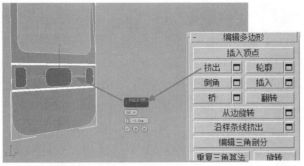

图2-118 添加挤出修改

20 单击"编辑多边形"卷展栏中的 倒角 按钮，在弹出的"倒角多边形"对话框中输入"高度"的值为0，"轮廓量"的值为-0.3，然后单击"确定"按钮，如图2-119所示。

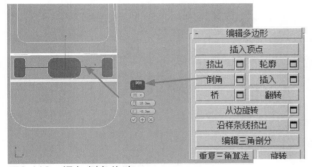

图2-119 添加倒角修改

21 单击"编辑多边形"卷展栏中的 挤出 按钮，在弹出的"挤出多边形"对话框中输入"挤出高度"的值为2，然后单击"确定"按钮，如图2-120所示。

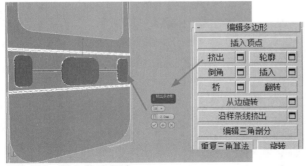

图2-120 添加挤出修改

22 继续利用倒角和挤出修改命令，对导航按键进行修改，得到的效果如图2-121所示。

图2-121 导航按键

23 创建操作按键，在前视图中绘制出按键的正面轮廓，如图2-122所示。

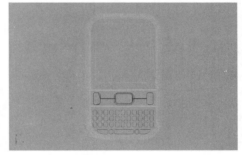

图2-122 绘制正面轮廓

24 在视图中选中任意一个按键轮廓，将其转换成可编辑的样条线，进入"修改"面板，单击"几何体"卷展栏中的 附加 按钮，然后在视图中依次单击其他的按键图形，将其合并在一起，如图2-123所示。

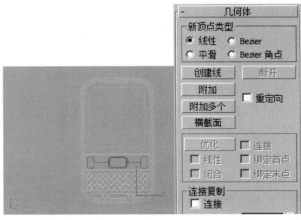

图2-123 附加修改

25 在视图中选中手机模型，进入"复合对象"修改面板，单击 图形合并 按钮，进入"拾取操作对象"卷展栏，单击 拾取图形 按钮，然后在视图中单击按键轮廓图形，如图2-124所示。

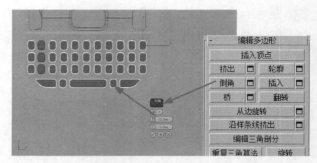

图2-126 添加倒角修改

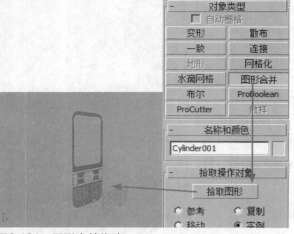

图2-124 图形合并修改

26 单击"编辑多边形"卷展栏中的 挤出 按钮，在弹出的"挤出多边形"对话框中输入"挤出高度"的值为-1，然后单击"确定"按钮，如图2-125所示。

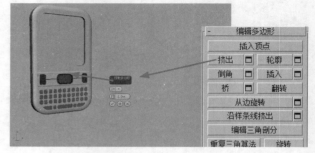

图2-127 添加挤出修改

29 创建扩音孔模型，在前视图中绘制出扩音孔的轮廓，移动到图2-128所示的位置。

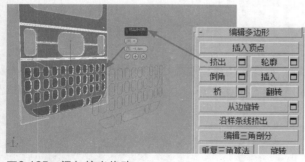

图2-125 添加挤出修改

图2-128 绘制图形轮廓

27 单击"编辑多边形"卷展栏中的 倒角 按钮，在弹出的"倒角多边形"对话框中输入"高度"的值为0，"轮廓量"的值为-0.5，然后单击"确定"按钮，如图2-126所示。

28 单击"编辑多边形"卷展栏中的 挤出 按钮，在弹出的"挤出多边形"对话框中输入"挤出高度"的值为2，然后单击"确定"按钮，如图2-127所示。

30 在视图中选中手机模型，进入"复合对象"修改面板，单击 图形合并 按钮，进入"拾取操作对象"卷展栏，单击 拾取图形 按钮，然后在视图中单击按键轮廓图形，如图2-129所示。

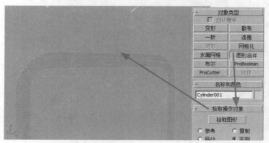

图2-129 图形合并修改

31 单击"编辑多边形"卷展栏中的 挤出 按钮，在弹出的"挤出多边形"对话框中输入"挤出高度"的值为-2，然后单击"确定"按钮，如图2-130所示。

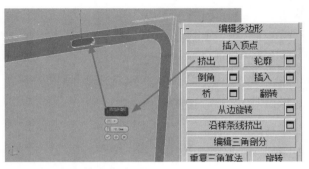

图2-130 添加挤出修改

32 到此为止，时尚手机模型已经全部创建完毕了，效果如图2-131所示。

图2-131 绘制正面轮廓

33 下面开始为模型布置灯光，单击灯光创建面板中的 目标平行光 按钮，在视图中创建一盏目标平行光，如图2-132所示。

图2-132 创建目标平行光

34 将当前视图切换到左视图，利用选择移动工具，将灯光的光源点移动到图2-133所示的位置。

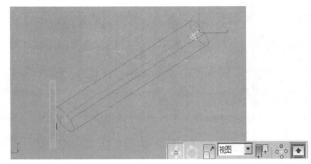

图2-133 移动光源点的位置

35 选择灯光，进入"修改"面板，启用阴影效果，将阴影类型更改为"VRay阴影"类型，设置"倍增"的值为1.2，设置灯光颜色为淡蓝色。进入"平行光参数"卷展栏，将"聚光区/光束"设置为231.2，"衰减区/区域"设置为282，将阴影颜色设置为深灰色，如图2-134所示。

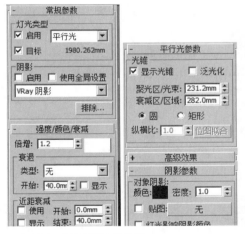

图2-134 设置平行光参数

36 单击"VR灯光"面板中的 VR-灯光 按钮，在视图中创建一盏VR灯光，移动到图2-135所示的位置。

图2-135　创建VR灯光

37 在视图中选中"VR灯光"，进入"修改"面板，设置"倍增器"的值为0.02，勾选"不可见"和"存储发光图中"复选框，设置采样的"细分"值为25，如图2-136所示。

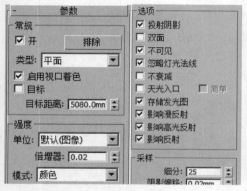

图2-136　设置VR灯光参数

38 进入摄影机创建面板，单击"VR物理摄影机"按钮，在视图中创建一架VR物理摄影机，如图2-137所示。

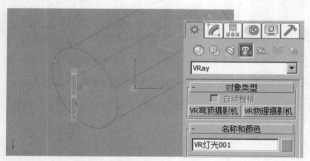

图2-137　创建VR物理摄影机

39 在视图中选中"VR物理摄影机"，进入"修改"面板，将"焦距"的值设置为30，设置"快门速度"的值为5，设置"胶片速度"的值为400，如图2-138所示。

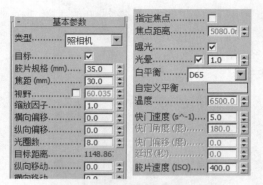

图2-138　设置VR物理摄影机参数

40 对当前的灯光场景进行渲染，测试的效果如图2-139所示。

图2-139　测试渲染

41 为场景布置一个环境，先创建背景和地面模型，在左视图中绘制出一条图2-140所示的样条线。

图2-140　绘制样条线

42 在视图中选中图形，进入"修改"面板，在修改器列表中选择"挤出"选项，设置挤出的"数量"为2 000，如图2-141所示。

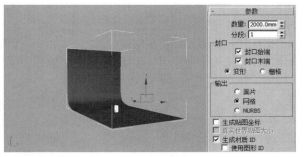

图2-141 添加挤出修改

43 将手机模型复制一组，移动到图2-142所示的位置。

图2-142 复制模型

44 下面为场景设置材质，先设置地面和背景材质，将漫反射颜色设置为纯白色，将反射颜色的RGB值都设置为30，设置"高光光泽度"的值为0.95，"反射光泽度"的值为0.98，"细分"的值为20，如图2-143所示。

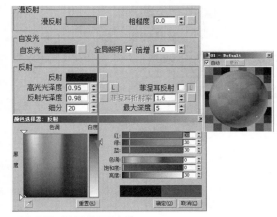

图2-143 设置地面材质

45 为反射通道指定一张"衰减"贴图，设置"衰减类型"为Fresnel，"折射率"为1.6，如图2-144所示。

图2-144 设置衰减贴图参数

46 为凹凸通道指定一张"噪波"贴图，设置"噪波类型"为"分形"，"大小"为2，如图2-145所示。

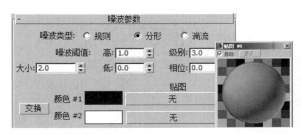

图2-145 添加噪波贴图

47 设置屏幕材质，为漫反射通道指定配套光盘中"02"/"材质"文件夹中的手机界面纹理贴图，设置"高光光泽度"的值为0.75，"反射光泽度"的值为0.8，"细分"的值为20，如图2-146所示。

图2-146 设置屏幕材质

48 为反射通道指定一张"衰减"贴图，设置"衰减类型"为Fresnel，"折射率"为1.6，如图2-147所示。

49 将屏幕材质复制一组，重新命名为"屏幕01"，将漫射通道中的纹理贴图进行更换，其他的参数保持不变，如图2-148所示。

图2-147 设置衰减贴图参数

图2-148 设置屏幕01材质

50 将设置好的"屏幕材质"和"屏幕01材质"指定给对应的屏幕模型，选择屏幕模型，进入"修改"面板，在修改器列表中选择"UVW贴图"选项，在"参数"卷展栏中选中"长方体"单选按钮，如图2-149所示。

图2-149 指定材质并修改贴图坐标

　　"UVW贴图"修改器是控制在对象曲面上如何显示贴图材质和程序材质的一种特殊修改器。它包括以下几种类型的贴图方式：

● 平面：从对象上的一个平面投影贴图，在某种程度上类似于投影幻灯片。

● 柱形：从圆柱体投影贴图，使用它包裹对象。位图接合处的缝是可见的，除非使用无缝贴图。圆柱形投影用于基本形状为圆柱形的对象。

● 球形：通过从球体投影贴图来包围对象。在球体顶部和底部，位图边与球体两极交汇处会看到缝和贴图奇点。球形投影用于基本形状为球形的对象。

● 收缩包裹：使用球形贴图，但是它会截去贴图的各个角，然后在一个单独极点将它们全部结合在一起，仅创建一个奇点。收缩包裹贴图用于隐藏贴图奇点。

● 长方体：从长方体的6个侧面投影贴图。每个侧面投影为一个平面贴图，且表面上的效果取决于曲面法线。

● 面：对对象的每个面应用贴图副本。使用完整矩形贴图来贴图共享隐藏边的成对面。使用贴图的矩形部分贴图不带隐藏边的单个面。

● XYZ 到 UVW：将 3D 程序坐标贴图到 UVW 坐标。这会将程序纹理贴到表面。如果表面被拉伸，3D 程序贴图也被拉伸。将此选项与程序纹理一起使用。"XYZ 到 UVW"不能用于 NURBS 对象，如果选择了该对象则被禁用。

51 设置机身材质，将漫反射颜色设置为纯黑色，将反射颜色的RGB值都设置为30，设置"高光光泽度"的值为0.85，"反射光泽度"的值为0.8，"细分"的值为20，如图2-150所示。

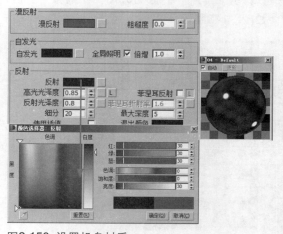

图2-150 设置机身材质

52 为反射通道指定一张"衰减"贴图，设置"衰减类型"为Fresnel，"折射率"为1.6，如图2-151所示。

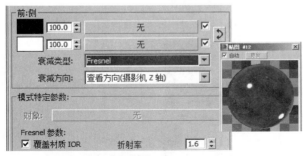

图2-151 设置衰减贴图参数

53 进入"双向反射分布函数"卷展栏，设置反射的方式为沃德，"各向异性"为0.5，"旋转"为90，如图2-152所示。

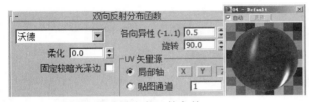

图2-152 设置双向反射分布函数参数

54 设置金属材质，为漫反射通道指定一张配套光盘中提供的纹理贴图，设置"高光光泽度"的值为0.86，"反射光泽度"的值为0.9，"细分"的值为20，如图2-153所示。

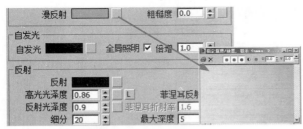

图2-153 设置金属材质

55 为反射通道指定一张"衰减"贴图，设置"衰减类型"为Fresnel，"折射率"为1.6，如图2-154所示。

图2-154 设置衰减贴图参数

56 进入"贴图"卷展栏，将漫射通道中的纹理贴图复制给凹凸通道，设置凹凸的数量为30，如图2-155所示。

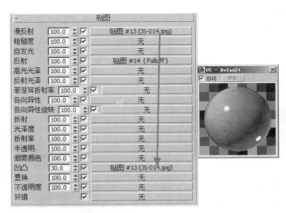

图2-155 复制纹理贴图

57 设置不锈钢材质，将漫反射颜色设置为纯黑色，将反射颜色设置为纯白色，设置"反射光泽度"的值为0.83，"细分"的值为20，如图2-156所示。

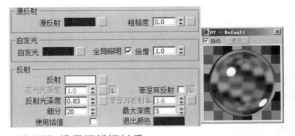

图2-156 设置不锈钢材质

58 设置导航按键材质，为漫反射通道指定一张配套光盘中提供的纹理贴图，将反射颜色的RGB值都设置为50，设置"反射光泽度"的值为0.7，"细分"的值为20，如图2-157所示。

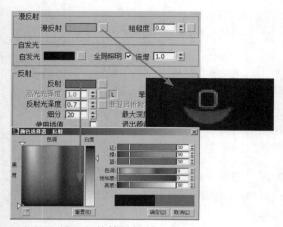

图2-157 设置导航按键材质

59 为反射通道指定一张"衰减"贴图，设置"衰减类型"为Fresnel，"折射率"为1.6，如图2-158所示。

图2-158 设置衰减贴图参数

60 将导航按钮材质复制一份，命名为"导航按钮01"，将漫反射通道中的贴图进行更换，其他参数保持不变，如图2-159所示。

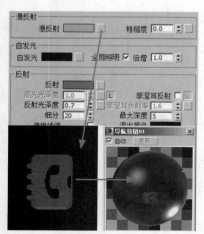

图2-159 设置导航按钮01材质

61 将设置好的"导航按键材质"和"导航按钮01材质"指定给对应的导航按键模型，选择导航按键模型，进入"修改"面板，在修改器列表中选择"UVW贴图"选项，在"参数"卷展栏中选中"长方体"单选按钮，如图2-160所示。

图2-160 指定材质并修改贴图

62 设置操作按键材质，为漫反射通道指定一张配套光盘中提供的"按键"纹理贴图，将反射颜色的RGB值都设置为20，设置"反射光泽度"的值为0.7，"细分"的值为20，如图2-161所示。

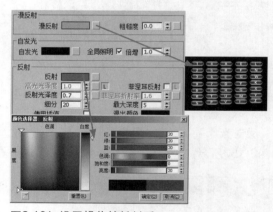

图2-161 设置操作按键材质

63 为反射通道指定一张"衰减"贴图，设置"衰减类型"为Fresnel，"折射率"为1.6，如图2-162所示。

图2-162 设置衰减贴图参数

64 将设置好的"操作按键"指定给对应的操作按键模型，选择操作按键模型，进入"修改"面板，在修改器列表中选择"UVW贴图"选项，在"参数"卷展栏中选中"长方体"单选按钮，如图2-163所示。

图2-163 指定材质并修改贴图

65 到此为止，模型的材质已经设置完毕了，此时的模型效果如图2-164所示。

图2-164 模型效果

66 下面设置渲染输出参数，打开"渲染"面板，进入"VRay::全局开关"卷展栏，勾选"最大深度"复选框，如图2-165所示。

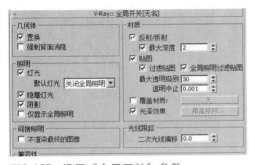

图2-165 设置"全局开关"参数

67 打开"V-Ray::间接照明（全局照明）"卷展栏，勾选"开"复选框，启用间接照明功能。设置"首次反弹"的全局照明引擎为"发光图"模式，"二次反弹"的全局照明引擎为"灯光缓存"模式，并设置二次反弹的"倍增器"值为0.8，如图2-166所示。

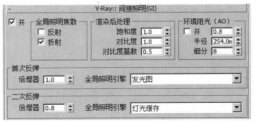

图2-166 设置"间接照明"参数

68 打开"V-Ray::灯光缓存"卷展栏，设置"细分"为1 500，勾选"显示计算相位"和"保存直接光"复选框，如图2-167所示。

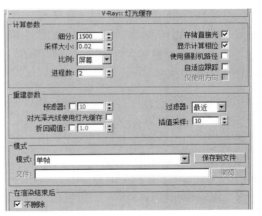

图2-167 设置"灯光缓存"参数

69 打开"发光图"卷展栏，设置"当前预置"为"自定义"，"最小比率"为-4，"最大比率"为-3，"半球细分"为50，"颜色阈值"为0.3，"法线阈值"为0.2。启用"细节增强"，将"细分倍增"的值设置为0.1，如图2-168所示。

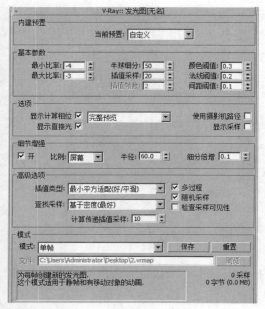

图2-168 设置"发光图"参数

70▶打开"图像采样器（反锯齿）"卷展栏，设置"图像采样器"的类型为"自适应确定性蒙特卡洛"，"抗锯齿过滤器"的类型为Mitchell-Netravali，如图2-169所示。

图2-169 设置"图像采样器（反锯齿）"参数

71▶打开"V-Ray::环境"卷展栏，启用"全局照明环境（天光）覆盖"，如图2-170所示。

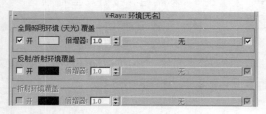

图2-170 设置"环境"参数

72▶打开"V-Ray::自适应DMC图像采样器"卷展栏，两个参数数值越大渲染出来的图片越清晰，渲染时间也会增加，可以保持不动。如图2-171所示。

图2-171 设置"DMC采样器"参数

73▶进入"公用"面板中，设置最终渲染图像的宽度为1 200，高度为1 440，如图2-172所示。

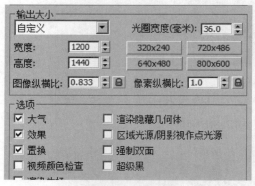

图2-172 设置渲染输出图像大小

74▶将当前视图切换到VR物理摄影机视图，按【F9】键进行渲染保存，最终的渲染效果如图2-173所示。

图2-173 最终效果

第 **3** 章 三维建模与修改

　　"创建"面板包含创建新对象的控件，这是构建场景的第一步。尽管对象类型各不相同，但是对于多数对象而言创建过程是一致的。

　　"修改"面板提供完成建模过程的控件。任何对象都可以重做，从其创建参数到其内部几何体。使用对象空间和世界空间修改器可以将大量效果应用到场景中。该修改器堆栈允许编辑修改器序列。

3.1 创建建模物体

创建建模物体包括标准基本体和扩展基本体，如图3-1所示。通过参数的调节来控制物体的大小、形状、边数等。

运用三维建模和修改命令可以制作出躺椅的模型，如图3-2所示。

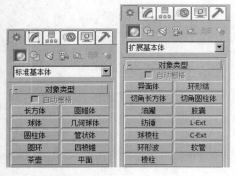

图3-1　建模物体

图3-2　三维建模躺椅

3.2 放样

放样对象是沿着第3个轴挤出的二维图形。从两个或多个现有样条线对象中创建放样对象。这些样条线之一会作为路径，而其余的样条线会作为放样对象的横截面或图形。沿着路径排列图形时，3ds Max 会在图形之间生成曲面。

3.2.1 放样操作

创建方法

创建要成为放样路径的图形。创建要作为放样横截面的一个或多个图形。

选择路径图形并使用获取图形将横截面添加到放样，或选择图形并使用获取路径来对放样指定路径，使用获取图形来添加附加的图形。

"创建方法"卷展栏

在图形或路径之间选择，使用"创建方法"卷展栏创建放样对象以及放样对象的操作类型，如图3-3所示。

● 获取路径：将路径指定给选定图形或更改当前指定的路径。

● 获取图形：将图形指定给选定路径或更改当前指定的图形。

● 移动/复制/实例：用于指定路径或图形转换为放样对象的方式。

图3-3　放样命令面板

"曲面参数"卷展栏

在"曲面参数"卷展栏中，您可以控制放样曲面的平滑以及指定是否沿着放样对象应用纹理贴图。

● 平滑长度：沿着路径的长度提供平滑曲面。当路径曲线或路径上的图形更改大小时，这类平滑非常有用。

● 平滑宽度：围绕横截面图形的周界提供平滑曲面。当图形更改顶点数或更改外形时，这类平滑非常有用。

如果不勾选"平滑长度"和"平滑宽度"选项，那么放样出来的三维物体表面粗糙，如果勾选"平滑长度"和"平滑宽度"选项，那么放样出来的三维物体表面会很光滑，如图3-4所示。编号为1的是只勾选了"平滑长度"的效果，编号为2的是只勾选了"平滑宽度"的效果，编号为3的是两者都勾选了的效果。

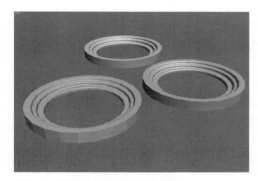

图3-4　放样物体平滑度

● 应用贴图：启用和禁用放样贴图坐标。

● 真实世界贴图大小：控制应用于该对象的纹理贴图材质所使用的缩放方法。

● 长度重复：设置沿着路径的长度重复贴图的次数。贴图的底部放置在路径的第一个顶点处。

● 宽度重复：设置围绕横截面图形的周界重复贴图的次数。贴图的左边缘将与每个图形的第一个顶点对齐。

● 规格化：启用该选项后，将忽略顶点。将沿着路径长度并围绕图形平均应用贴图坐标和重复值。如果禁用，主要路径划分和图形顶点间距将影响贴图坐标间距。将按照路径划分间距或图形顶点间距成比例应用贴图坐标和重复值。

给放样的物体加上贴图，调整贴图显示，如图3-5所示。

● 生成材质 ID：在放样期间生成材质 ID。

● 使用图形 ID：提供使用样条线材质 ID 来定义材质 ID 的选择。

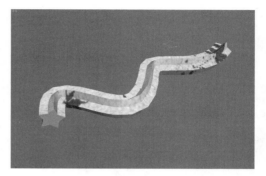

图3-5　放样贴图

● 面片：放样过程可生成面片对象。

● 网格：放样过程可生成网格对象。

● 路径：通过输入值或调节微调器来设置路径的级别。

● 捕捉：用于设置沿着路径图形之间的恒定距离。

● 启用：当启用此选项时，"捕捉"处于活动状态。

● 百分比：将路径级别表示为路径总长度的百分比。

● 距离：将路径级别表示为路径第一个顶点的绝对距离。

● 路径步数：将图形置于路径步数和顶点上，而不是作为沿着路径的一个百分比或距离，如图3-6所示。

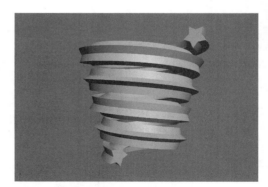

图3-6　放样路径步数

53

● 封口始端：如果启用此选项，则路径第一个顶点处的放样端被封口。

● 封口末端：如果启用此选项，则路径最后一个顶点处的放样端被封口。

● 变形：按照创建变形目标所需的可预见且可重复的模式排列封口面。

● 栅格：在图形边界处修剪的矩形栅格中排列封口面。

● 图形步数：设置横截面图形的每个顶点之间的步数。该值会影响围绕放样周界的边的数目，如图3-7所示。左图图形步数为0，右图图形步数为4。

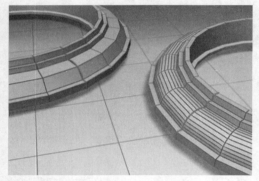

图3-7　设置不同图形步数的变化

● 路径步数：设置路径的每个主分段之间的步数。该值会影响沿放样长度方向的分段的数目。图3-8所示是路径步数为0时的放样效果。路径步数设置为4时的放样效果如图3-9所示。

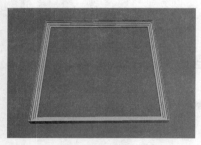

图3-8　路径步数设置为0

图3-9　路径步数设置为4

● 优化图形：如果启用此选项，则对于横截面图形的直分段忽略"图形步数"。如果路径上有多个图形，则只优化在所有图形上都匹配的直分段。默认设置为禁用状态。

● 优化路径：如果启用此选项，则对于路径的直分段忽略"路径步数"。"路径步数"设置仅适用于弯曲截面，仅在"路径步数"模式下才可用，默认设置为禁用状态。

● 自适应路径步数：如果启用此选项，则分析放样，并调整路径分段的数目，以生成最佳蒙皮。

● 轮廓：如果启用此选项，则每个图形都将遵循路径的曲率。未勾选轮廓放样图形如图3-10所示。

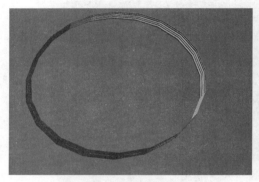

图3-10　未勾选轮廓放样图形效果

● 倾斜：如果启用此选项，则只要路径弯曲并改变其局部 Z 轴的高度，图形便围绕路径旋转。

● 恒定横截面：如果启用此选项，则在路径中的角处缩放横截面，以保持路径宽度一致。如果禁用此选项，则横截面保持其原来的局部尺寸，从而在路径角处产生收缩。

● 线性插值：如果启用此选项，则使用每个图形之间的直边生成放样蒙皮。如果禁用此选项，则使用每个图形之间的平滑曲线生成放样蒙皮。默认设置为禁用状态。

● 翻转法线：如果启用此选项，则将法线翻转180°。可使用此选项来修正内部外翻的对象。默认设置为禁用状态。

● 四边形的边：如果启用此选项，且放样对象的两部分具有相同数目的边，则将两部分缝合到一起的面将显示为四方形。具有不同边数的两部分之间的边将不受影响，仍与三角形连接。默认设置为禁用状态。

- 变换降级：使放样蒙皮在子对象图形/路径变换过程中消失。

- 蒙皮：如果启用此选项，则使用任意着色层在所有视图中显示放样的蒙皮，并忽略"着色视图中的蒙皮"设置。

- 着色视图中的蒙皮：如果启用此选项，则忽略"蒙皮"设置，在着色视图中显示放样的蒙皮。

3.2.2 放样制作实例——窗帘

本案例通过对曲线截面进行放样来制作窗帘模型。

操作步骤

01 打开3ds Max 2014软件，使用线命令在顶视图中绘制出窗帘的截面图形，将绘制的线名称改为截面，如图3-11所示。

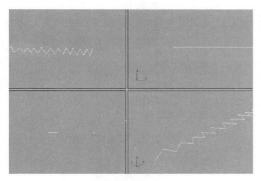

图3-11 在顶视图绘制截面

02 进入顶点子对象层级，选择全部的顶点并右击，在弹出的快捷菜单中将顶点的类型更改为"平滑"，如图3-12所示。

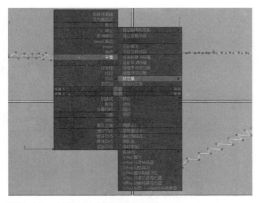

图3-12 更改顶点类型为平滑

03 在前视图中按住【Shift】键绘制一条直线，作为窗帘的放样路径，如图3-13所示。

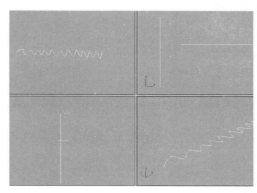

图3-13 绘制路径

04 选中刚创建的直线，使用放样命令获取截面图形进行放样操作，并勾选"翻转法线"选项，效果如图3-14所示。

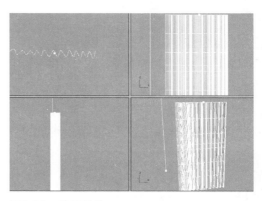

图3-14 放样操作

技巧提示

绘制的路径长度要根据截面的长度来决定。路径的起始方向不同，在调整时的方向也不同。

05 进入"修改"面板，进入放样后窗帘的图形子对象层级，然后在前视图中选中放样物体的上端截面，单击"对齐"卷展栏中的"左"按钮，改变造型的对齐方式，如图3-15所示。

图3-15　调整对齐方式

06 退出子对象层级，打开"变形"卷展栏，单击"缩放"按钮，此时将弹出"缩放变形"窗口，在曲线上添加结点，并对结点进行调整，调整后的效果如图3-16所示。

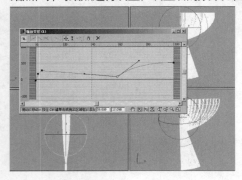

图3-16　缩放变形

07 在顶视图中创建一个圆环，并使用"选择均匀缩放"工具在顶视图中将其沿Y轴压扁，移动到窗帘的中间，对齐到窗帘的合适位置，如图3-17所示。

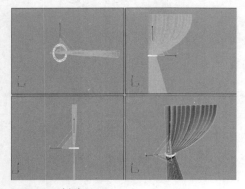

图3-17　创建圆环

56

08 将创建好的一半窗帘进行镜像复制，得到另一半窗帘，如图3-18所示。

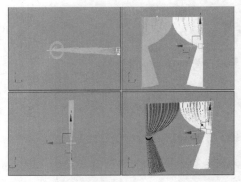

图3-18　镜像窗帘

09 在左视图中创建一条样条线，作为窗帘顶部的截面，并修改样条线定点的类型为"平滑"，如图3-19所示。

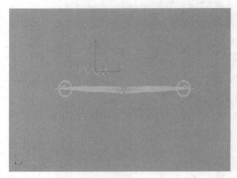

图3-19　创建截面

10 在前视图中按住【Shift】键绘制一条样条线，作为窗帘顶部的放样路径，如图3-20所示。

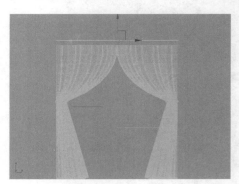

图3-20　创建路径

放样是建模中常用的一种方法，除了基本的放样操作以外，还可以通过调整各种变形参数来制作出更加复杂的外形。

11 ▶ 使用放样命令，以上一步绘制的样条线为路径，以刚创建的截面为放样截面进行放样，并翻转法线，如图3-21所示。

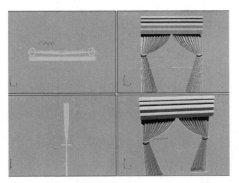

图3-21 放样操作

12 ▶ 进入图形子对象层级，在前视图中选择图形，将对齐方式设置为"顶"，效果如图3-22所示。

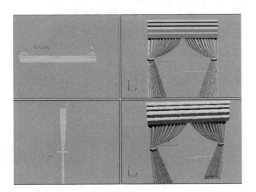

图3-22 调整位置

13 ▶ 打开"变形"卷展栏，单击"缩放"按钮，此时将弹出"缩放变形"窗口，在曲线上添加结点，并对添加的结点进行调整，如图3-23所示。

14 ▶ 调整完成后，在左视图中将窗帘顶部物体旋转90°，然后移动到窗帘的顶端，完成窗帘的创建，如图3-24所示。

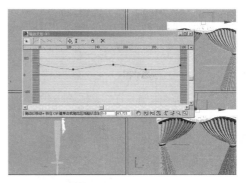

图3-23 调整缩放图形

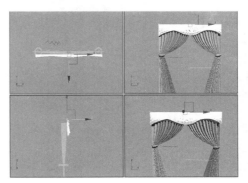

图3-24 设置对齐方式

15 ▶ 为创建好的模型赋予材质，并设置灯光，最终效果如图3-25所示。

图3-25 窗帘最终效果

技巧提示

在本案例中通过对曲线截面进行放样来制作窗帘模型。

3.2.3 放样制作实例——节能灯

本实例使用放样的方法，创建出一盏节能灯。

操作步骤

01 打开3ds Max 2014软件，在前视图中绘制出一个长度为150、宽度为50、角半径为25的圆角矩形，并将其转换为可编辑样条线，另命名为路径1，如图3-26所示。

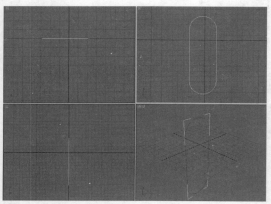

图3-26　创建圆角矩形

02 进入"修改"面板，分别进入顶点层级和边层级，删除底部的顶点和边，将顶部的两个顶点焊接，如图3-27所示。

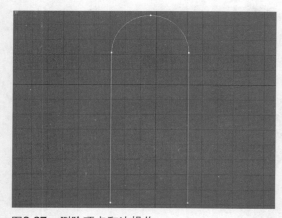

图3-27　删除顶点和边操作

03 在顶视图中绘制一个半径为100的圆，命名为"截面1"，选择路径1，以截面1为放样截面，进行放样操作，这样就得到了灯管的外形，如图3-28所示。

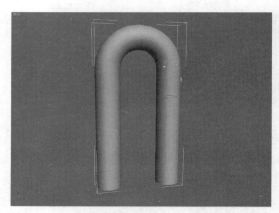

图3-28　放样得到灯管外形

04 在顶视图中绘制一个半径为350的圆，在前视图中绘制一段长为100的样条线，如图3-29所示。

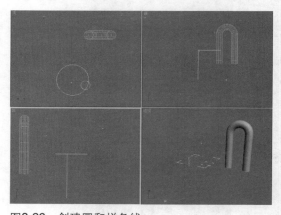

图3-29　创建圆和样条线

05 以圆为截面，以样条线为放样路径，进行放样操作，放样结果如图3-30所示。

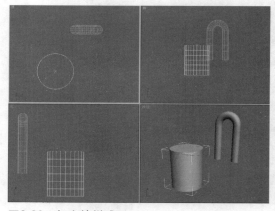

图3-30　灯座放样成形

06 进入"修改"面板，打开"变形"卷展栏，单击"缩放"按钮，此时将弹出"缩放变形"窗口，增加新的顶点并调整顶点的位置，得到灯座的外形，如图3-31所示。

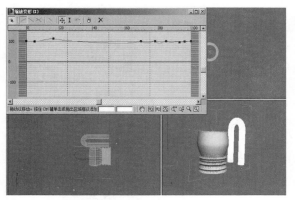

图3-31　进行缩放变形

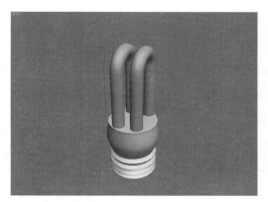

图3-32　节能灯造型

07 将灯管部分复制一份，并和灯座部分进行对齐，得到节能灯的外形，如图3-32所示。

08 为创建好的模型赋予材质，并添加灯光，最终效果如图3-33所示。

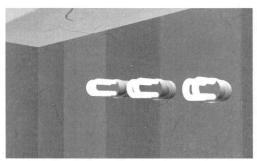

图3-33　节能灯最终效果

3.3　三维布尔运算

布尔对象通过对其他两个对象执行布尔操作将它们组合起来。

3.3.1　布尔运算操作与参数

几何体的布尔操作

● 并集：布尔对象包含两个原始对象的体积，将移除几何体的相交部分或重叠部分。

● 交集：布尔对象只包含两个原始对象共用的体积。

● 差集（或差）：布尔对象包含从中减去相交体积的原始对象的体积。

指定两个原始对象为操作对象 A 和 B。

从 3ds Max 2.5 版本开始，采用新的算法来执行布尔操作。与较早的 3D Studio 布尔相比，该算法的结果可预测性更强，几何体的复杂程度较低。如果打开包含较低版本的3ds Max 布尔的文件，则"修改"面板将显示较低版本布尔操作的界面。

可以采用堆栈显示的方式对布尔操作进行分层，以便在单个对象中包含多个布尔操作。通过在堆栈显示中进行导航，可以重新访问每个布尔操作的组件，并对它们进行更改。

布尔运算参数

"拾取布尔"卷展栏如图3-34所示。

图3-34 "拾取布尔"卷展栏

- 拾取操作对象 B：此按钮用于选择用以完成布尔操作的第二个对象。

- 参考/复制/移动/实例：用于指定将操作对象 B 转换为布尔对象的方式。

"参数"卷展栏如图3-35所示。

- 操作对象：显示当前的操作对象。

- 名称：编辑此字段更改操作对象的名称。

- 提取操作对象：提取选中操作对象的副本或实例。

- 实例/复制：指定提取操作对象的方式。

- 并集：布尔对象包含两个原始对象的体积。将移除几何体的相交部分或重叠部分。

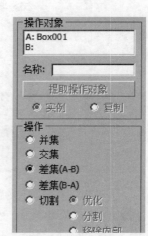

- 交集：布尔对象只包含两个原始对象共用的体积。

- 差集（A-B）：从操作对象 A 中减去相交的操作对象 B 的体积。布尔对象包含从中减去相交体积的操作对象 A 的体积。

图3-35 "参数"卷展栏

- 差集（B-A）：从操作对象 B 中减去相交的操作对象 A 的体积。布尔对象包含从中减去相交体积的操作对象 B 的体积。

- 切割：使用操作对象 B 切割操作对象 A，但不给操作对象 B 的网格添加任何东西。

- 优化：在操作对象 B 与操作对象 A的相交之处，在操作对象 A 上添加新的顶点和边。

- 分割：类似于"细化"，不过此种方式还沿着操作对象 B 剪切操作对象 A 的边界添加第二组顶点和边或两组顶点和边。

- 移除内部：删除位于操作对象 B 内部的操作对象 A 的所有面。

- 移除外部：删除位于操作对象 B 外部的操作对象 A 的所有面。

"显示/更新"卷展栏如图3-36所示。

- 结果：显示布尔操作的结果，即布尔对象。

- 操作对象：显示操作对象，而不是布尔对象。

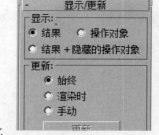

- 结果 + 隐藏的操作对象：将"隐藏的"操作对象显示为线框。

- 始终：更改操作对象时立即更新布尔对象。

- 渲染时：仅当渲染场景或单击"更新"按钮时才更新布尔对象。如果采用此选项，则视口中并不始终显示当前的几何体，但在必要时可以强制更新。

图3-36 "显示/更新"卷展栏

- 手动：仅当单击"更新"按钮时才更新布尔对象。如果采用此选项，则视口和渲染输出中并不始终显示当前的几何体，但在必要时可以强制更新。

- 更新：更新布尔对象。如果选择了"始终"，则"更新"按钮不可用。

布尔运算是不可缺少的建模工具，但布尔运算又是一个不太稳定的工具，这就需要采取一些必要的措施来消除这种不稳定性。

3.3.2 使用布尔运算时应注意的问题

布尔运算一旦出错就无法恢复，所以在布尔运算前有必要保存文件。

最好让布尔运算对象的段数多一些，增加布尔运算对象的段数可以大大减少布尔运算出错的机会。

布尔运算后的对象最好用修改下拉列表中的塌陷命令对布尔运算结果进行塌陷，尤其在进行多次布尔运算时显得尤为重要，每做一次布尔运算就应塌陷一次。

将两个布尔运算的对象充分相交，会减少布尔运算时的错误。

布尔运算只能在单个元素之间稳定操作，完成一次布尔运算后，要单击"拾取操作对象"按钮，再选择下一个布尔对象。

3.3.3 布尔运算制作实例——口红

本案例使用多边形建模和布尔运算的方法制作出一支口红。

操作步骤

01 打开3ds Max 2014软件，在顶视图中创建一个长度为20、宽度为20、高度为20的立方体，立方体的段数为1，并将立方体转换为可编辑多边形，如图3-37所示。

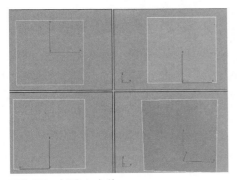

图3-37　创建立方体

02 进入"修改"面板，然后进入多边形子对象层级，选择立方体顶面的多边形，使用插入命令，插入新的多边形，插入值为2，如图3-38所示。

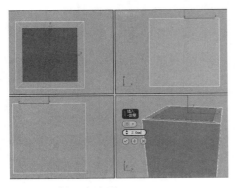

图3-38　插入多边形

03 再选中刚才新插入的多边形，使用挤出命令，向上挤出新的多边形，挤出高度为7，如图3-39所示。

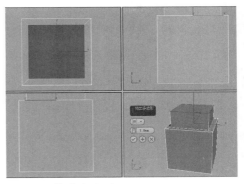

图3-39　挤出多边形

04 进入边子对象层级，选择所有的边，进行切角操作，切角值为0.3，如图3-40所示。

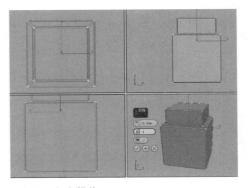

图3-40　切角操作

05 在顶视图中创建一个半径为7、高度为40、高度分段数和端面分段数都为1的圆柱体，将圆柱体对齐到长方体上部的中心，并稍微往下移动一点，然后转换为可编辑多边形，如图3-41所示。

图3-41　创建圆柱并对齐

06 进入"修改"面板，进入圆柱体的多边形子对象层级，选择顶面的多边形，使用插入命令，插入新的多边形，插入值为1，如图3-42所示。

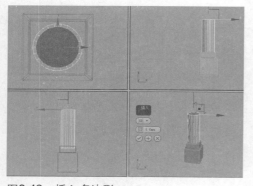

图3-42　插入多边形

07 使用挤出命令，向上挤出新的多边形，挤出高度为2，如图3-43所示。

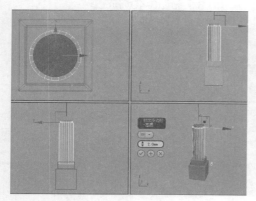

图3-43　挤出多边形

08 进入边子对象层级，在透视图中选择所有圆周的边，进行切角操作，切角值为0.1，如图3-44所示。

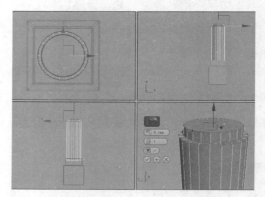

图3-44　切角操作

09 制作口红膏体部分，在顶视图中创建一个半径为5.5、高度为35的胶囊体，并调整其位置，如图3-45所示。

图3-45　创建胶囊体

10 在顶视图中创建一个长度为20的立方体，在前视图中旋转45°，并移动立方体使之与胶囊体相交，如图3-46所示。

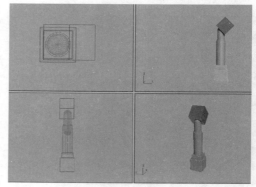

图3-46　创建立方体

11▶选择胶囊体，在"创建"面板中选择布尔命令，然后选择立方体，将胶囊体和立方体相交的部分减去，如图3-47所示。

图3-47　布尔运算结果

12▶制作口红的盖子部分，在顶视图中创建一个长度为20、宽度为20、高度为45的长方体，长宽高的分段数都为1，并转换为可编辑多边形，如图3-48所示。

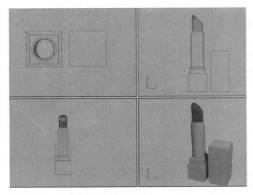

图3-48　创建口红盖

13▶进入"修改"面板，进入多边形子对象层级，选择顶部的多边形，使用插入命令，插入新的多边形，插入值为2，如图3-49所示。

14▶保持选中的多边形，接着使用挤出命令，向内挤出，挤出的高度为−40，如图3-50所示。

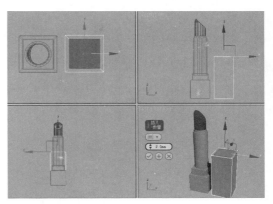

图3-49　插入多边形

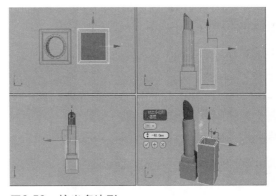

图3-50　挤出多边形

15▶进入边子对象层级，选择所有的边，进行切角操作，切角值为0.3，如图3-51所示。

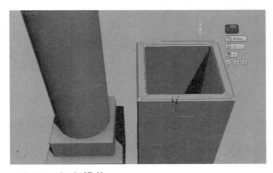

图3-51　切角操作

16 选择除膏体外的3个物体，加入"网格平滑"修改器，将迭代数设置为2，并将各个物体组合在一起，如图3-52所示。

17 为创建好的模型赋予材质，并添加灯光，最终效果如图3-53所示。

图3-52　加入修改器并组合

图3-53　口红最终效果

3.3.4 布尔运算制作实例——多功能插座

本实例首先使用可编辑多边形的建模方法，将一个长方体修改为电源插座的外形，然后使用布尔运算制作出插座的插孔。

操作步骤

01 打开3ds Max 2014软件，在顶视图中创建一个长度为80、宽度为80、高度为8的长方体，长方体长度和宽度的段数都为8，高度的段数为1，并将长方体转换为可编辑多边形，如图3-54所示。

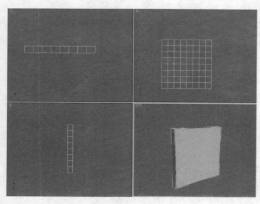

图3-54　创建长方体

02 进入"修改"面板，进入边子对象层级，选择侧面其中的一圈边，进行切角操作，切角数值为2，如图3-55所示。

03 选择另一边的一圈边，与上一步一样进行切角操作，切角数值为0.5，如图3-56所示。

图3-55　切角操作

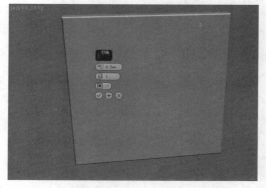

图3-56　切角操作

04 进入多边形子对象层级，选择中间部分的多边形，使用挤出命令，向内进行挤出操作，挤出数值为−5，如图3-57所示。

图3-57 挤出多边形

05 保持上面步骤选择的多边形，使用倒角命令，设置高度为5、轮廓数为−2，如图3-58所示。

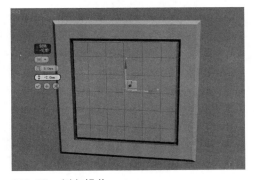

图3-58 倒角操作

06 进入边子对象层级，选择挤出命令和倒角命令后产生的3圈边和各个角上的边进行切角操作，切角数值为0.5，如图3-59所示。

07 退出边子对象层级，在修改器列表中选择"网格平滑"修改器，将迭代数值设置为2，如图3-60所示。

图3-59 切角操作

图3-60 添加网格平滑修改器

08 下面继续制作插孔部分，在前视图中绘制一个长度为22、宽度为5的矩形，并转换为可编辑样条线，如图3-61所示。

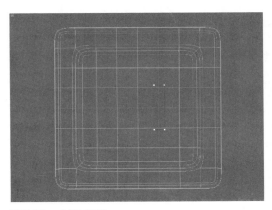

图3-61 创建矩形

09 进入样条线子对象层级，选择矩形，按住【Shift】键，使用选择并移动工具，向左拖动复制出另一个矩形，如图3-62所示。

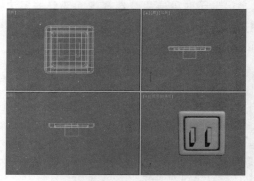

图3-63 挤出并对齐

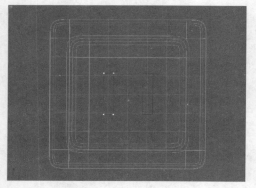

图3-62 复制矩形

10 为可编辑样条线添加挤出修改器，挤出高度为10，并调整挤出后的物体位置，使其一半位于插座中，如图3-63所示。

11 选择插座部分，进入"创建"面板下的"复合对象"面板，使用布尔命令对视图中挤出后的矩形进行布尔运算，如图3-64所示。

图3-64 进行布尔运算

3.4　图形合并

使用"图形合并"来创建包含网格对象和一个或多个图形的复合对象。这些图形嵌入在网格中（将更改边与面的模式），或从网格中消失。

要创建"图形合并"对象，请执行以下操作：

01 创建一个网格对象和一个图形，如图3-65所示。

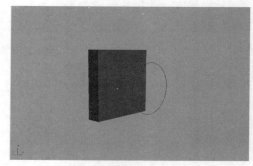

图3-65 创建网格对象和图形

02 选择网格对象，然后单击"图形合并"按钮。如图3-66所示。

图3-66　合并图形

03 单击"拾取图形"按钮，然后选择图形，如图3-67所示。

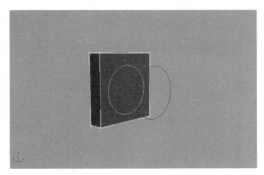

图3-67　拾取图形

04 通过上面的操作，我们已经基本了解了图形合并修改的操作步骤，下面对"图形合并"面板中的各个选项进行叙述。图3-68所示的是"图形合并"面板。

图3-68　"图形合并"面板

（1）"拾取操作对象"卷展栏

● 拾取图形：单击该按钮，然后单击要嵌入网格对象中的图形。此图形沿图形局部负 Z 轴方向投射到网格对象上。例如，如果创建一个长方体，然后在顶视图中创建一个图形，此图形将投射到长方体顶部。可以重复此过程来添加图形，图形可沿不同方向投射。只需再次单击"拾取图形"按钮，然后拾取另一图形。

● 参考/复制/移动/实例：指定如何将图形传输到复合对象中。它可以作为参考、副本、实例或移动的对象（如果不保留原始图形）进行转换。

参考就如同"单向"实例。参考对象基于原对象，就像实例一样，而且它们可以拥有唯一的修改器。对原对象所做的任何修改都会传递给其参考对象，但对参考对象所做的修改并不传递回原对象。这种单向影响十分有用，因为我们可以在使得参考具有自身的特征的同时，还保留一个可以影响所有参考的原对象。例如，如果正在制作头部模型，那么可能要在特征中保持家族相似性。您可以根据原始对象为级别特征建模，然后根据每个参考为模型特点对象建模。

实例是原始对象可交互的克隆体。修改实例对象与修改原对象的效果完全相同。

实例不仅在几何体上相同，同时还共享修改器、材质和贴图以及动画控制器。例如，应用修改器更改一个实例时，所有其他实例也会随之更改。

每个实例都有它自己的一组变换、对象属性和空间扭曲绑定，这些不会在实例间共享。

在程序内部，实例源自同一个主对象。您所做的就是将一个修改器应用到一个主对象。在视图中所看到的多个对象是具有同一定义的多个实例。

（2）"参数"卷展栏

● 操作对象：在复合对象中列出所有操作对象。第一个操作对象是网格对象，以下是任意数目的基于图形的操作对象。

● 删除图形：从复合对象中删除选中图形。

● 提取操作对象：提取选中操作对象的副本或实例。

● 实例/复制：指定如何提取操作对象。可以作为实例或副本进行提取。

"操作"组

此选项决定如何将图形应用于网格中。

● 饼切：切去网格对象曲面外部的图形。

● 合并：将图形与网格对象曲面合并。

● 反转：反转"饼切"或"合并"效果。使用"饼切"此效果明显。禁用"反转"时，图形在网格对象中是一个孔洞。启用"反转"时，图形是实心的而且网格消失。使用"合并"时，使用"反转"将反转选中子对象网格。例如，如果合并一个圆并应用"面提取"，当禁用"反转"时将提取圆环区域，当启用"反转"时，提取除圆环区域之外的所有图形。

"输出子网格选择"组

它提供指定将哪个选择级别传送到"堆栈"中的选项。使用"图形合并"对象保存所有选择级别，即使用其可以将对象与合并图形的顶点、面和边一起保存（如果应用"网格选择"修改器并转到各种子对象层级，将会看到选中的合并图形）。因此，如果使用作用在指定级别（例如"面提取"）上的修改器跟随"图形合并"，修改器会更好地工作。

如果应用一个可在任何选择级别上工作的修改器，如"体积选择"或"变换"，此选项指定将哪一选择级别传送到修改器中。尽管可以使用网格选择修改器来指定选择级别，"网格选择"修改器仅考虑 0 帧处的选择。如果设置了图形操作对象动画，仅使用"输出子网格选择"选项可将动画所有帧传送到"堆栈"中。

● 无：输出整个对象。

● 面：输出合并图形内的面。

● 边：输出合并图形的边。

● 顶点：输出由图形样条线定义的顶点。

（3）"显示/更新"卷展栏

"显示"组

确定是否显示图形操作对象。

● 结果：显示操作结果。

● 操作对象：显示操作对象。

"更新"组

这些选项指定何时更新显示。通常，在设置合并图形操作对象动画且视口中显示很慢时，使用这些选项。

● 始终：始终更新显示。

● 渲染时：仅在场景渲染后更新显示。

● 手动：仅在单击"更新"按钮后更新显示。

● 更新：当选中除"始终"之外的任一选项时"更新"按钮才可用。

下面以制作"摄像头"为例，来讲解图形合并的制作。

01 单击几何体创建面板中的"球体"按钮，在视图中创建一个球体模型，如图3-69所示。

图3-69　创建球体模型

02 单击图形创建面板中的"圆形"按钮，在视图中绘制一个圆形模型，如图3-70所示。

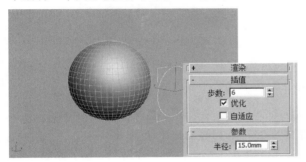

图3-70　绘制圆形

03 在视图中选中球体模型，进入"复合对象"面板，单击"图形合并"按钮，如图3-71所示。

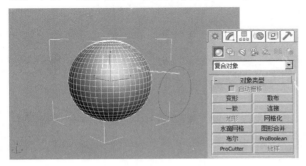

图3-71　激活图形合并修改

04 单击"拾取操作对象"卷展栏中的"拾取图形"按钮，然后在视图中单击圆形，如图3-72所示。

05 复制一个圆形，在视图中选中圆形，进入"修改"面板，将"半径"的值更改为12，如图3-73所示。

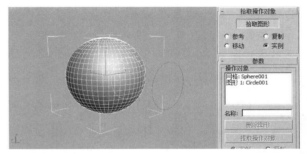

图3-72　拾取图形

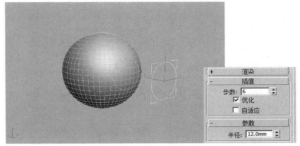

图3-73　复制并修改圆形图形

06 在视图中选中球体模型，进入"复合对象"面板，单击"图形合并"按钮，然后单击"拾取操作对象"卷展栏中的"拾取图形"按钮，然后在视图中单击修改后的圆形，如图3-74所示。

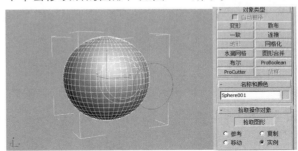

图3-74　添加图形合并修改

07 在视图中选中球体模型并右击，在弹出的快捷菜单中选择"转换为"→"转换为可编辑多边形"命令，将模型转换成可编辑的多边形，如图3-75所示。

图3-75　将模型转换成可编辑的多边形

08▶ 按【2】键，进入"修改"面板，单击"选择"卷展栏中的■按钮，然后在视图中选中图3-76所示的多边形。

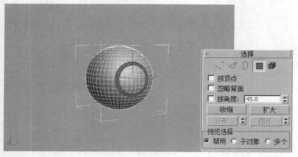

图3-76 选择多边形

09▶ 单击"编辑多边形"卷展栏中的 挤出 按钮，在弹出的"挤出多边形"对话框中输入"挤出高度"的值为5，然后单击"确定"按钮，如图3-77所示。

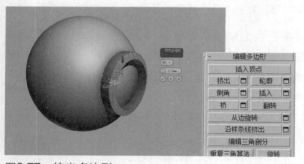

图3-77 挤出多边形

10▶ 单击"选择"卷展栏下的■按钮，然后在视图中选中图3-78所示的多边形。

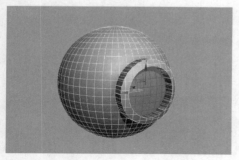

图3-78 选择多边形

11▶ 单击"编辑多边形"卷展栏中的 倒角 按钮，在弹出的"倒角多边形"对话框中输入"高度"的值为0，"轮廓量"的值为−3，然后单击"确定"按钮，如图3-79所示。

图3-79 倒角修改

12▶ 单击"选择"卷展栏中的■按钮，然后在视图中选中图3-80所示的多边形。

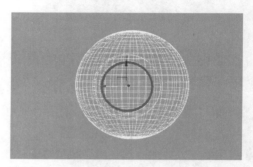

图3-80 选择多边形

13▶ 单击"编辑多边形"卷展栏中的 挤出 按钮，在弹出的"挤出多边形"对话框中输入"挤出高度"的值为3，然后单击"确定"按钮，如图3-81所示。

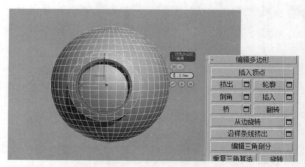

图3-81 挤出多边形

14▶ 经过多次的倒角和挤出修改，摄像头的镜头模型就已经创建完毕了，效果如图3-82所示。

15▶ 创建支架模型，在镜头的底部位置绘制一个图3-83所示的圆形。

图3-82 镜头模型

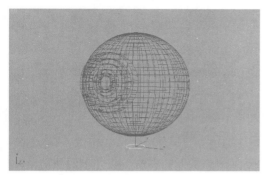

图3-83 绘制圆形

16 在视图中选中球体模型，进入"复合对象"面板，单击"图形合并"按钮，然后单击"拾取操作对象"卷展栏中的"拾取图形"按钮，然后在视图中单击绘制的圆形，如图3-84所示。

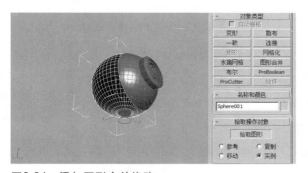

图3-84 添加图形合并修改

17 选择投射在镜头上的多边形，单击"编辑多边形"卷展栏中的 挤出 按钮，在弹出的"挤出多边形"对话框中输入"挤出高度"的值为60，然后单击"确定"按钮，如图3-85所示。

图3-85 挤出多边形

18 激活多边形选择模式，选择图3-86所示的多边形。

图3-86 选择多边形

19 单击"编辑多边形"卷展栏中的 倒角 按钮，在弹出的"倒角多边形"对话框中输入"高度"的值为0，"轮廓量"的值为1，然后单击"确定"按钮，如图3-87所示。

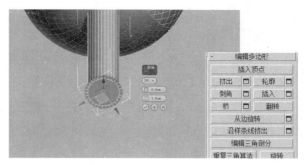

图3-87 添加倒角修改

20 单击"编辑多边形"卷展栏中的 挤出 按钮，在弹出的"挤出多边形"对话框中输入"挤出高度"的值为10，然后单击"确定"按钮，如图3-88所示。

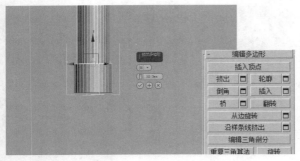

图3-88　添加挤出修改

21 单击"选择"卷展栏中的 按钮，然后在视图中选中图3-89所示的线段。

图3-89　选择线段

22 单击"编辑边"卷展栏中的 切角 按钮，在弹出的"切角边"对话框中输入"切角量"的值为0.5，然后单击"确定"按钮，如图3-90所示。

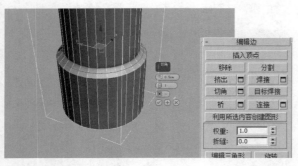

图3-90　添加切角修改

23 创建三角架模型，单击几何体创建面板中的"圆柱体"按钮，在视图中创建一个图3-91所示的圆柱体模型。

24 在视图中绘制一个圆形图形，将图形复制两个，移动到图3-92所示的位置。

图3-91　创建圆柱体模型

图3-92　绘制并复制圆形

25 选中任意一个圆形并右击，在弹出的快捷菜单中选择"转换为"→"转换为可编辑样条线"命令，如图3-93所示。

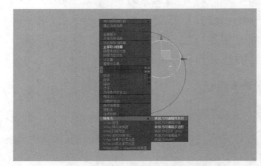

图3-93　将圆形转换为可编辑的样条线

26 单击"几何体"卷展栏中的 附加 按钮，然后在视图中单击圆形，如图3-94所示。

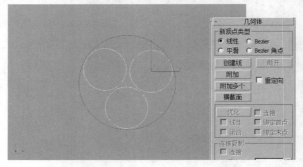

图3-94　附加修改

27 在视图中选中球体模型，进入"复合对象"面板，单击"图形合并"按钮，然后单击"拾取操作对象"卷展栏中的"拾取图形"按钮，然后在视图中单击修改后的圆形，如图3-95所示。

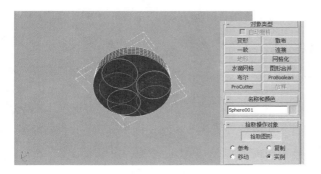

图3-95　添加图形合并修改

28 在视图中选中圆柱体模型并右击，在弹出的快捷菜单中选择"转换为"→"转换为可编辑多边形"命令，将模型转换成可编辑的多边形，如图3-96所示。

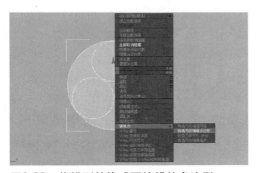

图3-96　将模型转换成可编辑的多边形

29 按【2】键，进入"修改"面板，单击"选择"卷展栏中的■按钮，然后在视图中选中图3-97所示的多边形。

图3-97　选择多边形

30 单击"编辑多边形"卷展栏中的 挤出 按钮，在弹出的"挤出多边形"对话框中输入"挤出高度"的值为50，然后单击"确定"按钮，如图3-98所示。

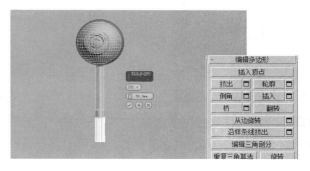

图3-98　添加挤出修改

31 单击"选择"卷展栏中的 按钮，然后在视图中选中图3-99所示的顶点。

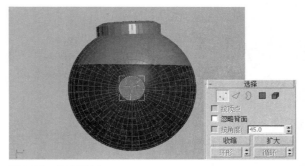

图3-99　选择顶点

32 利用选择移动工具，将所选的顶点移动到图3-100所示的位置。

图3-100　移动顶点

33 利用上面的方法，将另外两个支架的位置也进行移动，如图3-101所示。

图3-101　移动支架的位置

34 创建接线模型，单击图形创建面板中的"线"按钮，绘制图3-102所示的样条线。

图3-102　绘制样条线

35 进入"修改"面板，勾选"在渲染中启用"和"在视口中启用"复选框，设置厚度的值为0.5，如图3-103所示。

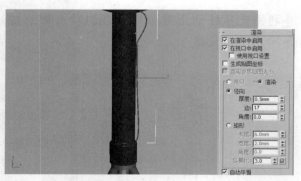

图3-103　设置渲染参数

36 创建插头模型，单击"几何体创建"面板中的"长方体"按钮，在视图中绘制图3-104所示的长方体模型。

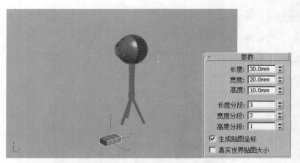

图3-104　创建长方体模型

37 在视图中选中长方体模型并右击，在弹出的快捷菜单中选择"转换为"→"转换为可编辑多边形命令，将模型转换成可编辑的多边形，如图3-105所示。

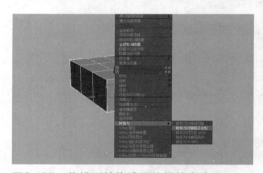

图3-105　将模型转换成可编辑的多边形

38 选择图3-106所示的顶点，利用缩放工具将所选的顶点缩小。

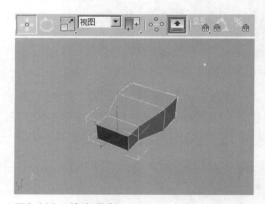

图3-106　缩小顶点

39 单击"选择"卷展栏中的 ⬦ 按钮，然后在视图中选中图3-107所示的线段。

40 单击"编辑边"卷展栏中的 切角 按钮，在弹出的"切角边"对话框中输入"切角量"的值为0.5，然后单击"确定"按钮，如图3-108所示。

3ds Max 2014／VRay 室内外效果图从新手到高手

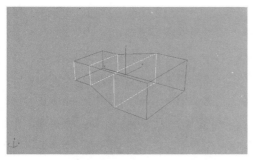

图3-107　选择线段

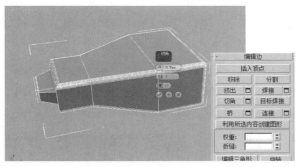

图3-108　添加切角修改

41 将当前所选的线段添加多次切角修改，得到的效果如图3-109所示。

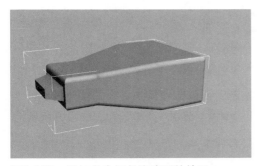

图3-109　添加多次切角修改后的效果

42 单击图形创建面板中的"长方体"按钮，在视图中绘制两个矩形，如图3-110所示。

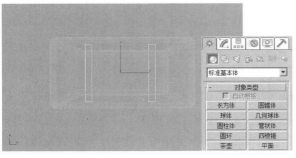

图3-110　绘制矩形

43 选中任意一个矩形并右击，在弹出的快捷菜单中选择"转换为"→"转换为可编辑样条线"命令，如图3-111所示。

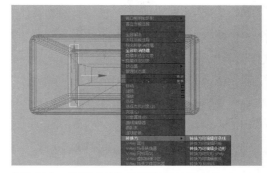

图3-111　将矩形转换为可编辑的样条线

44 单击"几何体"卷展栏中的 附加 按钮，然后单击视图中的另一个矩形，如图3-112所示。

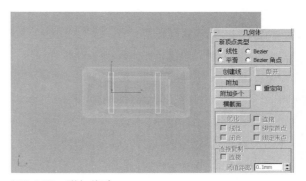

图3-112　附加修改

45 在视图中选中插头模型，进入"复合对象"面板，单击"图形合并"按钮，然后单击"拾取操作对象"卷展栏中的"拾取图形"按钮，在视图中单击修改后的矩形，如图3-113所示。

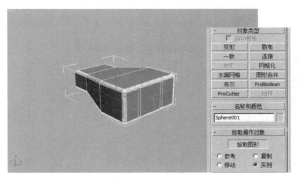

图3-113　图形合并修改

46 在视图中选中创建的模型并右击，在弹出的快捷菜单中选择"转换为"→"转换为可编辑多边形"命令，将模型转换成可编辑的多边形，如图3-114所示。

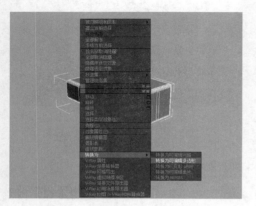

图3-114 将模型转换成可编辑的多边形

47 单击"选择"卷展栏中的■按钮，然后在视图中选中图3-115所示的多边形。

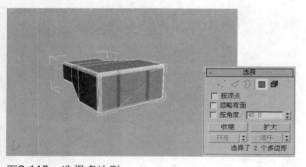

图3-115 选择多边形

48 单击"编辑多边形"卷展栏中的 挤出 按钮，在弹出的"挤出多边形"对话框中输入"挤出高度"的值为10，然后单击"确定"按钮，如图3-116所示。

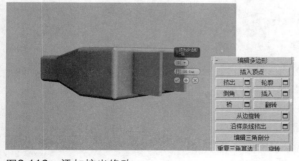

图3-116 添加挤出修改

49 单击"选择"卷展栏中的◁按钮，然后在视图中选中图3-117所示的线段。

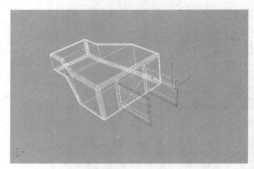

图3-117 选择线段

50 单击"编辑边"卷展栏中的 切角 按钮，在弹出的"切角边"对话框中输入"切角量"的值为0.1，然后单击"确定"按钮，如图3-118所示。

图3-118 添加切角修改

51 最后绘制出摄像头和插头之间的接线，到此为止，摄像头模型镜全部制作完毕了，如图3-119所示。

图3-119 完整的摄像头模型

52 下面为摄像头设置简单的材质效果，先设置黑色塑料材质，将漫反射颜色设置为纯黑色，将反射颜色的RGB值都设置为50，设置"反射光泽度"的值为0.65，"细分"的值为20，如图3-120所示。

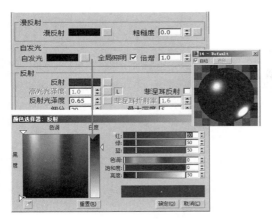

图3-120 设置黑色塑料材质

53 为凹凸通道指定一张"噪波"贴图,设置"噪波类型"为"分形","大小"为2,如图3-121所示。

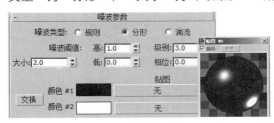

图3-121 添加噪波贴图

54 设置铜材质,将漫反射颜色的RGB值设置为128、84、4,将反射颜色的RGB值设置为197、181、146,设置"反射光泽度"的值为0.65,"细分"的值为20,如图3-122所示。

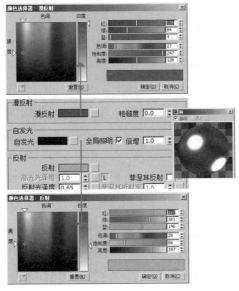

图3-122 设置铜材质

55 设置不锈钢材质,将反射颜色设置为纯白色,设置"反射光泽度"的值为0.83,"细分"的值为10,如图3-123所示。

图3-123 设置不锈钢材质

56 进入摄影机创建面板,单击"VR物理摄影机"按钮,在视图中创建一架"VR物理摄影机",如图3-124所示。

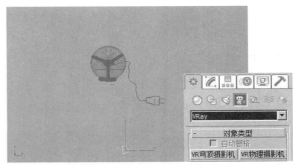

图3-124 创建VR物理摄影机

57 在视图中选中"VR物理摄影机",进入"修改"面板,将焦距的值设置为25,如图3-125所示。

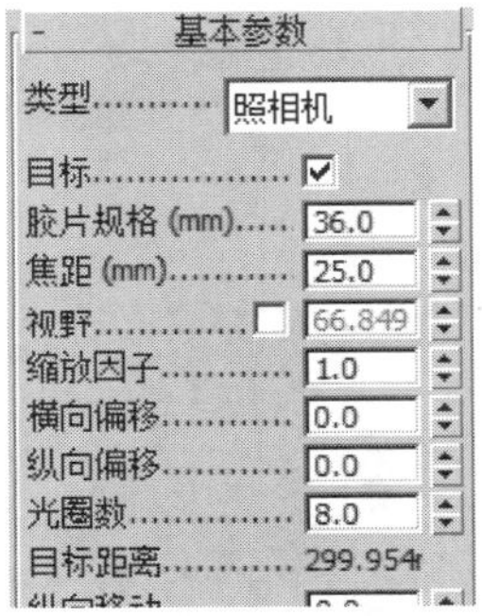

-	基本参数
类型..........	照相机 ▼
目标............	☑
胶片规格 (mm).....	36.0
焦距 (mm)......	25.0
视野........	66.849
缩放因子.....	1.0
横向偏移.....	0.0
纵向偏移.....	0.0
光圈数.....	8.0
目标距离......	299.954

图3-125 设置VR物理摄影机参数

58 进入灯光创建面板,在灯光类型下拉列表中选择VRay灯光类型,进入VRay面板,单击"VR灯光"按钮,在视图中创建一盏VRay灯光,如图3-126所示。

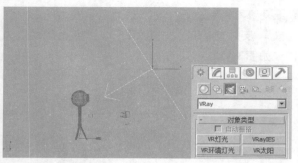

图3-126 创建VR灯光

59 在视图中选中"VR灯光",进入"修改"面板,设置倍增器的值为0.003,勾选"不可见"和"存储发光图"复选框,设置采样的"细分"值为25,如图3-127所示。

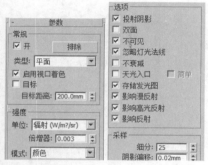

图3-127 设置VR灯光参数

60 按【8】键,打开"环境和效果"窗口,为环境贴图通道指定一张渐变贴图,如图3-128所示。

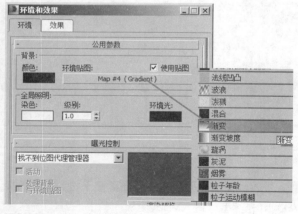

图3-128 为环境添加贴图

61 打开"材质"面板,将环境贴图复制给一个新的材质球,进入"渐变参数"卷展栏,将渐变颜色设置为一个灰度的颜色,如图3-129所示。

78

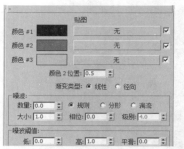

图3-129 设置渐变参数

62 到此为止,材质和灯光都已经设置完毕,下面设置一下简单的渲染参数,首先打开"Vray::全局开关"卷展栏,勾选"最大深度"复选框,如图3-130所示。

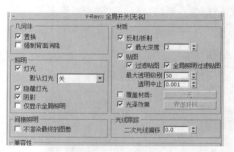

图3-130 设置"全局开关"参数

63 打开"V-Ray::图像采样哭器(反锯齿)"卷展栏,设置"图像采样器"的类型为"自适应细分","抗锯齿过滤器"的类型为"区域",如 图3-131所示。

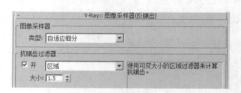

图3-131 设置"图像采样器"参数

64 进入"V-Ray::间接照明"卷展栏,勾选"开"复选框,将"首次反弹"的"全局照明引擎"设置为"发光图"模式,将"二次反弹"的"全局照明引擎"设置为"灯光缓存"模式,如图3-132所示。

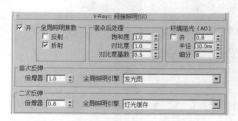

图3-132 设置"间接照明"参数

65 打开 "V-Ray::发光图" 卷展栏，设置 "当前预置" 的模式为 "高"，"半球细分" 的值为50，勾选 "显示计算相位" 和 "显示直接光" 复选框，如图3-133所示。

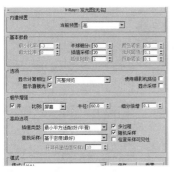

图3-133　设置 "发光图" 参数

66 打开 "V-Ray::灯光缓存" 卷展栏，设置 "细分" 的值为1200，勾选 "存储直接光" 和 "显示计算相位" 复选框，如图3-134所示。

图3-134　设置 "灯光缓存" 参数

67 打开 "V-Ray::DMC采样器" 卷展栏,设置 "适应数量" 的值为0.75，"噪波阈值" 的值为0.01，"最小采样值" 为20，如图3-135所示。

图3-135　设置 "DMC采样器" 参数

68 打开 "V-Ray::颜色贴图" 卷展栏，将类型设置为 "指数"，勾选 "影响背景" 复选框，如图3-136所示。

图3-136　设置 "颜色贴图" 参数

69 将当前视图切换到摄影机视图，按【F9】键，对图像进行渲染，得到的效果如图3-137所示。

图3-137　最终渲染效果

70 启动Photoshop，打开渲染输出效果图，按【Ctrl+B】组合键，打开 "色彩平衡" 对话框，设置 "色阶" 的值为-7、-3、+13，如图3-138所示。

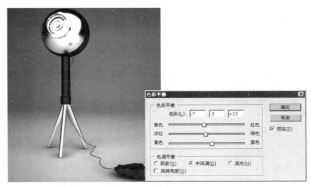

图3-138　设置整体图像的颜色

71 选择 "滤镜" → "锐化" → "USM锐化" 命令，弹出 "USM锐化" 对话框，设置 "数量" 的值为50，"半径" 的值为0.5，最终效果如图3-139所示。

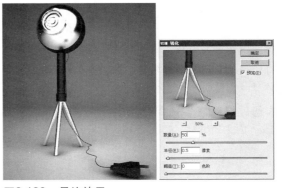

图3-139　最终效果

（1）将二维模型转换为三维模型的工具，如挤出、旋转、倒角等。

（2）将简单的三维模型细化为复杂模型的工具，如光滑网格对象、结构网格、优化等。

（3）对三维对象进行变形处理的工具，如弯曲、锥化、噪波、自由变形对象等。

（4）给场景对象赋予贴图坐标的工具，如UVW、Map。

3.5.1 挤出

挤出修改器的"参数"卷展栏如图3-140所示。

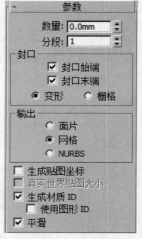

图3-140 挤出修改器的"参数"卷展栏

● 数量：设置挤出的深度。

● 分段：指定将要在挤出对象中创建线段的数目。

● 封口始端：在挤出对象始端生成一个平面。

● 封口末端：在挤出对象末端生成一个平面。

● 变形：在一个可预测、可重复模式下安排封口面，这是创建渐进目标所必需的。

● 栅格：在图形边界上的方形修剪栅格中安排封口面。

● 面片：产生一个可以折叠到面片对象中的对象。

● 网格：产生一个可以折叠到网格对象中的对象。

● NURBS：产生一个可以折叠到 NURBS 对象中的对象。

● 生成贴图坐标：将贴图坐标应用到挤出对象中，默认设置为禁用状态。

● 真实世界贴图大小：控制应用于该对象的纹理贴图材质所使用的缩放方法。

● 生成材质 ID：将不同的材质 ID 指定给挤出对象侧面与封口。

● 使用图形 ID：将材质 ID 指定给在挤出产生的样条线中的线段，或指定给在 NURBS 挤出产生的曲线子对象。

● 平滑：将平滑应用于挤出图形。

下面以一个小实例来讲解一下挤出命令的使用。

打开光盘文件挤出墙体3D文件，选中二维图型，如图3-141所示。

在修改器列表中选择"挤出"选项，然后设置"数量"值为2 800，如图3-142所示。

图3-141 打开3D文件

3ds Max 2014/VRay 室内外效果图从新手到高手

设置完挤出参数后，视图中二维线形转换为三维模型，如图3-143所示。

图3-142　设置挤出参数

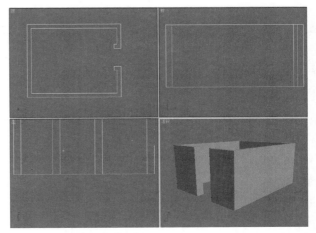

图3-143　挤出三维模型

3.5.2　车削

车削通过绕轴旋转一个图形或 NURBS 曲线来创建 3D 对象。

车削修改器的"参数"卷展栏如图3-144所示。

图3-144　车削修改器的"参数"卷展栏

● 度数：确定对象绕轴旋转多少度（范围为0～360，默认值是 360）。可以给"度数"设置关键点，来设置车削对象圆环增强的动画。"车削"轴自动将尺寸调整到与车削图形同样的高度。

● 焊接内核：通过将旋转轴中的顶点焊接来简化网格。如果要创建一个变形目标，禁用此选项。

● 翻转法线：依赖图形上顶点的方向和旋转方向，旋转对象可能会内部外翻。

● 分段：在起始点之间，确定在曲面上创建多少插值线段。此参数也可设置动画，默认值为16。

"封口"组

如果设置的车削对象的"度数"小于 360，则

它控制是否在车削对象内部创建封口。

● 封口始端：封口设置的"度数"小于 360的车削对象的始点，并形成闭合图形。

● 封口末端：封口设置的"度数"小于 360的车削的对象终点，并形成闭合图形。

● 变形：按照创建变形目标所需的可预见且可重复的模式排列封口面。渐进封口可以产生细长的面，而不像栅格封口需要渲染或变形。如果要车削出多个渐进目标，主要使用渐进封口的方法。

● 栅格：在图形边界上的方形修剪栅格中安排封口面。此方法产生尺寸均匀的曲面，可使用其他修改器将这些曲面变形。

"方向"组

相对对象轴点，设置轴的旋转方向。

X /Y /Z：相对对象轴点，设置轴的旋转方向。

"对齐"组

最小/中心/最大：将旋转轴与图形的最小、中心或最大范围对齐。

"输出"组

● 面片：产生一个可以折叠到面片对象中的对象。

● 网格：产生一个可以折叠到网格对象中的对象。

● NURBS：产生一个可以折叠到 NURBS 对象中的对象。

● 生成贴图坐标：将贴图坐标应用到车削对象中。当"度数"的值小于 360 并启用"生成贴图坐标"时，将另外的贴图坐标应用到末端封口中，并在每一封口上放置一个 1×1 的平铺图案。

● 真实世界贴图大小：控制应用于该对象的纹理贴图材质所使用的缩放方法。缩放值由位于应用材质的"坐标"卷展栏中的"使用真实世界比例"设置控制。默认设置为启用。

● 生成材质 ID：将不同的材质 ID 指定给车削对象侧面与封口。特别是侧面 ID 为 3，封口（当"度数"的值小于 360 且车削对象是闭合图形时）ID 为 1 和 2。默认设置为启用。

● 使用图形 ID：将材质 ID 指定给在车削产生的样条线中的线段，或指定给在 NURBS 车削产生的曲线子对象。仅当启用"生成材质 ID"时，"使用图形 ID"才可用。

● 平滑：给车削图形应用平滑。

3.5.3 车削——梳子的制作

本实例使用车削修改器将梳子的截面图形旋转成型，然后使用旋转复制的方法制作出梳齿。

操作步骤

01 打开3ds Max 2010软件，在前视图中使用线命令绘制出梳子截面图形的大致外形，如图3-145所示。

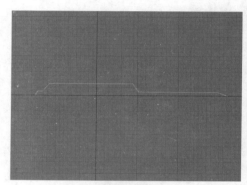

图3-145　绘制梳子截面

技巧提示

由于之前绘制样条线时读者的操作步骤可能会有所不同，在设置对称轴向时需要根据视图中的效果来设置对称的轴向。

02 进入"修改"面板，进入顶点子对象层级，调整各个顶点的位置，调整好的截面图形如图3-146所示。

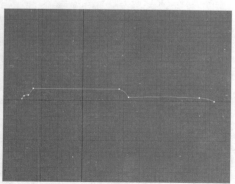

图3-146　调整顶点位置

03 退出顶点子对象层级，在修改器列表中选择"车削"选项，并设置对称的轴向，进入轴子对象层级，调整轴心的位置，然后将法线翻转，并焊接内核，如图3-147所示。

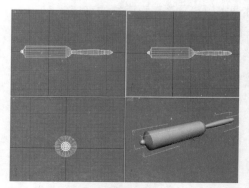

图3-147　添加车削修改器

04▶接着制作梳齿部分，在顶视图中创建一个半径为3、分段数为16的球体，并将球体转换为可编辑多边形，如图3-148所示。

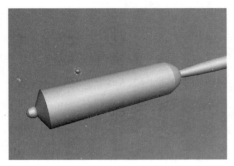

图3-148　创建球体

05▶进入"修改"面板，进入多边形子对象层级，选择球体底部的16边多边形，然后使用挤出命令挤出多边形，挤出值为45，如图3-149所示。

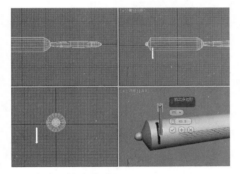

图3-149　挤出命令

06▶退出多边形子对象层级，在左视图中将梳齿物体和梳子进行对齐，然后进入层次面板，单击"仅影响轴"按钮，在前视图中将轴心对齐到梳子的中心，对齐完成后，再次单击"仅影响轴"按钮，退出轴心点模式，如图3-150所示。

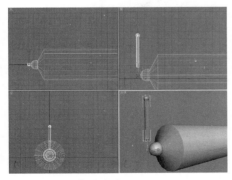

图3-150　对齐轴心点

07▶打开角度捕捉工具，按住【Shift】键，在左视图中将梳齿旋转45°，并在对话框中设置7个相同的物体参数，如图3-151所示。

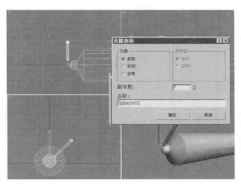

图3-151　旋转复制梳齿

08▶接着选择8个梳齿物体，在前视图中拖动复制出另一组，然后在左视图中旋转22.5°，如图3-152所示。

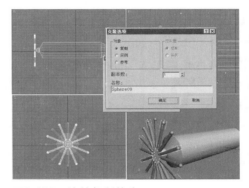

图3-152　旋转复制梳齿

09▶在顶视图中调整梳齿的位置，将梳齿移动到梳子上，并按住【Shift】键，使用拖动复制的方法复制出另外的几组梳齿，最终效果如图7-153所示。

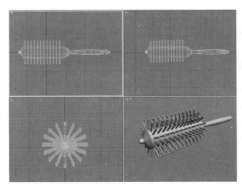

图3-153　梳子最终效果

3.5.4 弯曲

弯曲修改器允许将当前选中对象围绕单独轴弯曲 360°，在对象几何体中产生均匀弯曲。可以在任意3个轴上控制弯曲的角度和方向。也可以对几何体的一段限制弯曲，弯曲修改器的"参数"卷展栏如图3-154所示。

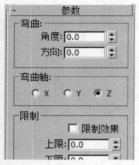

图3-154　弯曲修改器的"参数"卷展栏

"弯曲"组

● 角度：从顶点平面设置要弯曲的角度。范围为 −999,999.0 ~999,999.0。

● 方向：设置弯曲相对于水平面的方向。范围为 −999,999.0~999,999.0。

"弯曲轴"组

X/Y/Z：指定要弯曲的轴。注意此轴位于弯曲 Gizmo，与选择项不相关。默认设置为 Z 轴。

"限制"组

● 限制效果：将限制约束应用于弯曲效果。默认设置为禁用状态。

● 上限：以世界单位设置上部边界，此边界位于弯曲中心点上方，超出此边界弯曲不再影响几何体，默认设置为 0。范围为 0 ~999,999.0。

● 下限：以世界单位设置下部边界，此边界位于弯曲中心点下方，超出此边界弯曲不再影响几何体，默认设置为 0。范围为−999,999.0 ~ 0。

打开3ds Max 2010软件，在顶视图中创建一个长度为5、宽度为110、高度为22的长方体，长度段数为1，宽度段数为22，高度分段数为2，并把该长方体命名为底面，如图3-155所示。

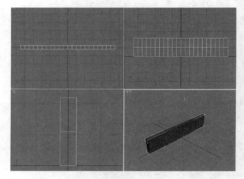

图3-155　创建长方体

将长方体转换为可编辑多边形，进入顶点子对象层级，在左视图中将水平方向中间的顶点向下移动，如图3-156所示。

图3-156　调整顶点位置

进入多边形子对象层级，选择侧面上部的多边形，使用挤出命令进行挤出，挤出高度为0.5，如图3-157所示。

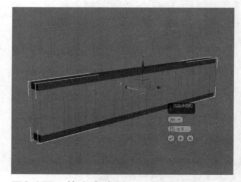

图3-157　挤出多边形

在顶视图中创建玻璃台面，创建长度为10、宽度为120、高度为0.5的长方体，长度分段数为1，宽度分段数为22，高度分段数为1，在左视图中调整其位置，如图3-158所示。

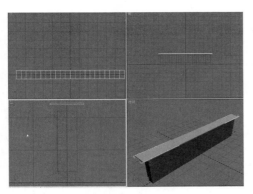

图3-158　创建玻璃台面

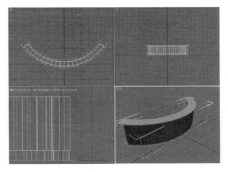

图3-159　添加弯曲修改

选择视图中的玻璃台面和底面，添加弯曲修改器，将角度设置为120，方向设置为−90°，如图3-159所示。

在顶视图中创建半径为1、高度为2的圆柱体，作为玻璃和底面的链接，复制4个并与玻璃和底面对齐，到这里，前台的模型就制作完成了，如图3-160所示。

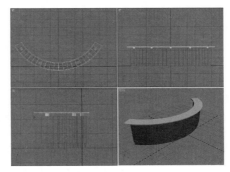

图3-160　前台模型

技巧提示

物体的轴心在进行对齐旋转时有重要的作用，需要根据不同的情况调整轴心的位置。

3.5.5 噪波

噪波修改器的"参数"卷展栏如图3-161所示。

● 种子：从设置的数中生成一个随机起始点。在创建地形时尤其有用，因为每种设置都可以生成不同的配置。

● 比例：设置噪波影响（不是强度）的大小。较大的值产生更为平滑的噪波，较小的值产生锯齿现象更严重的噪波。默认值为100。

● 分形：根据当前设置产生分形效果。默认设置为禁用状态。

● 粗糙度：决定分形变化的程度。较低的值比较高的值更精细，范围从 0 ~ 1。默认值为 0。

● 迭代次数：控制分形功能所使用的迭代（或是八度音阶）的数目。

● X、Y、Z：沿着3条轴设置噪波效果的强度。

● 动画噪波：调节"噪波"和"强度"参数的组合效果。

● 频率：设置正弦波的周期，调节噪波效果的速度。

● 相位：移动基本波形的开始和结束点。

图3-161　噪波修改器的"参数"卷展栏

3.5.6 网格平滑

网格平滑修改器通过多种不同方法平滑场景中的几何体。它允许细分几何体，同时在角和边插补新面的角度以及将单个平滑组应用于对象中的所有面。网格平滑的效果是使角和边变圆，就像它们被刨平一样。使用"网格平滑"参数可控制新面的大小和数量，以及它们如何影响对象曲面。

"细分方法"卷展栏

"细分方法"卷展栏如图3-162所示。

● 细分方法：选择以下控件之一可确定"网格平滑"操作的输出：

图3-162 "细分方法"卷展栏

➢　NURMS减少非均匀有理数网格平滑对象。"强度"和"松弛"平滑参数对于 NURMS 类型不可用。NURMS 对象与 NURBS 对象相似，即可以为每个控制顶点设置不同权重。通过更改边权重，可进一步控制对象形状。有关更改权重的详细信息请参见下文。

➢　古典：生成三面和四面的多面体。

➢　四边形输出：仅生成四面多面体。如果对整个对象应用使用默认参数的此控件，其拓扑与细化完全相同，即为边样式。不过，不是使用张力从网格投影面和边顶点，而是使用"网格平滑强度"将原来的顶点和新的边顶点松弛到网格中。

● 应用于整个网格：启用时，在堆栈中向上传递的所有子对象选择被忽略，且"网格平滑"应用于整个对象。请注意，子对象选择仍然在堆栈中向上传递到所有后续修改器。

● 旧式贴图：使用 3ds Max 3.0 算法将"网格平滑"应用于贴图坐标。此方法会在创建新面和纹理坐标移动时改变基本贴图坐标。

"细分量"卷展栏

"细分量"卷展栏用于设置应用"网格平滑"的次数，如图3-163所示。

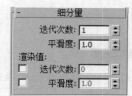

● 迭代次数：设置网格细分的次数。增加该值时，每次新的迭代会通过在迭代之前对顶点、边和曲面创建平滑差补顶点来细分网格。修改器会细分曲面来使用这些新的顶点。

● 平滑度：确定对多尖锐的锐角添加面以平滑它。计算得到的平滑度为顶点连接的所有边的平均角度。值为 0.0 会禁止创建任何面。值为 1.0 会将面添加到所有顶点，即使它们位于一个平面上。

图3-163 "细分量"卷展栏

● 渲染值：用于在渲染时对对象应用不同平滑迭代次数和不同的"平滑度"值。一般，将使用较低迭代次数和较低"平滑度"值进行建模，使用较高值进行渲染。这样，可在视图中迅速处理低分辨率对象，同时生成更平滑的对象以供渲染。

● 迭代次数：用于选择要在渲染时应用于对象的不同平滑迭代次数。启用"迭代次数"，然后使用其右侧的微调器设置迭代次数。

● 平滑度：用于选择不同的"平滑度"值，以便在渲染时应用于对象。启用"平滑度"，然后使用其右侧的微调器设置平滑度的值。

"局部控制"卷展栏

"局部控制"卷展栏如图3-164所示。

图3-164 "局部控制"卷展栏

● 子对象层级：启用或禁用"边"或"顶点"层级。如果两个层级都被禁用，将在对象层级工作。有关选定边或顶点的信息显示在"忽略背面"选项下的消息区域中。

● 忽略背面：启用时，子对象选择会仅选择其法线使其在视口中可见的那些子对象。禁用（默认设置）时，选择包括所有子对象，与它们的法线方向无关。

● 控制级别：用于在一次或多次迭代后查看控制网格，并在该级别编辑子对象点和边。"变换"控件和"权重"设置对所有层级的所有子对象可用。"折缝"设置仅在"边"子对象层级可用。

● 折缝：创建曲面不连续，从而获得褶皱或唇状结构等清晰边界。选择一个或多个边子对象，然后调整"折缝"设置；折缝显示在与选定边关联的曲面上。只在"边"子对象层级下才可以使用。

● 权重：设置选定顶点或边的权重。

● 等值线显示：启用时，该软件只显示等值线，即对象在平滑之前的原始边。使用此项的好处是减少混乱的显示。

● 显示框架：在细分之前，切换显示修改对象的两种颜色线框的显示。框架颜色显示为复选框右侧的色样。第一种颜色表示"顶点"子对象层级的未选定的边，第二种颜色表示"边"子对象层级的未选定的边。通过单击其色样更改颜色。

"软选择"卷展栏

"软选择"控件影响子对象的"移动"、"旋转"和"缩放"功能操作。当这些处于启用状态时，3ds Max 将样条线曲线变形应用到变换的选定子对象周围的未选择顶点。这将提供一种类似磁场的效果，在变换周围产生影响的球体。

"参数"卷展栏

"参数"卷展栏如图3-165所示。

图3-165 "参数"卷展栏

"平滑参数"组

这些设置仅在"网格平滑类型"设置为"古典"或"四边形输出"时可用。另外，"投射到限定曲面"仅在"古典"模式下可用。

● 强度：使用 0.0 ~ 1.0 的范围设置所添加面的大小。接近 0.0 的值会创建非常薄并且靠近原始顶点和边的小面。接近 0.5 的值在边之间均匀设置面大小。接近 1.0 的值创建新的大面，并将原始面调整为非常小。

● 松弛：应用正的松弛效果以平滑所有顶点。

● 投影到限定曲面：将所有点放在"网格平滑"结果的"限定曲面"上，即在无限次迭代后将生成的曲面。拓扑仍然受迭代次数控制。

"曲面参数"组

将平滑组应用于对象，并使用曲面属性限制"网格平滑"效果。

- 平滑结果：对所有曲面应用相同的平滑组。

- 按材质分隔：防止在不共享材质 ID 的曲面之间的边创建新曲面。

- 按平滑组分隔：防止在不共享至少一个平滑组的曲面之间的边上创建新曲面。

"重置"卷展栏

使用此卷展栏可将所做的任何更改以及编辑折缝更改、顶点权重和边权重的更改恢复为默认或初始设置。"重置"卷展栏如图3-166所示。

图3-166　"重置"卷展栏

- 重置所有层级：将所有子对象层级的几何体编辑、折缝和权重恢复为默认或初始设置。

- 重置该层级：将当前子对象层级的几何体编辑、折缝和权重恢复为默认或初始设置。

- 重置几何体编辑：将对顶点或边所做的任何变换恢复为默认或初始设置。

- 重置边折缝：将边折缝恢复为默认或初始设置。

- 重置顶点权重：将顶点权重恢复为默认或初始设置。

- 重置边权重：将边权重恢复为默认或初始设置。

- 全部重置：将全部设置恢复为默认或初始设置。

可重置所有控制级别的更改或重置为当前控制级别，为需要的子对象层级启用重置选项，然后单击适当按钮。

3.5.7 网格平滑——靠枕的制作

本实例是在3ds Max中创建几何体，并运用"网格平滑"命令进行修改，此命令可以使靠枕变得柔软。其中应该注意"网格平滑"命令的使用。

操作步骤

01 打开3ds Max 2010软件，在顶视图中创建一个长度为90、宽度为120、高度为30的长方体。并在"修改"面板中将该长方体的长、宽、高的段数都设置为2，如图3-167所示。

02 进入"修改"面板，在修改器列表中选择"网格平滑"选项，打开"细分量"卷展栏，将"迭代次数"设置为3。此时长方体的棱角变平滑，使整个物体看起来很平滑，如图3-168所示。

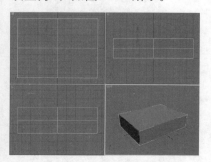

图3-167　在顶视图中创建长方体

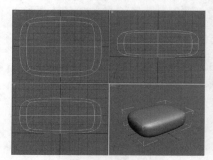

图3-168　添加网格平滑修改

03 在修改器堆栈中,进入"网格平滑"命令中的"顶点"子对象层级,这时视图显示如图3-169所示。

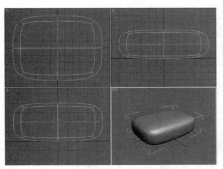

图3-169　进入顶点子对象层级

04 在"修改"器面板中,保持选择"顶点"子对象层级,并在"局部控制"卷展栏中,勾选"显示控制网格"选项,在视图中显示细分结构线框,如图3-170所示。

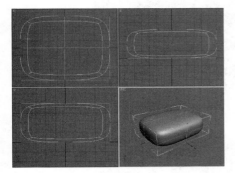

图3-170　显示控制网格

05 在透视图中,配合【Alt】键和鼠标中键,通过"选择并移动"工具,选择物体中间的点,如图3-171所示。

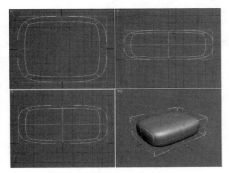

图3-171　选择点

06 接着,在界面右侧的"修改"面板中打开"局部控制"卷展栏,将"权重"值设置为12,长方体变成和枕头类似的形状,如图3-172所示。

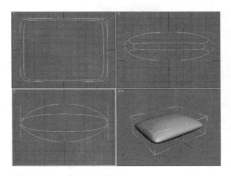

图3-172　设置权重值

07 转换到顶视图中,然后使用"选择并移动"工具分别选择长方体线框的中心点,向长方体的中心垂直拖动,使物体的边框形成一定的弧度,如图3-173所示。

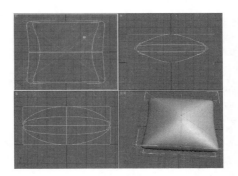

图3-173　移动点

08 在"修改"面板的"局部控制"卷展栏中,进入"边"子对象层级,在透视图中,配合【Ctrl】键,选择一个角上垂直的两条边。将"局部控制"卷展栏中的"折缝"设为0.5,将圆滑的拐角修改成折角,如图3-174所示。

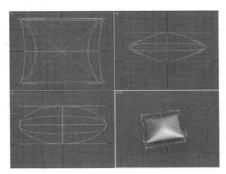

图3-174　设置折缝值

09 然后再将"局部控制"卷展栏中的"控制级别"参数设置为3，效果如图3-175所示。

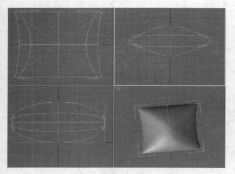

图3-175　设置控制级别

10 接着进入物体的"顶点"子对象层级，然后打开"软选择"卷展栏，勾选"使用软选择"复选框，回到顶视图中，单击中间的一个点，并将"衰减"值设置为30，效果如图3-176所示。

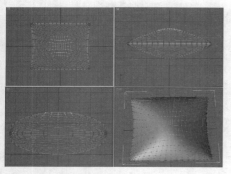

图3-176　使用软选择

11 在视图中锁定Z轴，移动选中的点，在透视图中，用鼠标拖动该点垂直向下移动，如图3-177所示。

12 再回到"细分量"卷展栏中，将"迭代次数"设置为5，然后将"渲染值"组中的"迭代次数"设置为4，效果如图3-178所示。

13 靠枕完成后，给其赋予材质，最终效果如图3-179所示。

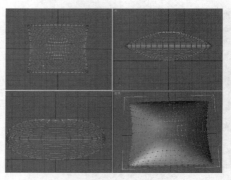

图3-177　移动选中的点

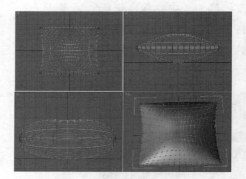

图3-178　完成模型

图3-179　靠枕最终效果

3.5.8 锥化

锥化修改器通过缩放对象几何体的两端产生锥化轮廓，一段放大而另一端缩小。可以在两组轴上控制锥化的量和曲线。也可以对几何体的一段限制锥化。锥化修改器的"参数"卷展栏如图3-180所示。

锥化修改器在"参数"卷展栏的"锥化轴"组中提供了两组轴和一个对称设置。与其他修改器一样，这些轴指向锥化 Gizmo，而不是对象本身。

"锥化"组

● 数量：缩放扩展的末端。这个量是一个相对值，最大为10。

● 曲线：对锥化 Gizmo 的侧面应用曲率，因此影响锥化对象的图形。正值会沿着锥化侧面产生向外的曲线，负值产生向内的曲线。值为 0 时，侧面不变。默认值为 0。

"锥化轴"组

● 主轴：锥化的中心样条线或中心轴，即X、Y 或 Z。默认设置为 Z。

● 效果：用于表示主轴上的锥化方向的轴或轴对。可用选项取决于主轴的选取。影响轴可以是剩下两个轴的任意一个，或者是它们的合集。如果主轴是 X，影响轴可以是 Y、Z 或 YZ。默认设置为 XY。

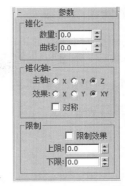

图3-180　锥化"参数"卷展栏

● 对称：围绕主轴产生对称锥化，锥化始终围绕影响轴对称。默认设置为禁用状态。

改变影响轴会改变修改器的效果，如图3-181所示

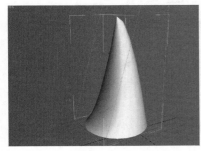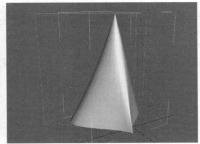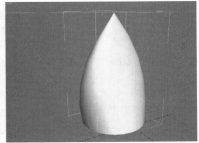

图3-181　改变影响轴的效果

勾选"对称"复选框，效果如图3-182所示。

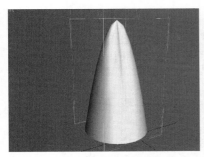

图3-182　勾选"对称"复选框后X、Y、Z轴的效果

"限制"组

锥化偏移应用于上下限之间。围绕的几何体不受锥化本身的影响，它会旋转以保持对象完好。

● 限制效果：对锥化效果启用上下限。

● 上限：在世界单位设置上部边界，此边界位于锥化中心点上方，超出此边界锥化不再影响几何体。

● 下限：在世界单位设置下部边界，此边界位于锥化中心点下方，超出此边界锥化不再影响几何体。

3.5.9 倒角修改器

倒角修改器将图形挤出为 3D 对象并在边缘应用平或圆的倒角。此修改器的一个常规用法是创建 3D 文本和徽标，而且可以应用于任意图形。倒角修改器面板如图3-183所示。

（1）"参数"卷展栏

"封口"组

可以通过"封口"组中的选项确定倒角对象是否要在一端封口。

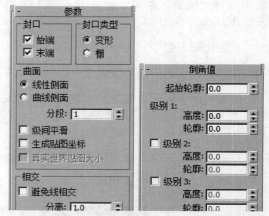

图3-183 倒角修改器面板

● 始端：用对象的最低局部 Z 值（底部）对末端进行封口。禁用此项后，底部为打开状态。

● 末端：用对象的最高局部 Z 值（底部）对末端进行封口。禁用此项后，底部不再打开。

"封口类型"组

用于设置使用的封口类型。

● 变形：为变形创建适合的封口曲面。

● 栅：在栅格图案中创建封口曲面。封装类型的变形和渲染要比渐进变形封装效果好。

"曲面"组

控制曲面侧面的曲率、平滑度和贴图。

● 线性侧面：激活此项后，级别之间会沿着一条直线进行分段插值。

● 曲线侧面：激活此项后，级别之间会沿着一条 Bezier 曲线进行分段插值。对于可见曲率，使用曲线侧面的多个分段。

● 分段：在每个级别之间设置中级分段的数量。

● 级间平滑：控制是否将平滑组应用于倒角对象侧面。封口会使用与侧面不同的平滑组。 启用此项后，对侧面应用平滑组，侧面显示为弧状。 禁用此项后，不应用平滑组，侧面显示为平面倒角。

● 生成贴图坐标：启用此项后，将贴图坐标应用于倒角对象。

● 真实世界贴图大小：控制应用于该对象的纹理贴图材质所使用的缩放方法。缩放值由位于应用材质的"坐标"卷展栏中的"使用真实世界比例"设置控制。默认设置为启用。

"相交"组

防止从重叠的临近边产生锐角。倒角操作最适合于弧状图形或图形的角大于 90°。锐角（小于90°）会产生极化倒角，常常会与邻边重合。

● 避免线相交：防止轮廓彼此相交。它通过在轮廓中插入额外的顶点并用一条平直的线段覆盖锐角来实现，如图3-184所示。

● 分离：设置边之间所保持的距离，最小值为 0.01。

图3-184 避免相交

（2）"倒角值"卷展栏

包含设置高度和3个级别的倒角量的参数。

倒角对象需要两个级别的最小值：起始值和结束值。添加更多的级别来改变倒角从开始到结束的量和方向。

可以将倒角级别看成蛋糕上的层。起始轮廓位于蛋糕底部，级别 1 的参数定义了第一层的高度和大小。

启用级别 2 或级别 3 对倒角对象添加另一层，将它的高度和轮廓指定为前一级别的改变量。

最后级别始终位于对象的上部。

必须始终设置级别 1 的参数。

● 起始轮廓：设置轮廓从原始图形的偏移距离。非零设置会改变原始图形的大小。 正值会使轮廓变大，负值会使轮廓变小。

● 级别 1：包含两个参数，它们表示起始级别的改变。

>　 高度：设置级别 1 在起始级别之上的距离。

>　 轮廓：设置级别 1 的轮廓到起始轮廓的偏移距离。

级别 2 和 级别 3 是可选的并且允许改变倒角量和方向。

● 级别 2：在级别 1 之后添加一个级别。

>　 高度：设置级别 1 之上的距离。

>　 轮廓：设置级别 2 的轮廓到级别 1 轮廓的偏移距离。

● 级别 3：在前一级别之后添加一个级别。如果未启用级别 2，则级别 3 添加于级别 1 之后。

>　 高度：设置到前一级别之上的距离。

>　 轮廓：设置级别 3 的轮廓到前一级别轮廓的偏移距离。

传统的倒角文本使用带有这些典型条件的所有级别：

● 起始轮廓可以是任意值，通常为 0.0。

● 级别 1 轮廓为正值。

● 级别 2 轮廓值为 0.0，不改变级别 1。

● 级别 3 轮廓为级别 1 值的负值。将级别 3 的值返回为与起始轮廓相同大小。

3.5.10 利用倒角修改器创建文本

进入图形创建面板，单击 文本 按钮，输入文本"新知互动"，设置字体为黑体，如图3-185所示。

选择文本，进入"修改"面板，在修改器列表中选择"倒角"选项，如图3-186所示。

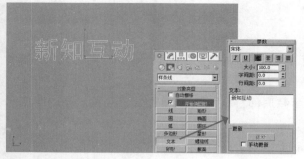

图3-185　创建文本

图3-187　设置起始轮廓和级别1的值

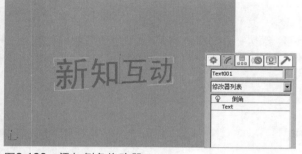

图3-186　添加倒角修改器

图3-188　设置级别2的值

进入"倒角值"卷展栏，设置"起始轮廓"的值为−0.1，设置级别1的"高度"为5，"轮廓"为2，得到的效果如图3-187所示。

继续进入"倒角值"卷展栏，设置级别2的"高度"为5，"轮廓"为0，得到的效果如图3-188所示。

启用级别3，设置级别3的"高度"为5，"轮廓"为−2，得到的效果如图3-189所示。

图3-189　设置级别3的值

3.5.11　涟漪修改器

涟漪修改器可以在对象几何体中产生同心波纹效果。可以设置两个涟漪中的任意一个或者两个涟漪的组合。涟漪使用标准的 Gizmo 和中心，这可以变换提高可能的涟漪效果。涟漪修改器面板如图3-190所示。

● Gizmo：在子对象层级中，可以通过改变"涟漪"修改器的效果，像其他对象那样变换 Gizmo 并为其设置动画。转换 Gizmo 将以相等的距离转换它的中心。根据中心转动和缩放 Gizmo。

● 中心：在子对象层级中，可以变换涟漪效果的中心并为其设置动画，同时也可以变换涟漪的形状和位置并为其设置动画。

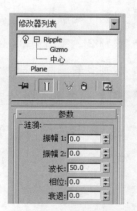

图3-190　涟漪修改器面板

● 振幅 1 /振幅 2：“振幅 1”在一个方向的对象上产生涟漪，而“振幅 2”为第一个右角（也就是说，围绕垂直轴旋转 90°）创建相似的涟漪。

● 波长：指定波峰之间的距离。波长越长，给定振幅的涟漪越平滑越浅。默认设置为 50.0。

● 相位：转移对象上的涟漪图案。正数使图案向内移动，而负数使图案向外移动。当设置动画时，该效果变得特别清晰。

● 衰退：限制从中心生成的波的效果。默认值 0.0 意味着波将从中心无限产生。增加“衰退”值会引起波浪振幅随中心距离减小，以此来限制产生波的距离。

3.5.12 设置涟漪效果

01 单击几何体创建面板中的“平面”按钮，在透视图中创建一个长和宽都为100，长度分段和宽度分段都为10的平面模型，如图3-191所示。

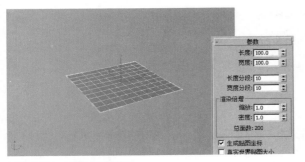

图3-191 创建平面模型

02 选择平面模型，进入“修改”面板，在修改器列表中选择“涟漪”选项，如图3-192所示。

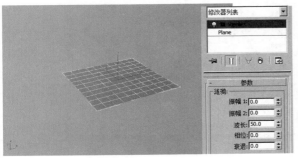

图3-192 添加涟漪修改器

03 进入“参数”卷展栏，设置“振幅1”的值为10，此时在平面模型上就形成了一个涟漪效果，如图3-193所示。

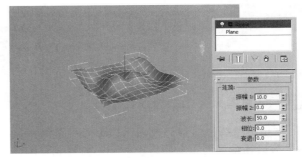

图3-193 设置振幅1的值

04 继续进入“参数”卷展栏，设置“振幅2”的值也为10，发现此时的涟漪效果更加剧烈了，如图3-194所示。

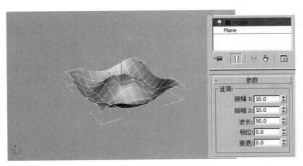

图3-194 设置振幅2的值

05 将"波长"设置为 20.0 。波变小了,但是现在很明显,"平面"对象需要更大的几何分辨率来正确显示波数,如图3-195所示。

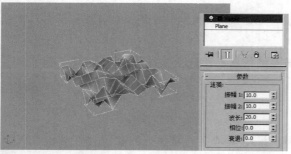

图3-195 设置波长的值

06 在修改器堆栈中选择"平面"选项,然后将"长度分段"和"宽度分段"都设置为 30 。变小的波变得更明显了,如图3-196所示。

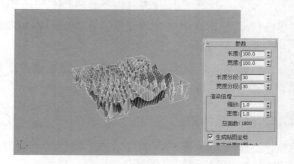

图3-196 增加分段值后的效果

增加"相位"值会使波向内移动,减少"相位"值会使波向外移动。要为波设置动画,可以为"相位"值创建关键帧。要模拟在液体中拖动对象,请使用"衰退"设置。

3.5.13 可渲染样条线修改器

使用可渲染样条线修改器可以设置样条线对象的可渲染属性,而不需将样条线塌陷为可编辑的样条线。从 AutoCAD 中链接的样条线,该选项特别有用。也可以将相同的渲染属性同时应用于多条样条线。注意:该修改器不能应用于 NURBS 曲线。可渲染样条线修改器面板如图3-197所示。

图3-197 可渲染样条线修改器面板

● 在渲染中启用:启用该选项后,使用为渲染器设置的径向或矩形参数将图形渲染为 3D 网格。在

该程序的以前版本中,可渲染开关执行相同的操作,如图3-198所示。

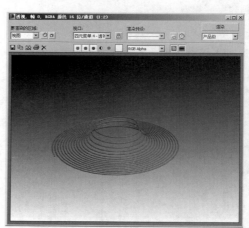

图3-198 在渲染中启用

● 在视口中启用:启用该选项后,使用为渲染器设置的径向或矩形参数将图形作为 3D 网格显示在视口中。在该程序的以前版本中,与"显示渲染网格"执行相同的操作,如图3-199所示。

● 真实世界贴图大小:控制应用于该对象的纹理贴图材质所使用的缩放方法。缩放值由位于应用材质的"坐标"卷展栏中的"使用真实世界比例"设置控制,默认设置为启用。

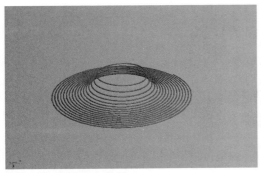

图3-199 在视口中启用

● 视口：选择该选项为该图形指定径向或矩形参数，当启用"在视口中启用"时，它将显示在视口中。只有启用"使用视口设置"时，此选项才可用。

● 渲染：启用该选项为该图形指定径向或矩形参数，当启用"在视口中启用"时，渲染或查看后它将显示在视口中。

● 径向：当 3D 对象具有环形横截面时，显示样条线。

● 厚度：指定横截面直径。默认设置为 1.0。范围为 0.0 ~ 100,000,000.0。

● 边：在视口或渲染器中为样条线网格设置边数。例如，值为 4 表示一个方形横截面。

● 角度：调整视口或渲染器中横截面的旋转位置。例如，如果您拥有方形横截面，则可以使用"角度"将"平面"定位为面朝下。

● 使用视口设置：可以为视口显示和渲染设置不同的参数，并显示视口中"视口"设置所生成的网

格。只有启用"在视口中启用"时，此选项才可用。

● 生成贴图坐标：启用此项可应用贴图坐标。默认设置为禁用状态。3ds Max 在 U 向维度和 V 向维度中生成贴图坐标。U 坐标围绕样条线包裹一次；V 坐标沿其长度贴图一次。平铺是使用应用材质的"平铺"参数所获得的。

● 矩形：当 3D 对象具有矩形横截面时，显示样条线。

● 长度：指定沿着局部 Y 轴的横截面大小。

● 宽度：指定沿着局部 X 轴的横截面大小。

● 角度：调整视口或渲染器中横截面的旋转位置。例如，如果拥有方形横截面，则可以使用"角度"将"平面"定位为面朝下。

● 纵横比：设置矩形横截面的纵横比。"锁定"选项可以锁定纵横比。启用"锁定"之后，将宽度锁定为宽度与深度之比为恒定比率的深度。

● 自动平滑：启用此选项后，使用"阈值"设置指定的平滑角度自动平滑样条线。"自动平滑"基于样条线分段之间的角度设置平滑。如果它们之间的角度小于阈值角度，则可以将任何两个相接的分段放到相同的平滑组中。

注意：对每种情况启用"自动平滑"并不总是能够获得最佳平滑质量。有时更改阈值角度或禁用"自动平滑"可能会产生最佳效果。

● 阈值：以度数为单位指定阈值角度。如果它们之间的角度小于阈值角度，则可以将任何两个相接的样条线分段放到相同的平滑组中。

3.5.14 晶格修改器

晶格修改器将图形的线段或边转换为圆柱形结构，并在顶点上产生可选的关节多面体。使用它可基于网格拓扑创建可渲染的几何体结构，或作为获得线框渲染效果的另一种方法。图3-200所示的是晶格修改器的"参数"卷展栏。

"几何体"组

指定是否使用整个对象或选中的子对象，并显示它们的结构和关节这两个组件。

应用于整个对象：将"晶格"应用到对象的所有边或线段上。禁用时，仅将"晶格"应用到传送到堆栈中的选中子对象。默认设置为启用。

图3-200 晶格修改器的"参数"面板

97

- 仅来自顶点的节点：仅显示由原始网格顶点产生的关节（多面体）。

- 仅来自边的节点：仅显示由原始网格线段产生的关节（多面体）。

- 二者：显示结构和关节。

"支柱"组

提供影响几何体结构的控件。

- 半径：指定结构半径。

- 分段：指定沿结构的分段数目。当需要使用后续修改器将结构变形或扭曲时，增加此值。

- 边数：指定结构周界的边数目。

- 材质 ID：指定用于结构的材质 ID。使结构和关节具有不同的材质 ID，这会很容易地将它们指定给不同的材质。结构默认为ID #1。

- 忽略隐藏边：仅生成可视边的结构。禁用时，将生成所有边的结构，包括不可见边。默认设置为启用。

- 末端封口：将末端封口应用于结构。

- 平滑：将平滑应用于结构。

"关节"组

提供影响关节几何体的控件。

- 基点面类型：指定用于关节的多面体类型。

- 四面体：使用一个四面体。

- 八面体：使用一个八面体。

- 二十面体：使用一个二十面体。

- 半径 ：设置关节的半径。

- 分段：指定关节中的分段数目。分段越多，关节形状越像球形。

- 材质 ID：指定用于关节的材质 ID。默认设置为 ID #2。

- 平滑：将平滑应用于关节。

"贴图坐标"组

确定指定给对象的贴图类型。

- 无：不指定贴图。

- 重用现有坐标：将当前贴图指定给对象。这可能是由"生成贴图坐标"、在创建参数中或前一个指定贴图修改器指定的贴图。使用此选项时，每个关节将继承它所包围顶点的贴图。

- 新建：将贴图用于晶格修改器。将圆柱形贴图应用于每个结构，圆形贴图应用于每个关节。

3.5.15 利用晶格修改器创建楼体模型

01 单击几何体创建面板中的"平面"按钮，在透视图中创建一个长和宽都为1000的平面模型，如图3-201所示。

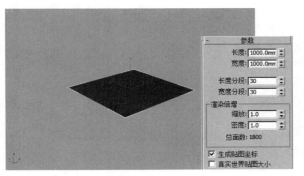

图3-201 创建平面模型

02 利用线绘制工具在顶视图中绘制出主楼的轮廓线，如图3-202所示。

图3-202 绘制主楼的轮廓

03 将图形转换成可编辑的样条线，并为其添加适量的轮廓修改，如图3-203所示。

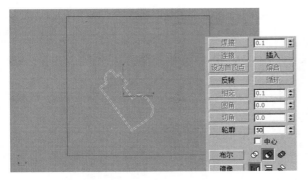

图3-203 添加轮廓修改

04 选择图形，进入"修改"面板，在修改器列表中选择"挤出"选项，如图3-204所示。

图3-204 添加挤出修改器

05 打开挤出修改器的"参数"卷展栏，将挤出"数量"的值设置为1000，设置"分段"的值为40，如图3-205所示。

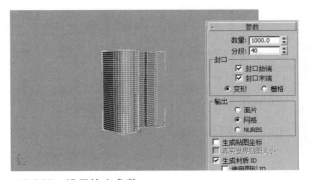

图3-205 设置挤出参数

06 进入"修改"面板，在修改器列表中选择"晶格"选项，如图3-206所示。

图3-206 添加晶格修改器

07 打开晶格修改器的"参数"卷展栏,将"半径"的值设置为4,设置"边数"的值为5,如图3-207所示。

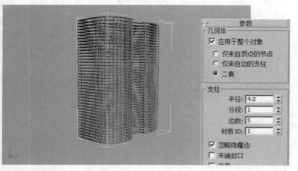

图3-207 设置晶格参数

08 将模型复制一份,在修改堆栈中删除晶格修改和挤出修改,如图3-208所示。

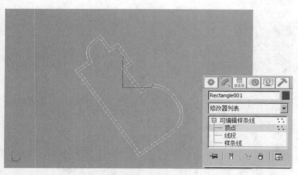

图3-208 复制模型并删除修改器

09 进入"修改"面板,单击"选择"卷展栏中的 ✓ 按钮,在视图中选择外部的边,然后将其删除,如图3-209所示。

图3-209 删除边

10 重新为图形添加轮廓修改,设置"轮廓"的值应小于前一次所设置的轮廓值,如图3-210所示。

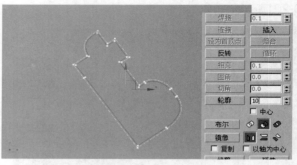

图3-210 添加轮廓修改

11 选择图形,进入"修改"面板,在修改器列表中选择"挤出"选项,打开挤出修改器的"参数"卷展栏,将挤出"数量"的值设置为1000,如图3-211所示。

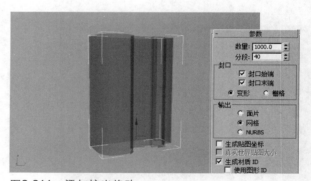

图3-211 添加挤出修改

12 这时,主楼的大致模型已经创建完毕了(由于在室外效果图的渲染过程中,楼体离摄影机较远,所以只需要创建出大致形状就可以了,无须将门窗等细节的东西创建出来),如图3-212所示。

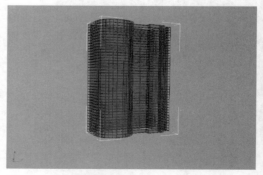

图3-212 主楼模型

3.5.16 扭曲修改器

扭曲修改器在对象几何体中产生一个旋转效果（就像拧湿抹布），可以控制任意3个轴上扭曲的角度，并设置偏移来压缩扭曲相对于轴点的效果，也可以对几何体的一段限制扭曲。

注意：当应用扭曲修改器时，会将扭曲 Gizmo 的中心放置于对象的轴点，并且 Gizmo 与对象局部轴排列成行。图3-213所示是扭曲修改器的"参数"卷展栏。

● Gizmo：可以在此子对象层级上与其他对象一样对 Gizmo 进行变换并设置动画，也可以改变扭曲修改器的效果。转换 Gizmo 将以相等的距离转换它的中心。根据中心转动和缩放 Gizmo。

● 中心：可以在子对象层级上平移中心并对其设置动画，改变扭曲 Gizmo 的图形，并由此改变扭曲对象的图形。

"扭曲"组

● 角度：确定围绕垂直轴扭曲的量。默认设置为 0.0。

● 偏移：使扭曲旋转在对象的任意末端。此参数值为负时，对象扭曲会与 Gizmo 中心相邻。此参数值为正时，对象扭曲远离于 Gizmo 中心。如果参数为 0，将均匀扭曲。范围为 100～-100，默认值为 0.0。

"扭曲轴"组

X/Y/Z：指定执行扭曲所沿着的轴。这是扭曲 Gizmo 的局部轴。默认设置为 Z 轴。

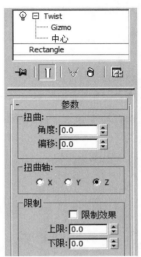

图3-213　扭曲修改器的
"参数"卷展栏

"限制"组

仅对位于上下限之间的顶点应用扭曲效果。这两个微调器表示沿 Gizmo 的 Z 轴的距离（Z 为 0 代表 Gizmo 的中心）。当它们相等时，相当于禁用扭曲效果。

● 限制效果：对扭曲效果应用限制约束。

● 上限：设置扭曲效果的上限，默认值为 0

● 下限：设置扭曲效果的下限，默认值为 0。

3.5.17 制作扭曲花瓶效果

01 利用线绘制工具在前视图中绘制一条图3-214所示的样条线。

02 将图形转换成可编辑的样条线，并为其添加适量的轮廓修改，如图3-215所示。

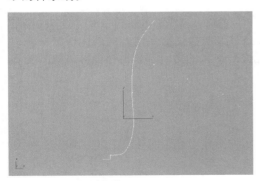

图3-214　绘制样条线

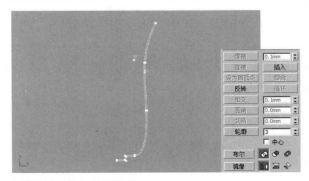

图3-215　添加轮廓修改

03 进入"修改"面板，在修改器列表中选择"车削"选项，如图3-216所示。

图3-216　添加车削修改器

04 打开车削修改器的"参数"卷展栏，设置方向为Y轴，设置对齐的方式为最小，如图3-217所示。

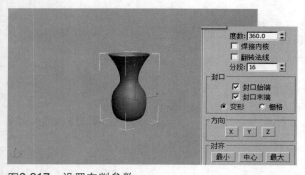

图3-217　设置车削参数

05 继续进入"修改"面板，在修改器列表中选择"扭曲"选项，如图3-218所示。

图3-218　添加扭曲修改器

06 打开扭曲修改器的"参数"卷展栏，设置"角度"的值为360，扭曲轴为Y轴，如图3-219所示。

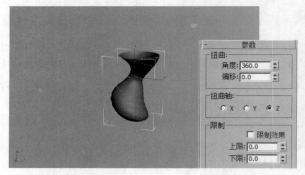

图3-219　设置扭曲参数

在"参数"卷展栏中，将扭曲的轴设为 X、Y、Z，这是扭曲 Gizmo 的轴而不是选中对象的轴。

可以随意在轴之间切换，但是修改器只支持一个轴的设置。

设置扭曲的角度，正值产生顺时针扭曲，负值产生逆时针扭曲。360°角会产生完全旋转。

对象扭曲至开始于较低限制的量（默认设置为修改器中心位置）。

设置扭曲的偏移：正值会将扭曲向远离轴点末端方向压缩，而负值会向着轴点方向压缩。

启用"限制"组 → "限制效果"。

设置值的上限和下限。这是当前单位位于修改器中心上方和下方之间的距离，在 Gizmo 的 Z 轴上为 0。上限可以是 0 或正值，下限可以是 0 或负值。如果上下限相等，其效果相当于禁用"限制效果"。

扭曲偏移应用于这些限制之间。围绕的几何体不受扭曲本身的影响，它会旋转以保持对象完好。

在子对象层级，可以选中并移动修改器的中心。

在移动时限制的设置保持在中心的任意一个侧面上。允许对对象的另一部分的扭曲区域进行重新定位。

3.5.18 扫描修改器

扫描修改器用于沿着基本样条线或 NURBS 曲线路径挤出横截面。类似于"放样"复合对象，但它是一种更有效的方法。通过扫描修改器可以处理一系列预制的横截面，例如角度、通道和宽法兰。也可以使用您自己的样条线或 NURBS 曲线作为在 3ds Max 中创建或从其他 MAX 文件导入的自定义截面。

注意：扫描修改器类似于挤出修改器，因为应用于样条线之后，最后得到的是一个 3D 网格对象。截面和路径都可以含有多个样条线或多个 NURBS 曲线。

创建结构细节、建模细节或任何需要沿着样条线挤出截面的情况时，该修改器都非常有用。图3-220所示的是扫描修改器面板。

图3-220 扫描修改器面板

使用内置截面：选择该选项可使用一个内置的备用截面。

"内置截面"组

● 内置截面：在该下拉列表中显示常用的结构截面，如图3-221所示。

图3-221 常用的结构截面

● 角度：沿着样条线扫描结构角度截面。默认的截面为角度。

● 条：沿着样条线扫描 2D 矩形截面。

● 通道：沿着样条线扫描结构通道截面。

● 圆柱体：沿着样条线扫描实心 2D 圆截面。

● 半圆：沿着样条线生成一个半圆挤出。

● 管道：沿着样条线扫描圆形空心管道截面。

● 1/4 圆：用于建模细节。沿着样条线生成一个四分之一圆形挤出。

● T形：沿着样条线扫描T形截面。

● 管状体：根据方格，沿着样条线扫描空心管道截面，与管道截面类似。

● 宽法兰：沿着样条线扫描结构宽法兰截面。

● 使用自定义截面：如果已经创建了自己的截面，或者当前场景中含有另一个形状，或者想要使用另一 MAX 文件作为截面，那么可以选择该选项。

注意：使用 2D 图形作为扫描修改器的自定义截面时将产生最可预期的结果。如果使用 3D 图形作为自定义截面，那么对最可预期的结果而言，基本对象应该是直线或平滑的路径，比如圆或圆弧。这同样适用于由多个样条线组成的自定义截面。通过确保所有图形上的所有顶点共面，可以获得最佳效果。

"自定义截面类型"组

● 截面：显示所选择的自定义图形的名称。该区域为空白，直到选择了自定义图形。

注意：可以从自定义截面切换到内置截面，也可以反向切换而不用从视口中再次选取自定义截面图形。

● 拾取：如果想要使用的自定义图形在视口中可见，那么可以单击"拾取"按钮，然后直接从场景中拾取图形。

● 拾取图形：单击"拾取图形" 按钮，打开"拾取图形"对话框。该对话框只显示场景中当前有效的图形。

● 提取：在场景中创建一个新图形，这个新图形可以是副本、实例或当前自定义截面的参考。单击此按钮将打开"提取图形"对话框。

● 合并自文件：选择存储在另一个 MAX 文件中的截面。单击此按钮将打开"合并文件"对话框。

注意：使用"合并自文件"选项时，将无法"撤销"执行的操作。

● 移动：沿着指定的样条线扫描自定义截面。与"实例"、"副本"和"参考"开关不同，选中的截面会向样条线移动。在视口中编辑原始图形不影响"扫描"网格。

● 复制：沿着指定样条线扫描选中截面的副本。

● 实例：沿着指定样条线扫描选定截面的实例。

● 参考：沿着指定样条线扫描选中截面的参考。

注意：使用实例或参考时，在视口中添加修改器或编辑原始截面将更改"扫描"网格。

"扫描参数"卷展栏如图3-222所示。

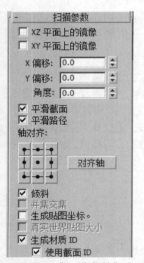

图3-222 "扫描参数"卷展栏

● XZ 平面上的镜像：启用该选项后，截面相对于应用扫描修改器的样条线垂直翻转。默认设置为禁用状态，如图3-223所示。

图3-223 启用了在 XZ 平面上的镜像效果

● XY 平面上的镜像：启用该选项后，截面相对于应用扫描修改器的样条线水平翻转。默认设置为禁用状态，如图3-224所示。

图3-224 启用了在 XY 平面上的镜像效果

● 轴对齐：提供帮助您将截面与基本样条线路径对齐的 2D 栅格。选择9个按钮之一来围绕样条线路径移动截面的轴。

注意：如果没有按下任意一个"轴对齐"按钮，则截面的轴点用做对齐点。

● 对齐轴：启用该选项后，"轴对齐"栅格在视口中以 3D 外观显示。只能看到 3 x 3 的对齐栅格、截面和基本样条线路径。实现满意的对齐后，就可以关闭"对齐轴"选项或右击以查看扫描。

● 倾斜：启用该选项后，只要路径弯曲并改变其局部 Z 轴的高度，截面便围绕样条线路径旋转。如果样条线路径为 2D，则忽略倾斜。如果禁用，则图形在穿越 3D 路径时不会围绕其 Z 轴旋转。默认设置为启用。

● 并集交集：如果使用多个交叉样条线，如栅格，那么启用该选项可以生成清晰且更真实的交叉点。

注意："并集交集"在计算交集时会花费额外的时间，因此如果没有交叉样条线请关闭该开关。而且，该设置只会计算包含在一个图形对象中独立样条线的交叉。

● 生成贴图坐标：将贴图坐标应用到挤出对象中。默认设置为禁用状态。

● 真实世界贴图大小：控制应用于该对象的纹理贴图材质所使用的缩放方法。缩放值由位于应用材质的"坐标"卷展栏中的"使用真实世界比例"设置控制。默认设置为启用。

● 生成材质 ID：将不同的材质 ID 指定给扫描的侧面与封口。特别地，如果"使用截面 ID"和"使用路径 ID"都禁用，那么侧面的值为 ID 3，前封口的值为 ID 1，而后封口的值为 ID 2。默认设置为启用。

● 使用截面 ID：使用指定给截面分段的材质 ID 值，该截面是沿着基本样条线或NURBS曲线扫描的。默认设置为启用。

通过向"自定义截面"应用编辑样条线修改器可以向组成截面的每个分段指定不同的材质 ID。

注意：内置截面不会从"使用截面 ID"开关获益。

● 使用路径 ID：使用指定给基本曲线中基本样条线或曲线子对象分段的材质 ID 值。

通过向基本样条线应用编辑样条线修改器，每个分段都可以指定其自己的材质 ID。

注意："使用截面 ID"和"使用路径 ID"并不控制扫描的前封口和后封口的材质 ID。

3.6 综合实例——相机

本节利用挤出命令来制作相机。

01 首先打开3ds Max 2010，在前视图中创建长度为65、宽度为100、角半径为5的圆角矩形，作为相机的机身，如图3-225所示。

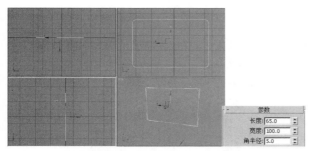

图3-225 创建圆角矩形

02 保持圆角矩形为选中状态，进入"修改"面板，运用挤出命令，将圆角矩形挤出，并设置挤出的"数量"为10，如图3-226所示。

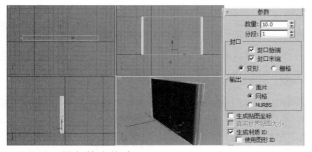

图3-226 添加挤出修改

03 在顶视图中创建一个半径为4、高度为2的圆柱体为拍照按钮，如图3-227所示。

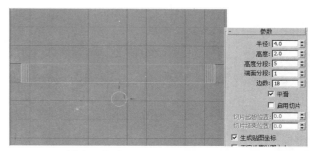

图3-227 创建圆柱体

04 将创建的圆柱体在前视图中对齐，并调整好拍照按钮在机体的位置，效果如图3-228所示。

图3-228 调整好拍照按钮位置

05 接着在"创建"面板中选择"复合对象"，进入"复合对象"面板，选中相机机体，单击"复合对象"面板中的"布尔"按钮，在布尔运算的参数"卷展栏中选择"差集（A-B）"，单击"拾取操作对象B"按钮，这时单击一下圆柱体，就进行了布尔运算操作，效果如图3-229所示。

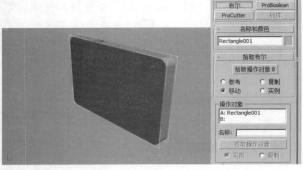

图3-229 布尔运算

06 接着在顶视图中创建一个和上面一样的圆柱体，作为开关按钮的对齐辅助物体，并将该辅助物体捕捉到刚才进行布尔运算的位置，如图3-230所示。

图3-230 创建辅助物体

07 在前视图中创建半径为3.5、高度为2的圆柱体，如图3-231所示。

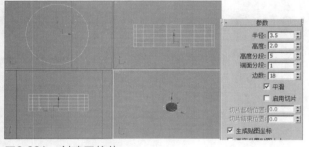

图3-231 创建圆柱体

08 在前视图中创建球体，创建的球体的半径为1，并将球体和刚才创建的圆柱体进行中心向上对齐，如图3-232所示。

09 将圆柱体选中，与球体进行布尔运算，将圆柱体与球体相减，运算结果如图3-233所示，并将运算的结果改名为开关按钮。

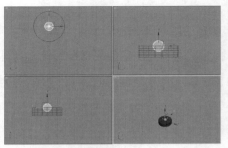

图3-232 将物体对齐

图3-233 进行布尔运算

10 将开关按钮和之前创建的辅助物体中心对齐，并将辅助物体删除，将开关按钮和相机机体对齐，如图3-234所示。

图3-234 对齐操作

11 利用上面制作开关按钮的方法来制作拍照按钮。先在顶视图创建一个长度为7、宽度为16、角半径为2.5的圆角矩形，并和相机机体对齐，对齐效果如图3-235所示。

图3-235 创建圆角矩形

12 选择相机机体，将相机机体和拍照按钮进行布尔运算，如图3-236所示。

图3-236　进行布尔运算

13 在顶视图中创建一个长度为6.5、宽度为15.5、圆角半径为2.5的圆角矩形，并将该圆角矩形添加挤出修改，如图3-237所示。

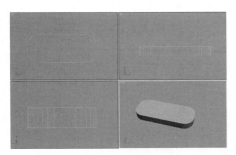

图3-237　创建拍照按钮

14 将创建好的拍照按钮与相机对齐，如图3-238所示。

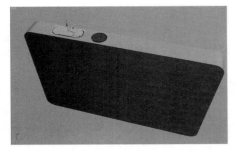

图3-238　进行对齐

15 在前视图中创建胶囊体，来制作调焦按钮的部件1，设置胶囊体半径为3，高度为8，并将胶囊体和相机对齐，如图3-239所示。

16 将相机机体选中，与创建的胶囊体进行布尔运算，效果如图3-240所示。

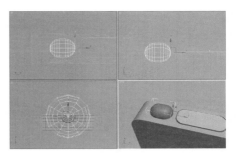

图3-239　创建胶囊体并对齐

图3-240　布尔运算

17 在顶视图中创建一个半径为4的球体，并缩放该球体，如图3-241所示。

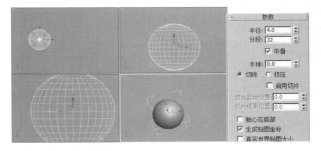

图3-241　创建球体

18 在顶视图中创建长度为2、宽度为7、圆角半径为0.5的圆角矩形，并和刚创建的球体进行中心向上对齐，效果如图3-242所示。

图3-242　创建圆角矩形

19 将创建的圆角矩形转换为可编辑的样条线，选择细化命令，添加点并依照球体为参照物，进入电子对象层级，调整所添加点的位置，点的调整效果如图3-243所示。

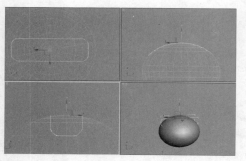

图3-243　修改点位置

20 退出电子对象层级，选择调整好的圆角矩形，在"修改"面板中选择"挤出"修改，并将挤出值设置为0.5，将现在编辑的圆角矩形和刚才创建的球体成组，并改名为调焦按钮，如图3-244所示。

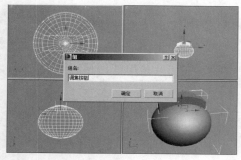

图3-244　调焦按钮成组

21 将制作好的调焦按钮与相机对齐，效果如图3-245所示。

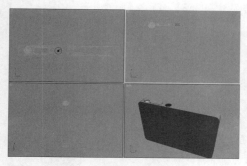

图3-245　调焦按钮与相机对齐

22 选择文本，在"文本"面板中输入DSC-T70，并设置为宋体，字体大小为3，间距为1，然后在顶视图中单击，这时会出现输入的文字，效果如图3-246所示。

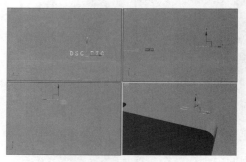

图3-246　创建文本文字

23 在"修改"面板中，选择"挤出"修改，将编辑的字体挤出，并设置挤出值为1，将文字和相机对齐，效果如图3-247所示。

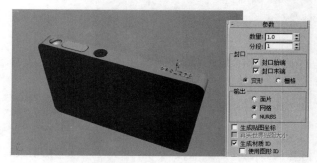

图3-247　挤出并对齐文字

24 打开"创建"面板，单击"图形"面板中的"文本"按钮，在文本中输入SONY，在前视图中创建文字，并将文字大小设置为7，如图3-248所示。

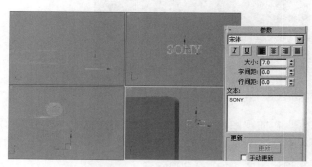

图3-248　编辑文字

25 将文字选中，在"修改"面板中选择"挤出"修改，设置挤出数量为1，如图3-249所示。

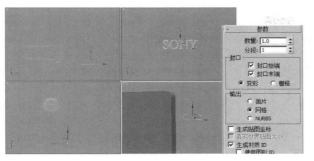

图3-249　设置挤出数量

26 在前视图中创建长度为65、宽度为100、角半径为5的圆角矩形作为机壳，如图3-250所示。

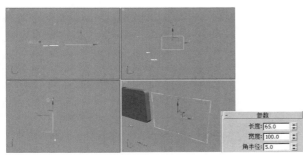

图3-250　创建机壳

27 将刚创建的圆角矩形选中，在"修改"面板中选择"挤出"修改，将挤出数量设置为0.5，并将挤出物体与相机机体对齐，在前视图中创建文本并与相机对齐，如图3-251所示。

图3-251　创建文本文字

28 在前视图中创建长度为47、宽度为99、角半径为5的圆角矩形作为机壳，并将机壳与相机对齐，如图3-252所示。

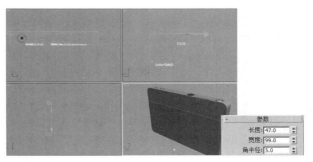

图3-252　创建机壳并与相机对齐

29 在前视图中创建文本文字SONY，并和相机对齐，效果如图3-253所示。

图3-253　创建文本文字对齐

30 单击"创建"面板中的"文本"按钮，在前视图中分别创建文字CybEr-shot、Carl Zeiss和Vario-Tessar3,5-4,6/6,18-24,7 OPTICAL 4，并将创建的文字与相机对齐，效果如图3-254所示。

图3-254　创建文字并对齐

31 在前视图中创建长度为1、宽度为5、角半径为0.5的圆角矩形，并将此圆角矩形挤出，如图3-255所示。

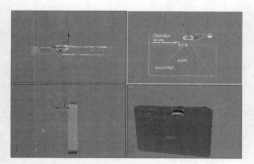

图3-255　创建圆角矩形并挤出

32 将挤出的物体与相机对齐，效果如图3-256所示。

图3-256　对齐挤出物体

33 再将相机的其他部分制作出来，最终模型如图3-257所示。

图3-257　完整的模型

第4章 材质分类与属性

　　材质在3ds Max中的应用非常广泛，材质将使场景更具有真实感。不同的材质有不同的用途，3ds Max 2010提供了多种材质，掌握材质的属性和材质的运用，是熟练运用3ds Max 很重要的一步。

4.1 材质分类

材质将使场景更具有真实感。材质详细描述对象如何反射或透射灯光。可以将材质指定给单独的对象或者选择集，单独场景也能够包含很多不同材质。不同的材质有不同的用途。

● 标准材质：为默认材质。这是一个多功能表面模型，此模型拥有很多选项。

● 光线跟踪材质：能够创建全光线跟踪反射和折射。它也支持雾、颜色密度、半透明、荧光以及其他的特殊效果。

● 建筑材质：提供物理上精确的材质。此材质能与默认的扫描线渲染器一起使用，也能和光能传递一起使用。

● mental ray 材质：与 mental ray 渲染器配合使用。

● 无光/投影材质：专门用于将对象变为无光对象时使用，这样将可以隐藏当前的环境贴图。在场景中看不到虚拟对象，但是却能在其他对象上看到其投影。

● 壳材质：用于存储和查看渲染到的纹理。

● 高级照明覆盖材质：用于微调光能传递或光跟踪器上的材质效果。此材质不需要对高级照明进行计算，但是却有助于改善效果。

● Lightscape 材质：有助于支持 Lightscape 产品的数据导入和导出。

● 卡通材质：使对象拥有卡通外观。

● DirectX 9 明暗器材质：能够使用 DirectX 9 明暗器为视口中的对象着色。如果要使用此材质，必须有能支持 DirectX 9 的显示驱动，同时必须使用 Direct3D 显示驱动。

● 混合材质：是将两种材质混合使用到曲面的一个面上。

● 合成材质：通过添加颜色、相减颜色或者不透明混合的方法，最多可以将 10 种材料混合在一起。

● 双面材质：将为对象的前面和后面指定不同的材质。

● 变形材质：使用变形修改器随时间对多种材质进行管理。

● 多维/子对象材质：使用子对象层级，根据材质的 ID 值，将多种材质指定给单个对象。

● 虫漆材质：使用加法合成将一种材质叠加到另一种材质上。

● 顶/底材质：将为对象的顶部和底部指定不同的材质。

4.2 材质属性

材质的属性是指物体表面的颜色、光滑度、透明度、反射、折射、发光度和纹理等。正是因为有了这些属性，才能让我们能够识别在三维空间中的物体的属性是怎么表现出来的，也正是有了这些属性，在三维中模拟的物体才会和真实世界中的一样。

4.2.1 物体的颜色

色彩是光的一种特性，通常看到的颜色是光作用于眼睛的结果。当光线照射到物体上的时候，物体会吸收一些光色，同时也会漫反射一些光色，这些漫反射出来的光色到达人们的眼睛之后，就决定物体看起来是什么颜色，这种颜色常被称为"固有色"。这些被漫反射出来的光色除了会影响人们的视觉之外，还会影响它周围的物体，这就是"光能传递"。它影响的范围不会像人们的视觉范围那么大，它要遵循"光能衰减"的原理。

如图4-1所示，远处的光照亮，而近处的光照暗。这是因为光的反弹与照射角度有关，当光的照射度与物体表面成90°垂直照射时，光的反弹最强，而光的吸收最为柔和；当光的照射角度与物体表面成180°时，光的反弹最为柔和，而光的吸收最强。

图4-1　光的反弹和吸收

4.2.2 光滑和反射

要注意的是，物体表面越白，光的反射越强。反过来说，物体表面越黑，光的吸收越强。

一个物体是否有光滑的表面，往往不需要用手去触摸，视觉就会告诉我们结果。因为光滑的物体会有明显的高光，如玻璃、金属、瓷器等。没有明显高光的物体，通常是比较粗糙的，如砖，水泥地等。

是否有明显的高光是光线的反射作用，但和"固有色"的漫反射方式是不同的。光滑的物体有一种类似"镜子"的效果，在物体的表面还没有光滑到可以镜像反射出周围的物体的时候，它对光源的位置和颜色是非常敏感的。所以，光滑的物体表面只"镜射"出光源，这就是物体表面的高光区，它的颜色是由照射它的光源颜色决定的，金属除外，随着物体表面光滑度的提高，对光源的反射会越来越清晰，因此在材质编辑器中，越是光滑的物体高光范围就越小，高光强度就越高。

图4-2所示为从花瓶表面可以看到有高光，这是因为花瓶的表面比较光滑而产生的高光。

图4-3所示为表面粗糙的地毯，没有一点光泽，光照到地毯表面，发生了漫反射，反射光线向四周反弹，所以就没有了高光。

图4-2　表面光滑的花瓶

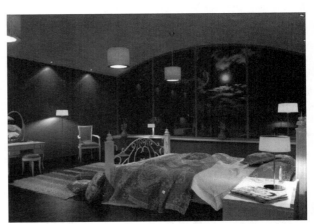

图4-3　表面粗糙的地毯

4.2.3 透明和折射

自然界中的大多数物体通常会遮挡光线，当光线可以自由穿过物体时，这个物体肯定就是透明的。这里所说的"穿过"，不仅指光源的光线穿过透明物体，还指透明物体背后的物体反射出来的光线也要再次

113

穿过透明物体，这样就可以看见透明物体背后的物体。

由于透明物体的密度不同，光线射入后会发生偏移现象，这就是折射。例如插入水中的筷子，从视觉上看筷子是弯的。不同的透明物质，其折射率也是不一样的，即使同一透明物质，温度也会影响物质的折射率。例如，当我们穿过火苗的上方看物体时，会发现，看到的物体有明显的扭曲现象，这就是因为温度改变了空气的密度，不同的密度会产生不同的折射率。正确地使用折射率是真实再现透明物体的途径。

在自然界中还存在另外一种形式的透明，在软件中的材质编辑中把这种属性称之为"半透明"，如塑料、纸张、蜡烛等。它们原本不是透明的物体，但在强烈的阳光照射下背光部分会出现"透光"现象。

图4-4所示为用纸张制作的灯罩，在灯光强烈照射下是半透明的。

图4-4 纸张半透明质感

4.3 建筑材质

在材质编辑器中选择建筑材质，建筑材质编辑器面板如图4-5所示。

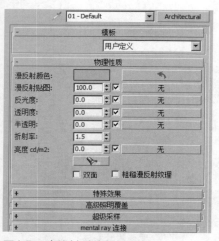

图4-5 建筑材质编辑器面板

建筑材质的设置是物理属性，因此当与光度学灯光和光能传递一起使用时，其能够提供最逼真的效果。借助这种功能组合，可以创建精确性很高的照明研究。

"模板"卷展栏提供了可从中选择材质类型的下拉列表框。对于"物理性质"卷展栏而言，模板只是一组预设的参数，不仅可以提供要创建材质的近似种类，而且可以提供入门指导。选择模板之后，可以调整其设置并添加贴图，以增强逼真效果，并改进材质的外观。

"模板"下拉列表框用于选择所设计的材质种类。每个模板都能够为各种材质参数提供预设值。"模板"下拉列表框中的选项包括玻璃－半透明、玻璃－清晰、纺织品、金属、擦亮的石材、粗的木材等材质。

"模板"卷展栏如图4-6所示。

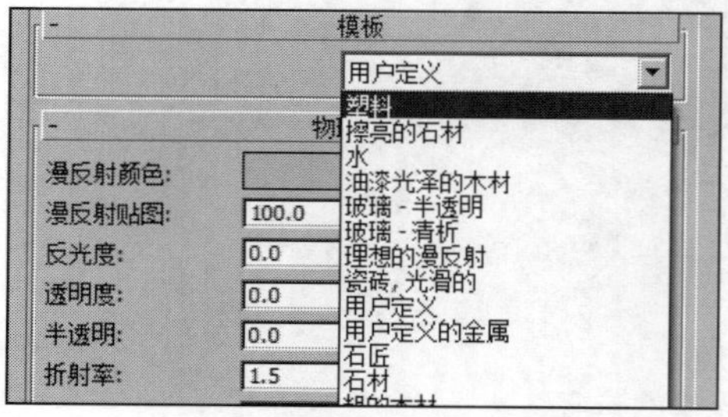

图4-6 "模板"卷展栏

下面以几个小的材质编辑来了解一下建筑材质的用法。

制作玻璃材质

01 在建筑材质编辑器下"模板"卷展栏的下拉列表框中选择"玻璃-清析"选项。

02 设置它的漫反射颜色值为R：210，G：244，B：231的淡绿色，即玻璃的颜色，并设置"反光度"为85，"透明度"为90，"折射率"为1.5，如图4-7所示。

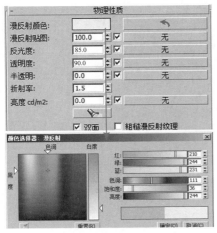

图4-7 设置玻璃颜色

03 至此，玻璃材质就设置完成了，玻璃材质球效果如图4-8所示。

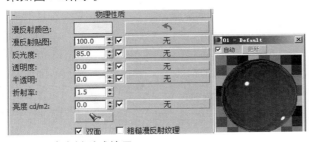

图4-8 玻璃材质球效果

04 将玻璃材质赋予场景物体，渲染的玻璃效果如图4-9所示。

图4-9 玻璃材质效果

制作金属材质

01 在建筑材质编辑器下"模板"卷展栏的下拉列表框中选择"金属-擦亮的"选项，如图4-10所示。

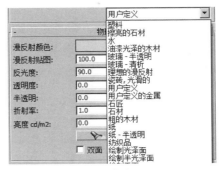

图4-10 制作金属材质

02 设置它的漫反射颜色值为R：184，G：184，B：184的灰色，即金属的亮度，并将"反光度"设置为90，如图4-11所示。

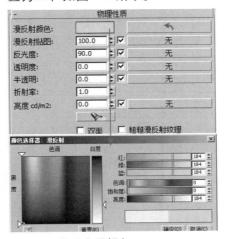

图4-11 设置金属颜色

03 至此，金属材质就设置完成了，金属材质球效果如图4-12所示。

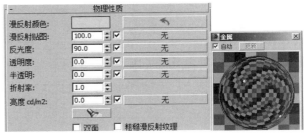

图4-12 金属材质球效果

04 将金属材质赋予场景物体，渲染的金属效果如图4-13所示。

图4-13 金属材质渲染效果

制作水材质

01 在建筑材质编辑器下"模板"卷展栏的下拉列表框中选择"水"选项，如图4-14所示。

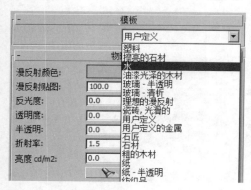

图4-14 制作水材质

02 设置它的漫反射颜色值为R：150，G：223，B：224的淡蓝色，即水的颜色，并设置"反光度"为80，"透明度"为90，"折射率"为1.33，如图4-15所示。

03 在漫反射贴图通道中添加噪波，让水的表面有起伏感，更具真实性，并将噪波大小设置为5，如图4-16所示。

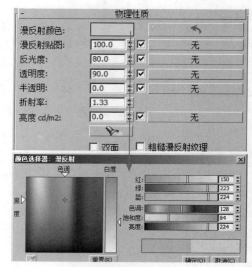

图4-15 设置水的颜色

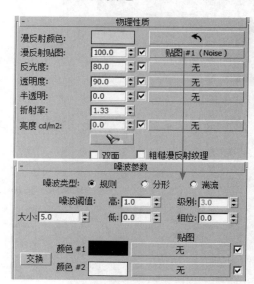

图4-16 添加噪波

04 至此，水材质就制作完成了，水材质球效果如图4-17所示。

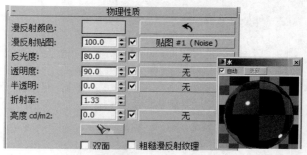

图4-17 水材质球效果

05 将设置好的水材质赋予场景物体，其渲染效果如图4-18所示。

图4-18　水材质效果

制作镜子材质

01 在建筑材质编辑器下"模板"卷展栏的下拉列表框中选择"镜像"选项，如图4-19所示。

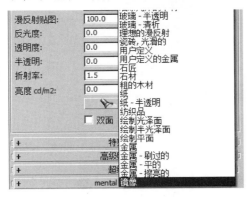

图4-19　制作镜像材质

02 将"反光度"设置为95，如图4-20所示。

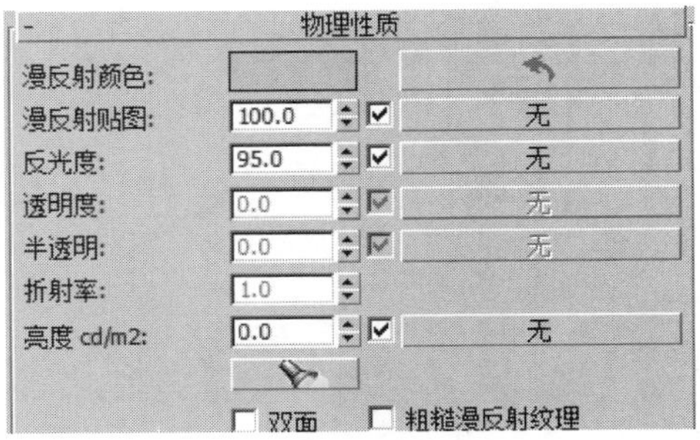

图4-20　设置反光度

03 设置它的漫反射颜色值为R：250，G：250，B：250的灰色，即镜子的亮度，如图4-21所示。

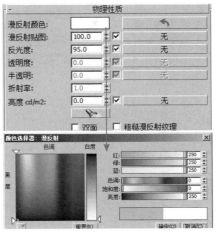

图4-21　设置漫反射颜色

04 至此，镜子材质就设置完成了，镜子材质球效果如图4-22所示。

图4-22　镜子材质球效果

05 将设置好的镜子材质赋予场景物体，其渲染效果如图4-23所示。

图4-23　镜子材质渲染效果

117

使用贴图通常是为了改善材质的外观和真实感。也可以使用贴图创建环境或者创建灯光投射。

贴图可以模拟纹理效果，应用于设计、反射、折射以及其他的一些效果。与材质一起使用，贴图将为对象几何体添加一些细节而不会增加它的复杂度。

4.4.1 二维贴图

不同的贴图类型产生不同的效果，并且有其特定的行为方式。贴图的类型可分为2D 贴图、3D 贴图、合成贴图和其他类型的贴图。

2D 贴图是二维图像，它们通常贴图到几何对象的表面，或用做环境贴图来为场景创建背景。

● 位图：图像以很多静止图像文件格式之一保存为像素阵列，如 .tga、.bmp 等，或动画文件如 .avi、.mov 或 .ifl。3ds Max 支持的任何位图（或动画）文件类型都可以用做材质中的位图。

位图2D贴图如图4-24所示。

图4-24 位图2D贴图

位图是由彩色像素的固定矩阵生成的图像，如马赛克。指定位图贴图后，"选择位图图像文件"对话框会自动打开。使用此对话框可将一个文件或序列指定为位图图像。

● 棋盘格：棋盘格贴图将两色的棋盘图案应用于材质。默认棋盘格贴图是黑白方块图案。棋盘格贴图是 2D 程序贴图。组件棋盘格既可以是颜色，也可以是贴图。棋盘格贴图如图4-25所示。

图4-25 棋盘格贴图

● 渐变贴图：渐变是从一种颜色到另一种颜色进行着色。为渐变指定两种或3种颜色，该软件将插补中间值。渐变贴图是 2D 贴图。渐变贴图如图4-26所示。

图4-26 渐变贴图

● 渐变坡度贴图："渐变坡度"是与"渐变"贴图相似的 2D 贴图。它是从一种颜色到另一种进行着色。在这个贴图中，可以为渐变指定任何数量的颜色或贴图。它有许多用于高度自定义渐变的控件。几乎任何"渐变坡度"参数都可以设置动画，如图4-27所示。

图4-27 渐变坡度贴图

● 旋涡贴图：旋涡是一种 2D 程序的贴图，它生成的图案类似于两种口味冰淇淋的外观。如同其他双色贴图一样，任何一种颜色都可用其他贴图替换，举例来说，大理石与木材也可以生成旋涡。

旋涡贴图如图4-28所示。

图4-28　旋涡贴图

● 平铺贴图：使用平铺贴图可以创建砖、彩色瓷砖或材质贴图。通常，有很多定义的建筑砖块图案

可以使用，但也可以设计一些自定义的图案。

使用平铺贴图可以执行以下操作：使用"材质编辑器"指定多个可以使用的贴图；加载纹理并在图案中使用颜色；控制行和列的平铺数；控制砖缝间距的大小以及其粗糙度；在图案中应用随机变化；通过移动来对齐平铺，以控制堆垛布局。

平铺贴图如图4-29所示。

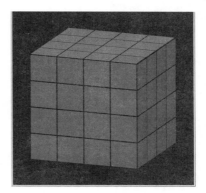

图4-29　平铺贴图

4.4.2　三维贴图

3D 贴图是根据程序以三维方式生成的图案。例如，"大理石"拥有通过指定几何体生成的纹理。如果将指定纹理的大理石对象切除一部分，那么切除部分的纹理与对象其他部分的纹理相一致。

三维贴图包括细胞、凹痕、衰减、大理石、噪波、粒子年龄、粒子运动模糊、Perlin 大理石、行星、烟雾、斑点、泼溅、灰泥、波浪和木材。

● 细胞贴图：细胞贴图是一种程序贴图，生成用于各种视觉效果的细胞图案，包括马赛克瓷砖、鹅卵石表面以及海洋表面。细胞贴图如图4-30所示。

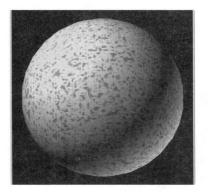

图4-31　凹痕贴图

● 衰减贴图：衰减贴图基于几何体曲面上法线的角度衰减来生成从白到黑的值。用于指定角度衰减的方向会随着所选的方法而改变。根据默认设置，贴图会在法线从当前视图指向外部的面上生成白色，而在法线与当前视图相平行的面上生成黑色。

衰减贴图如图4-32所示。

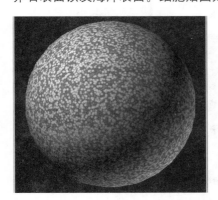

图4-30　细胞贴图

● 凹痕贴图：凹痕是 3D 程序贴图。在扫描线渲染过程中，"凹痕"根据分形噪波产生随机图案，图案的效果取决于贴图类型。凹痕贴图如图4-31所示。

119

图4-32　衰减贴图

● 大理石贴图：大理石贴图针对彩色背景生成带有彩色纹理的大理石曲面，将自动生成第三种颜色。大理石贴图如图4-33所示。

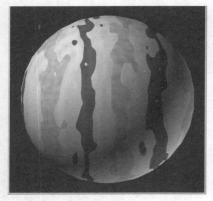

图4-33　大理石贴图

● 噪波贴图：噪波是三维形式的湍流图案。与 2D 形式的棋盘一样，其基于两种颜色，每一种颜色都可以设置贴图。

噪波贴图如图4-34所示。

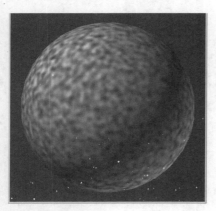

图4-34　噪波贴图

● 粒子年龄贴图：用于粒子系统。通常，可以将粒子年龄贴图指定为漫反射贴图或在"粒子流"中指定为材质动态操作符。它基于粒子的寿命更改粒子的颜色（或贴图）。系统中的粒子以一种颜色开始。在指定的年龄时，它们开始更改为第二种颜色（通过插补），然后在消亡之前再次更改为第三种颜色。

● 粒子运动模糊贴图：用于粒子系统。该贴图基于粒子的运动速率更改其前端和尾部的不透明度。该贴图通常应用作为不透明贴图，但是为了获得特殊效果，可以将其作为漫反射贴图。

● Perlin 大理石贴图：Perlin 大理石贴图使用"Perlin 湍流"算法生成大理石图案。此贴图是大理石的替代方法。Perlin 大理石贴图如图4-35所示。

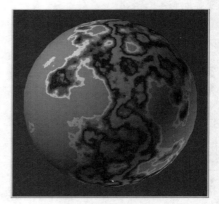

图4-35　Perlin 大理石贴图

● 卫星贴图：卫星是使用分形算法模拟卫星表面上的颜色的 3D 贴图。您可以控制陆地大小、海洋覆盖的百分比等。这表示将此贴图用做漫反射贴图，不会将其用做凹凸贴图。卫星贴图如图4-36所示。

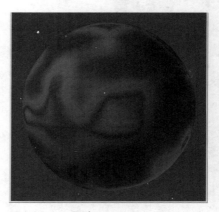

图4-36　卫星贴图

● 烟雾贴图：烟雾是生成无序、基于分形的湍流图案的 3D 贴图。其主要设计用于设置动画的不透明贴图，以模拟一束光线中的烟雾效果或其他云状流动贴图效果。烟雾贴图如图4-37所示。

图4-37　烟雾贴图

● 斑点贴图：斑点贴图是一个 3D 贴图，它生成斑点的表面图案，该图案用于漫反射贴图和凹凸贴图，以创建类似于花岗岩的表面和其他图案的表面。斑点贴图如图4-38所示。

图4-38　斑点贴图

● 泼溅贴图：泼溅贴图是一个 3D 贴图，它生成分形表面图案，该图案对于漫反射贴图创建类似于泼溅的图案非常有用。泼溅贴图如图4-39所示。

图4-39　泼溅贴图

● 灰泥贴图：灰泥贴图是一个 3D 贴图，它生成一个表面图案，该图案对于凹凸贴图创建灰泥表面的效果非常有用。灰泥贴图如图4-40所示。

图4-40　灰泥贴图

● 波浪贴图：波浪贴图是一种生成水花或波纹效果的 3D 贴图。它生成一定数量的球形波浪中心，并将它们随机分布在球体上。可以控制波浪组数量、振幅和波浪速度。此贴图相当于同时具有漫反射和凹凸效果的贴图。在与不透明贴图结合使用时，它也非常有用。波浪贴图如图4-41所示。

图4-41　波浪贴图

● 木材贴图：木材贴图是 3D 程序贴图，此贴图将整个对象体积渲染成波浪纹图案，可以控制纹理的方向、粗细和复杂度，主要把木材用做漫反射颜色贴图。将指定给＂木材＂的两种颜色进行混合，使其形成纹理图案，可以用其他贴图来代替其中任意一种颜色，也可以将＂木材＂用到其他的贴图类型中。当使用凹凸贴图时，＂木材＂将纹理图案当做三维雕刻板面来进行渲染。木材贴图如图4-42所示。

图4-42 木材贴图

4.4.3 合成贴图

● 合成贴图：它的类型由其他贴图组成，这些贴图使用 Alpha 通道彼此覆盖。对于这类贴图，应使用已经包含 Alpha 通道的叠加图像。

● 遮罩贴图：使用遮罩贴图，可以在曲面上通过一种材质查看另一种材质。遮罩控制应用到曲面的第二个贴图的位置。合成贴图的控件本质上是组合贴图的列表。

● 混合贴图：通过"混合贴图"可以将两种颜色或材质合成在曲面的一侧，也可以将"混合数量"参数设为动画，然后画出使用变形功能曲线的贴图来控制两个贴图随时间混合的方式。混合贴图中的两个贴图都可以在视口中显示。

● RGB 倍增贴图：RGB 倍增贴图通常用于凹凸贴图，在此可能要组合两个贴图，以获得正确的效果。

此贴图通过将 RGB 值相乘组合两个贴图。对于每个像素，一个贴图的红色相乘将使第二个贴图的红色加倍，同样蓝色相乘将使第二个贴图的蓝色加倍，绿色相乘将使第二个贴图的绿色加倍。

4.5 UVW贴图修改器

通过将贴图坐标应用于对象，"UVW 贴图"修改器控制在对象曲面上如何显示贴图材质和程序材质。贴图坐标指定如何将位图投影到对象上。UVW 坐标系与 XYZ 坐标系相似。位图的 U 和 V 轴对应于 X 和 Y 轴。对应于 Z 轴和 W 轴一般仅用于程序贴图。可在材质编辑器中将位图坐标系切换到 VW 或 WU，在这些情况下，位图被旋转和投影，以使其与该曲面垂直。

使用"UVW 贴图"修改器可执行以下操作：

● 对指定贴图通道上的对象应用7种贴图坐标之一。贴图通道 1 上的漫反射贴图和贴图通道 2 上的凹凸贴图可具有不同的贴图坐标，并可以使用修改器堆栈中的两个"UVW 贴图"修改器单独控制。

● 变换贴图 Gizmo 以调整贴图位移。具有内置贴图坐标的对象缺少 Gizmo。

● 对不具有贴图坐标的对象（例如，导入的网格）应用贴图坐标。

● 在子对象层级应用贴图。

"UVW贴图"修改器面板如图4-43所示。

修改器堆栈

Gizmo 子对象层级：启用 Gizmo 变换，在此子对象层级，可以在视口中移动、缩放和旋转 Gizmo 以定位贴图。在材质编辑器中启用"在视口中显示贴图"选项以便在着色视口中显示贴图，变换 Gizmo 时贴图在对象表面上移动。

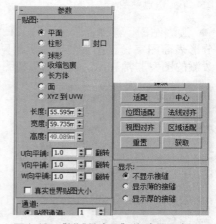

图4-43 "UVW贴图"修改器面板

"贴图"组

● 平面：从对象上的一个平面投影贴图，在某种程度上类似于投影幻灯片。当需要贴图对象的一侧时，会使用平面投影。它还用于倾斜地在多个侧面贴图，以及用于贴图对称对象的两个侧面。平面贴图投影如图4-44所示。

图4-44　平面贴图投影

● 柱形：从圆柱体投影贴图，使用它包裹对象。位图接合处的缝是可见的，除非使用无缝贴图。圆柱形投影用于基本形状为圆柱形的对象。柱形贴图投影如图4-45所示。

图4-45　柱形贴图投影

● 封口：对圆柱体封口应用平面贴图坐标。

● 球形：通过从球体投影贴图来包围对象。在球体顶部和底部，位图边与球体两极交汇处会看到缝和贴图奇点。球形投影用于基本形状为球形的对象。球形贴图投影如图4-46所示。

图4-46　球形贴图投影

● 收缩包裹：使用球形贴图，但是它会截去贴图的各个角，然后在一个单独极点将它们全部结合在一起，仅创建一个奇点。收缩包裹贴图用于隐藏贴图奇点。收缩包裹贴图投影如图4-47所示。

图4-47　收缩包裹贴图投影

● 长方体：从长方体的6个侧面投影贴图。每个侧面投影为一个平面贴图，且表面上的效果取决于曲面法线。从其法线几乎与其每个面的法线平行的最接近长方体的表面贴图每个面。长方体贴图投影如图4-48所示。

图4-48　长方体贴图投影

● 面：对对象的每个面应用贴图副本。使用完整矩形贴图来贴图共享隐藏边的成对面。使用贴图的矩形部分贴图不带隐藏边的单个面。面贴图投影如图4-49所示。

图4-49　面贴图投影

● XYZ 到 UVW：将 3D 程序坐标贴图到 UVW 坐标，这会将程序纹理贴到表面。如果表面被拉伸，3D 程序贴图也被拉伸。XYZ 到 UVW贴图投影如图4-50所示。

图4-50　XYZ 到 UVW贴图投影

● 长度、宽度和高度：指定"UVW 贴图"Gizmo 的尺寸。在应用修改器时，贴图图标的默认缩放由对象的最大尺寸定义。

● U 向平铺、V 向平铺、W 向平铺：用于指定 UVW 贴图的尺寸以便平铺图像。这些是浮点值；可设置动画以便随时间移动贴图的平铺。

● 翻转：绕定轴翻转图像。

真实世界贴图大小：控制应用于该对象的纹理贴图材质所使用的缩放方法。

"通道"组

每个对象最多可拥有 99 个 UVW 贴图坐标通道。默认贴图（通过"生成贴图坐标"切换）始终为通道 1。"UVW 贴图"修改器可向任何通道发送坐标，这样，在同一个面上可同时存在多组坐标。

● 贴图通道：设置贴图通道。

● 顶点颜色通道：通过选择此选项，可将通道定义为顶点颜色通道。另外，确保将"坐标"卷展栏中的任何材质贴图匹配为"顶点颜色"，或者使用指定顶点颜色工具。

在软件中不同位置都可以访问"贴图"通道，具体如下：

➢ 生成贴图坐标：大多数对象的创建参数中包含此选项，在启用时会指定"贴图"通道 1。

➢ UVW 贴图修改器：包含通道 1 ~ 99 的选项。用于指定此"UVW 贴图"修改器使用的 UVW 坐标。修改器堆栈可同时为任何面传递这些通道。

➢ UVW 变换和展开 UVW：这两个修改器还包含"通道"选项按钮。

➢ 材质编辑器通道指定：可以在材质编辑器的贴图层级的"坐标"卷展栏中指定贴图要使用的通道。

"对齐"组

● X/Y/Z：选择其中之一，可翻转贴图 Gizmo 的对齐。每项指定 Gizmo 的哪个轴与对象的局部 Z 轴对齐。

● 操纵：启用时，Gizmo 出现在能让用户改变视口中的参数的对象上。当启用"真实世界贴图大小"时，仅可对"平面与长方体"类型贴图使用操纵。

● 适配：将 Gizmo 适配到对象的范围并使其居中，以使其锁定到对象的范围。在启用"真实世界贴图大小"时不可用。

● 中心：移动 Gizmo，使其中心与对象的中心一致。

● 位图适配：显示标准的位图文件浏览器，使用户可以拾取图像。在启用"真实世界贴图大小"时不可用。

● 法线对齐：单击并在要应用修改器的对象曲面上拖动。

● 视图对齐：将贴图 Gizmo 重定向为面向活动视口。图标大小不变。

● 区域适配：激活一个模式，从中可在视口中拖动以定义贴图 Gizmo 的区域。

● 重置：删除控制 Gizmo 的当前控制器，并插入使用"拟合"功能初始化的新控制器。所有 Gizmo 动画都将丢失。就像所有对齐选项一样，可通过单击"撤销"按钮来重置操作。

● 获取：在拾取对象以从中获得 UVW 时，从其他对象复制 UVW 坐标，会提示您选择是以绝对方式还是相对方式完成获得。

第 5 章　VRay材质的运用

　　材质主要用于描述对象如何反射和传播光线，材质中的贴图主要用于模拟对象质地、提供纹理图案、反射、折射灯等效果，依靠各种类型的贴图，可以创作出千变万化的材质。优秀的贴图技术是制作仿真材质的关键，也是决定最后渲染效果的关键。关于材质的调节和设定，系统提供了材质编辑器和材质／贴图浏览器。材质编辑器用于创建、调节材质，并最终将其指定到场景中。

5.1.1 VRay基本材质

VRay基本材质是一种非常人性化的材质，它通过自身颜色（漫反射、反射和折射）的变化，演绎出物体在灯光作用下的光影关系，得到完美的表面质感。VRay基本材质可以通过运用不同的纹理贴图来模拟出真实物体的表面属性，以达到以假乱真的效果！VRay基本材质面板如图5-1所示。

● 漫反射：材质的漫反射颜色。可以在纹理贴图部分（texture maps）的漫反射贴图通道凹槽中使用一个贴图替换这个倍增器的值。

● 反射：是一个反射倍增器，通过颜色来控制反射值，颜色越亮，反射越强烈。可以在贴图通道中贴上纹理贴图来替换这个倍增器的值。

● 高光光泽度：控制材质的高光状态。默认情况下该项是关闭的，打开高光光泽度将增加渲染时间。

● 反射光泽度：设置反射的锐利效果，当值为1时，物体呈现出完美的境面反射效果，值越小反射则越模糊。

● 细分：控制光线的数量，做出有光泽的反射估算。当光泽度值为1.0时，这个细分值会失去作用（VRay不会发射光线去估算光泽度）。

● 菲涅尔反射：当这个选项启用时，反射将具有真实世界的玻璃反射。这意味着当在光线和表面法线之间角度值接近0度时，反射将衰减；当光线几乎平行于表面时，反射可见性最大；当光线垂直于表面时几乎没反射发生。

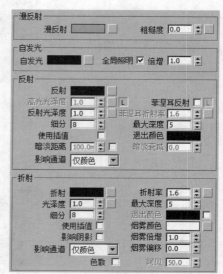

图5-1　VRay基本材质面板

● 最大深度：光线跟踪贴图的最大深度。当光线跟踪更大的深度时，贴图将返回黑色。

● 折射：是一个折射倍增器，通过颜色来控制折射值，颜色越亮，物体越透明。可以在贴图通道中贴上纹理贴图来替换这个倍增器的值。

● 折射率：确定材质的折射率。设置适当的值能做出很好的折射效果，像水、钻石、玻璃等。

● 烟雾颜色：用雾来填充折射的物体，这是雾的颜色。

● 烟雾倍增：雾的颜色倍增器，值越小产生的雾越透明。

● 类型：在下拉列表中可以选择"硬（蜡）模型"、"软（水）模型"、"混合模型"等半透明类型。

● 背面颜色：用来设置透过半透明材质所看到的颜色。

● 厚度：确定半透明层的厚度。当光线跟踪深度达到这个值时，VRay不会跟踪光线下的面。

● 灯光倍增：灯光分摊用的倍增器。用它来描述穿过材质下的面被反射、折射的光的数量。

● 散射系数：控制在半透明物体的表面下散射光线的方向。当值为0.0时，意味着在表面下的光线将向各个方向上散射；当值为1.0时，光线跟初始光线的方向一至，同向来散射穿过物体。

● 前/后分配比：控制在半透明物体表面下的散射光线多少，将相对于初始光线向前或向后传播穿过这个物体。当值为1.0时，意味着所有的光线将向前传播；当值为0.0时，所有的光线将向后传播；当值为0.5时，光线在向前/向后方向上等向分配。

5.1.2 VRay灯光材质

VRay的灯光材质是VRay渲染器提供的一种特殊材质，当这种材质被指定给物体时，一般用于产生自发光效果，这种材质在进行渲染的时候要比3ds Max默认的自发光材质快得多。在使用VRay灯光材质的时候还可以使用纹理贴图来作为自发光的光源。

● 颜色：主要用于设置自发光材质的颜色，默认为白色。

● 倍增：控制自发光的强度，默认值为1.0。

● 双面：设置自发光材质是否两面都产生自发光。

● 不透明度：可以给自发光的不透明度指定材质贴图，让材质产生自发光的光源。

VRay灯光在室内设计中通常被用来模拟灯泡或灯罩的材质，与3ds Max自发光相比，VRay灯光材质能够对周围的物体产生照明。图5-2所示为VRay灯光材质的效果。

图5-2　VRay灯光材质效果

5.1.3 VRay材质包裹器

VRay材质包裹器能包裹在3ds Max默认材质的表面上。它的包裹功能主要用于指定每一个材质额外的表面参数。这些参数也可以在"物体设置"对话框中进行设置，不过，在VRay材质包裹中的设置会覆盖掉以前3ds Max默认的材质。也就是将默认的材质转换成为VRay的材质类型。图5-3所示的是VRay材质包裹器面板。

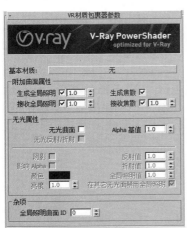

图5-3　VRay材质包裹器面板

● 基本材质：可以控制包裹材质中将要使用的基本材质的参数，可以返回到上一层中进行编辑。

● 生成全局照明：控制使用此材质的物体产生的照明强度。

● 接收全局照明：控制使用此材质的物体接收的照明强度。

● 生成散焦：去掉该项材质才会产生散焦效果。

● 接收散焦：去掉该项材质将接收散焦的效果。

● 无光曲面：勾选此选项后，在进行直接观察的时候，将显示背景而不会显示基本材质，这样材质看上去类似于3ds Max标准的不光滑材质。

VRay材质包裹器的指定方法：单击基本材质参数面板上的 Standard 按钮，在弹出的材质浏览器中双击"VR材质包裹器"选项，如图5-4所示。

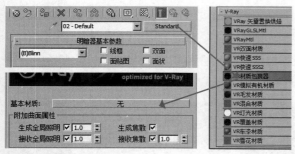

图5-4 指定VRay材质包裹器

图5-5 VRay材质包裹器模拟的材质效果

VRay材质包裹器的模拟材质的层次效果是非常好的，它可以更真实地描绘出材质表面的附着纹理，如墙壁上的斑点、金属上的铁锈。图5-5所示的是VRay材质包裹器模拟出的材质效果。

5.2 墙面和石材材质

5.2.1 墙面材质

墙面材质的制作思路

在制作材质之前要先观察材质的基本特征。墙面材质在远处观察是颜色比较白、比较平坦的一种材质。当靠近观察墙面时会发现，墙面上面有许多细小的刮痕和凹凸，这是因为在用乳胶漆刷墙的时候，刷子刷过墙面时留下的痕迹，这些墙面上的痕迹是很正常的，也是不可避免的。生活中的真实墙面如图5-6所示。

图5-6 现实中的墙面细节图

综上所述，墙面的基本特征是：

颜色有点白，也就是说，它反光性比较好；表面有些划痕和凹凸，有点粗糙。根据以上的结论，下面开始制作墙面的材质球。

按【M】键打开材质编辑器，选择一个材质球，单击 Standard 按钮，将3ds Max材质转换成VRay材质，如图5-7所示。

图5-7 更换材质类型

设置漫反射颜色值R、G、B都为250，而不是纯白的255，这是因为墙面不可能把吸收的光线全部反弹出去，所以这里设置一个非常接近白色的值，如图5-8所示。

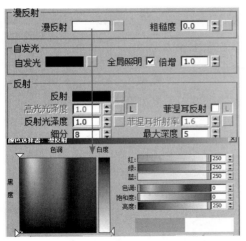

图5-8　设置漫反射颜色

越光滑的物体高光越小，反射越强烈；反之越粗糙的物体高光越大，反射越弱。由于墙体的表面有些粗糙，也就是说墙面的高光比较大。所以这里设置反射通道的颜色R、G、B的值都为23，来表现墙面较弱的反射性，同时将"高光光泽度"设置为0.25，来表示墙面高光比较大的特性，如图5-9所示。

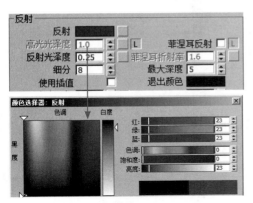

图5-9　设置墙面反射值

在"选项"卷展栏中取消勾选"跟踪反射"选项，这样VRay就不计算反射，但不影响高光，既得到了所需的效果又提高了渲染速度，如图5-10所示。

图5-10　设置墙面反射值

在"贴图"卷展栏中的凹凸通道中添加一张灰度贴图，用来模拟墙面凹凸不平的现象，并把凹凸值设置为15，同时把模糊值设置为0.5，如图5-11所示。墙面材质球效果如图5-12所示。

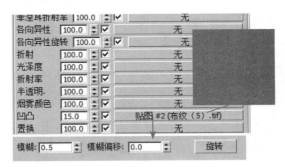

图5-11　添加凹凸贴图

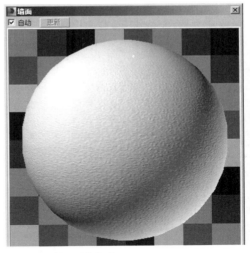

图5-12　墙面材质球

5.2.2 抛光大理石材质

抛光大理石材质的制作思路

首先观察现实生活中的大理石地面效果，通过观察可以发现，大理石表面比较平滑，带有菲涅耳反射，它的高光相对比较小。图5-13所示为现实生活中的大理石材质效果。

打开场景素材"大理石材质.max"文件，如 图5-14所示。

图5-13　现实生活中的大理石材质效果

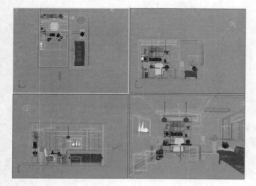

图5-14　打开场景素材

02 因为这里主要表现的是地面材质，所以将摄影机调整到合适的位置，效果如图5-15所示。

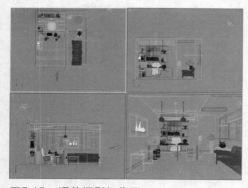

图5-15　调整摄影机位置

03 调整好摄影机视图的位置后，按【M】键打开材质编辑器。下面开始设置地面材质，在这里给地面一个大理石材质。在漫反射通道中添加一张大理石贴图，如图5-16所示。

04 因为真实生活中的大理石带有菲涅耳反射，所以在反射通道中添加一个衰减贴图，设置衰减的衰减方式为Fresnel方式，将反射通道中的颜色设置为纯白色（R、G、B的值都为250），如图5-17所示。

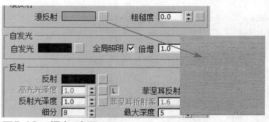

图5-16　添加贴图

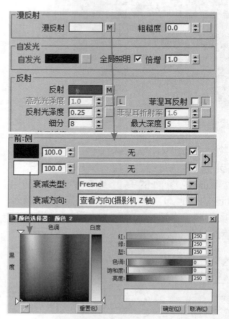

图5-17　设置反射参数

05 为了得到一个比较小的高光，将"高光光泽度"设置为0.85，"反射光泽度"设置为0.95，"细分"设置为8，如图5-18所示。

图5-18　设置高光值

06 此时，大理石材质就制作完成了，它的材质球效果如图5-19所示。

07 在场景中选中地面，将设置好的大理石材质赋予地面，渲染的最终效果如图5-20所示。

图5-19 大理石材质球效果

图5-20 大理石地面

5.2.3 亚光石材材质

亚光石材和抛光石材差不多，它们的区别在于亚光石材的表面比抛光大理石的要粗糙，没有很高的反射。图5-21所示是现实生活中的亚光石材质效果。

图5-21 现实生活中的亚光石材质效果

在漫反射通道中放置一张亚光石材贴图，如图5-22所示。

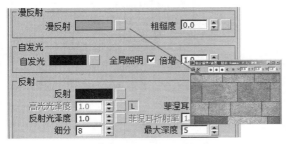

图5-22 漫反射设置

通过在现实生活中对亚光石材的观察可以发现，它带有一定的菲涅耳反射，为反射通道指定一张衰减贴图，设置衰减的类型为Fresnel，如图5-23所示。

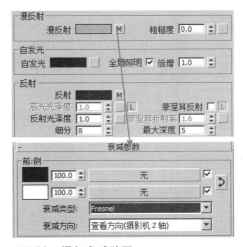

图5-23 添加衰减贴图

由于这里制作的反射比较弱，所以将漫反射通道颜色设置为R：125，G：125，B：125，如图5-24所示。

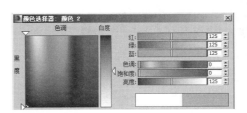

图5-24 设置反射颜色

将"高光光泽度"设置为0.65，"反射光泽度"设置为0.7，同时将"细分"设置为16，如图5-25所示。

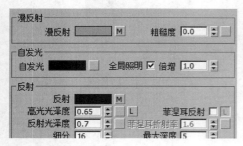

图5-25　设置光泽度

图5-26　添加凹凸贴图

为了表现亚光石材表面的凹凸效果，在漫反射通道中复制一张亚光石材贴图到凹凸通道中，设置凹凸值为10，并将模糊值设置为0.35，如图5-26所示。

到这里亚光石材质就制作完成了，它的材质球效果如图5-27所示。

图5-27　亚光石材质球效果

5.3　木纹材质

木纹材质在日常生活中是很常见的，本节主要介绍有光泽木材和粗糙木材材质的制作，在制作材质过程中，注意这两种材质的不同之处。

5.3.1　有光泽木材

01 打开3ds Max 2010，导入场景素材模型，如图5-28所示。

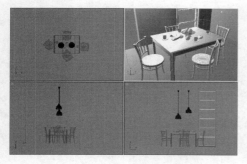

图5-28　导入创建素材模型

图5-29　创建VRay物理摄影机

02 在视图中创建VRay物理摄影机，设置物理摄影机的"焦距"为40，"光圈数"为8.0，如图5-29所示。调整好物理摄影机的参数值后，按【C】键，可进入到摄像机视图，如图5-30所示。

图5-30　进入摄影机视图

03 下面在前视图中添加VRay片光源，设置它的"单位"为辐射，"颜色"为白色，"倍增器"为0.03，并调整它在视图中的位置，如图5-31所示。

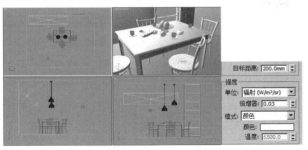

图5-31　添加片光源

04 设置覆盖材质，将场景中的所有材质覆盖，并渲染，添加片光源的效果如图5-32所示。

图5-32　添加片光源渲染效果

05 在窗口位置分别添加一个片光灯，设置它的"颜色"为淡蓝色，"倍增器"为9.0，如图5-33所示。

图5-33　添加片光灯效果

06 将设置好的覆盖材质赋予场景中所有的模型，并进行渲染，观察添加窗口灯的效果，如图5-34所示。

图5-34　添加窗口灯效果

07 下面开始在视图中添加VRay阳光，设置"浊度"为2.0，"臭氧"为0.35，"强度倍增"为0.05，"大小倍增"为1，如图5-35所示。

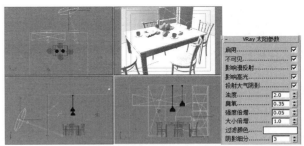

图5-35　添加VRay阳光

08 还是将覆盖材质赋予场景中的所有物体，并进行渲染，观察添加的VRay阳光效果，如图5-36所示。

图5-36　添加VRay阳光渲染效果

09 在设置木纹材质之前，要先观察现实生活中的木纹材质。通过观察会发现木纹材质有以下几个特征：表面相对光滑，高光相对较小，带有菲涅耳反射，表面还带有些许的凹凸。根据以上观察的特性，来辅助我们制作木纹材质。

10 在漫反射通道中添加一个木纹贴图，如图5-37所示。

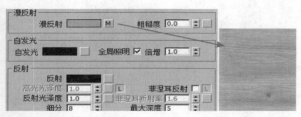

图5-37　添加木纹材质

11 因为存在菲涅耳反射，所以在反射通道中添加一张衰减贴图，设置衰减的类型为Fresnel，如图5-38所示。

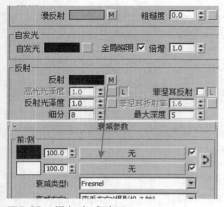

图5-38　添加衰减贴图

12 将"高光光泽度"设置为0.8，是为了表现一个相对比较小的高光。由于木纹的表面相对来说比较光滑，所以会带些许的模糊反射，将"反射光泽度"设置为0.85，是为了让设置的模糊没有杂点，看上去更精细，设置"细分"为20，如图5-39所示。

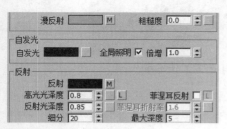

图5-39　设置反射参数

5.3.2　粗糙木材材质

制作粗糙木材材质之前先观察粗糙木纹材质的特性，通过观察可以看出，粗糙的木纹材质表面有一定的凹凸，没有高光出现，但带有一定的菲涅耳反射。

13 同样的，在木纹的表面也存在一定的凹凸现象，是刷子在刷清漆时，留下的不可避免的痕迹。所以就要在凹凸通道中设置凹凸值为12，如图5-40所示。

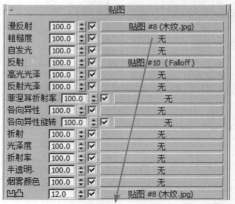

图5-40　设置凹凸值

14 木纹材质球的效果如图5-41所示。

图5-41　木纹材质球效果

15 将材质赋予物体，效果如图5-42所示。

图5-42　光泽木纹效果

01 根据以上的分析，下面开始制作材质，首先在材质编辑器中选择一个未被编辑的VRay材质球，在漫反射通道中添加一张木纹贴图，如图5-43所示。

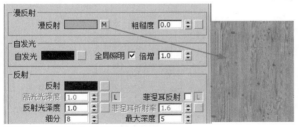

图5-43 添加木纹贴图

02 由于粗糙的木材也有些许的菲涅耳反射，所以在反射通道中添加一张衰减贴图，并将衰减的类型设置为Fresnel，在反射通道中的颜色都为150，如图5-44所示。

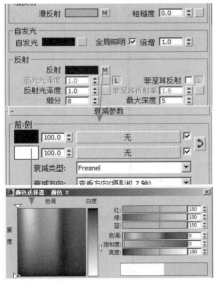

图5-44 设置反射参数

03 由于木材材质表面粗糙，没有明显的高光，所以将它的"高光光泽度"设置为0.45，"反射光泽度"设置为0.5，"细分"设置为16，是为了让模型在渲染时表现得更加细致，如图5-45所示。

图5-45 设置光泽度

04 由于木材材质的表面粗糙，所以它带有一定的凹凸，在"贴图"卷展栏中，将反射通道中的材质复制到凹凸通道中，并将凹凸值设置为15，为了让材质更清晰，将"模糊"设置为0.01，如图5-46所示。

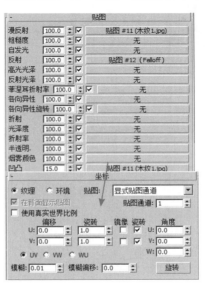

图5-46 设置凹凸值

05 到这里粗糙木材材质就设置完成了，其材质球效果如图5-47所示。

图5-47 粗糙木材材质球效果

5.4 布纹材质

　　本节主要介绍布纹材质的制作，其中包括亚麻布纹、皮革材质和丝绸材质的制作，制作时要注意它们各自的特点。

5.4.1 亚麻材质

01 在制作亚麻布纹材质之前，先观察现实生活中布纹材质的特性。通过观察可以看出，亚麻布纹的表面粗糙，表面几乎没有反射现象，布纹的表面还有一层白茸茸的感觉，如图5-48所示。

图5-48 现实生活中的亚麻布材质

02 由于布表面的毛发受到光照的影响，所以布纹的表面会有一层毛茸茸的感觉。在漫反射通道中添加一张衰减贴图，设置衰减的类型为Fresnel，如图5-49所示。

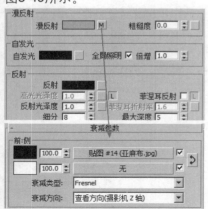

图5-49 添加衰减贴图

03 在"衰减参数"卷展栏中的第一个贴图通道中添加一张布纹贴图，在第二个通道中指定一个比布纹稍微白一些的颜色，来模拟表面白茸茸的感觉，如图5-50所示。

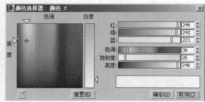
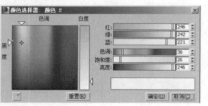

图5-50 设置颜色

04 通过对布纹的观察，发现布纹的高光比较大，所以把"高光光泽度"设置为0.35，"细分"设置为16，如图5-51所示。

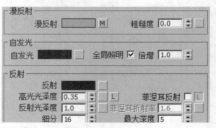

图5-51 设置反射参数

05 在"选项"卷展栏中，取消勾选"跟踪反射"复选框，这样就不会产生反射并且还能保留高光，如图5-52所示。

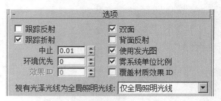

图5-52 取消跟踪反射

06 因为布纹表面有些粗糙，所以在凹凸通道中设置它的凹凸强度值为45，如图5-53所示。

图5-53 设置凹凸参数

07 最终设置的亚麻材质球效果如图5-54所示。

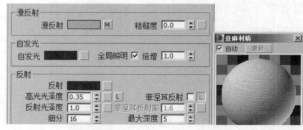

图5-54 亚麻材质球效果

5.4.2 皮革材质

01 制作皮革材质前，先观察现实生活中皮革材质的特性。通过观察可以发现，皮革的表面有比较柔和的高光，有一点反射现象，表面纹理感较强，如图5-55所示。

图5-55 真实的皮革效果

02 首先打开3ds Max 2010，打开场景素材模型，如图5-56所示。

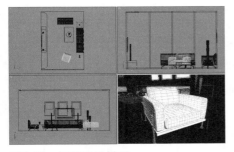

图5-56 打开场景模型

03 在视图中创建VRay物理摄影机，并调节摄影机参数，如图5-57所示。

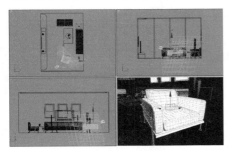

图5-57 添加VRay物理摄影机

04 按【C】键，当前选中的视图则进入摄影机视图，如图5-58所示。

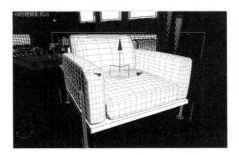

图5-58 切换摄影机视图

05 在视图中添加VRay穹顶光，并设置它的颜色为淡蓝色，设置"倍增器"为0.2，如图5-59所示。

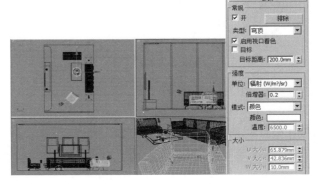

图5-59 添加穹顶光

06 为场景中的所有物体设置材质覆盖，渲染和观察穹顶光的效果，如图5-60所示。

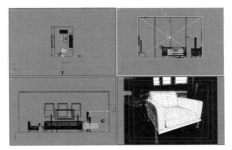

图5-60 穹顶光效果

07 捕捉窗口添加VRay平面光灯，并设置平面光的"倍增器"为0.2，如图5-61所示。

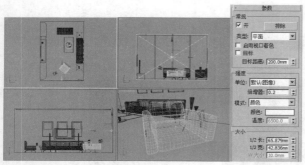

图5-61　创建平面光源

08 为场景设置覆盖材质，进行渲染，观察平面光渲染效果，如图5-62所示。

图5-62　平面光效果

09 接着在场景中添加VRay阳光，调整好它的位置和参数，如图5-63所示。

图5-63　添加VRay阳光

10 为场景设置覆盖材质，进行渲染，观察VRay阳光渲染效果，如图5-64所示。

11 通过上面对皮质材质的分析，下面开始制作皮革材质。在漫反射贴图通道中，添加一张皮革贴图，并在贴图参数中把默认的"模糊"值设置为0.5，这样可以使渲染出来的贴图更加清晰，如图5-65所示。

图5-64　VRay阳光效果表现

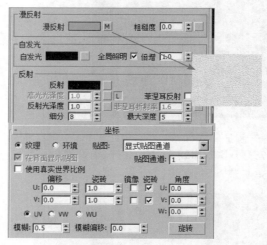

图5-65　设置漫反射

12 因为皮革材质的表面有比较柔和的高光，所以将"高光光泽度"设置为0.8，"反射光泽度"设置为0.7，"细分"设置为16，"最大深度"设置为3，因为这样反射就会比较淡也比较柔和，同时也提高了渲染速度，如图5-66所示。

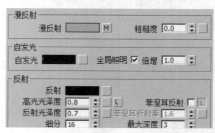

图5-66　设置反射参数

13 接着，在凹凸通道中复制一个与漫反射通道一样的贴图，设置其凹凸值为50，是为了让渲染出来的皮革材质带一点凹凸纹理的效果，如图5-67所示。

图5-67　设置凹凸参数

5.4.3 丝绸材质

01 在制作丝绸纹材质之前，先观察现实生活中布纹材质的特性。通过观察可以看出，丝绸的表面比较光滑，并带有半透明效果，如图5-69所示。

图5-69　真实的丝绸材质效果

02 启动3ds Max 2010，打开配套光盘中提供的场景素材模型，如图5-70所示。

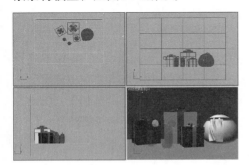

图5-70　打开场景模型

03 进入摄影机创建面板，单击 VR物理摄影机 按钮，在视图中创建一架"VR物理摄影机"，如图5-71所示。

14 到这里，皮革材质的设置就已经完成了，设置的皮革材质球如图5-68所示。

图5-68　皮革材质球效果

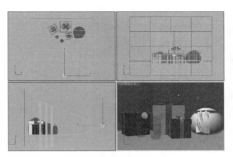

图5-71　创建VR物理摄影机

04 进入VRay灯光创建面板，单击 VR-太阳 按钮，在图5-72所示的位置创建一盏VR阳光。

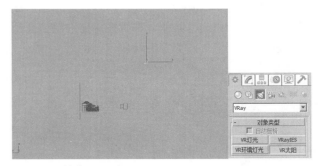

图5-72　创建VR阳光

05 进入"修改"面板，将"浊度"的值设置为2，"强度倍增"的值设置为0.05，"大小倍增"的值设置为2，如图5-73所示。

06 添加VR太阳后，场景就产生了日光照明的效果。本例的时间是上午时分，所以阳光的强度较低，投影也比较长，效果如图5-74所示。

图5-73 设置VR太阳参数

图5-74 VR阳光效果

07 创建主光源，进入灯光创建面板，在灯光类型下拉列表中选择VRay选项，进入VRay灯光创建面板，单击"VR灯光"按钮，在视图中窗户的位置创建一盏"VR光源"，如图5-75所示。

图5-75 创建"VR光源"

08 在视图中选中"VR灯光"，进入"修改"面板，设置"倍增器"的值为0.005，勾选"不可见"复选框，设置采样的"细分"值为25，如图5-76所示。

图5-76 设置VR灯光参数

技巧提示

VR阳光是VRay渲染器自带的一种灯光类型，利用VR阳光可以模拟出不同时刻和不同季节天空光的效果。在进行全局照明时，VR阳光是首选的灯光类型。VR阳光是通过"浊度"、"臭氧"和"强度倍增"来影响照明效果的。

09 观察一下当前的灯光效果，墙面和顶面位置光影的清晰度已经得到了提高，如图5-77所示。

图5-77 添加了主光源后的效果

10 设置木纹材质，为漫反射通道指定一张配套光盘中提供的"幻彩木"纹理贴图，将"高光光泽度"的值设置为0.75，将"反射光泽度"的值设置为0.86，将"细分"的值设置为20，如图5-78所示。

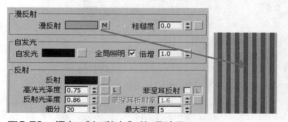

图5-78 添加"幻彩木"纹理贴图

11 为反射通道指定一张"衰减"贴图，设置衰减的类型为Fresnel，设置"折射率"为1.6，如图5-79所示。

图5-79　设置衰减贴图参数

12 打开"坐标"卷展栏，设置U向的平铺值为3，设置模糊值为0.5，如图5-80所示。

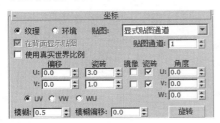

图5-80　设置坐标参数

13 打开"贴图"卷展栏，将漫反射通道中的纹理贴图复制给凹凸通道，设置凹凸的数量为25，如图5-81所示。

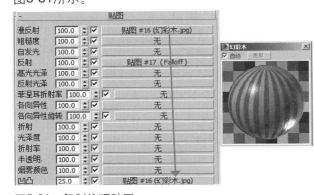

图5-81　复制纹理贴图

14 设置不锈钢材质，将反射颜色设置为纯白色，将"反射光泽度"的值设置为0.83，将"细分"的值设置为15，如图5-82所示。

15 设置陶瓷材质，将漫反射颜色设置为纯白色，将"高光光泽度"的值设置为0.93，将"反射光泽度"的值设置为0.99，将"细分"的值设置为15，如图5-83所示。

图5-82　设置不锈钢材质

图5-83　设置陶瓷材质

16 为反射通道指定一张"衰减"贴图，设置衰减的类型为Fresnel，设置"折射率"为1.6，如图5-84所示。

图5-84　设置衰减贴图参数

17 设置丝巾材质，为漫反射通道指定一张"衰减"贴图，设置衰减的类型为Fresnel，设置"反射光泽度"的值为0.6，设置"细分"的值为15，如图5-85所示。

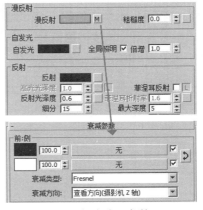

图5-85　设置衰减贴图参数

18 在"贴图"卷展栏中为不透明度通道指定一张混合贴图，如图5-86所示。

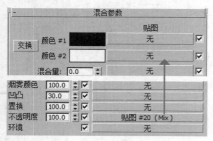

图5-86　指定混合贴图

19 打开"混合参数"卷展栏，为混合量通道指定一张配套光盘中提供的"纹案"贴图，如图5-87所示。

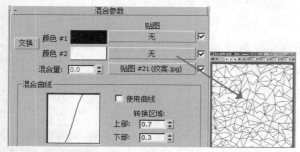

图5-87　指定纹案贴图

20 将折射颜色设置为深灰色，设置"光泽度"的值为0.9，勾选"影响阴影"复选框，如图5-88所示。

图5-88　设置折射参数

21 设置包装带材质，将漫反射颜色的RGB值设置为255，154，0；设置"反射光泽度"的值为0.8，"细分"的值为16，如图5-89所示。

22 设置包装盒材质，为漫反射通道指定一张配套光盘中提供的"纸盒"纹理贴图，将"反射光泽度"的值设置为0.3，将"细分"的值设置为16，如图5-90所示。

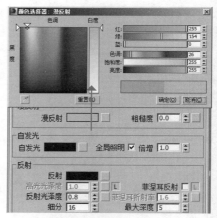

图5-89　设置包装带材质

图5-90　设置包装盒材质

23 打开"坐标"面板，设置U向的平铺值为3，设置v向的平铺值为2，设置模糊值为0.1，如图5-91所示。

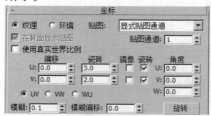

图5-91　设置坐标参数

24 为反射通道指定一张"衰减"贴图，设置衰减的类型为Fresnel，设置"折射率"为1.5，如图5-92所示。

图5-92　设置衰减贴图参数

25 打开 "贴图" 卷展栏，将漫射通道中的纹理贴图复制给凹凸通道，设置凹凸的数量为40，如图5-93所示。

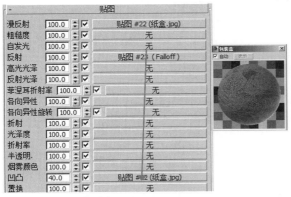

图5-93　复制纹理贴图

26 设置玻璃材质，将反射颜色的RGB值都设置为253；设置 "反射光泽度" 的值为0.98，"细分" 的值为3，如图5-94所示。

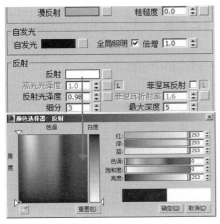

图5-94　设置玻璃材质

27 将折射颜色设置为纯白色，设置 "折射率" 的值为1.517，勾选 "影响阴影" 复选框，如图5-95所示。

图5-95　设置折射参数

28 设置饮料材质，将漫反射颜色的RGB值设置为235，122，0；将反射颜色的RGB值设置为100，61，0；设置 "反射光泽度" 的值为0.8，"细分" 的值为10，如图5-96所示。

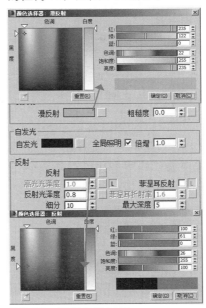

图5-96　设置饮料材质

29 将折射颜色设置为浅灰色，设置 "光泽度" 的值为0.75，"折射率" 的值为1.333，"细分" 的值为3，勾选 "影响阴影" 复选框，如图5-97所示。

图5-97　设置折射参数

30 打开 "渲染" 面板，在 "输出大小" 组中，设置 "宽度" 的值为1200，"高度" 的值为1000，并将图像的纵横比锁定，如图5-98所示。

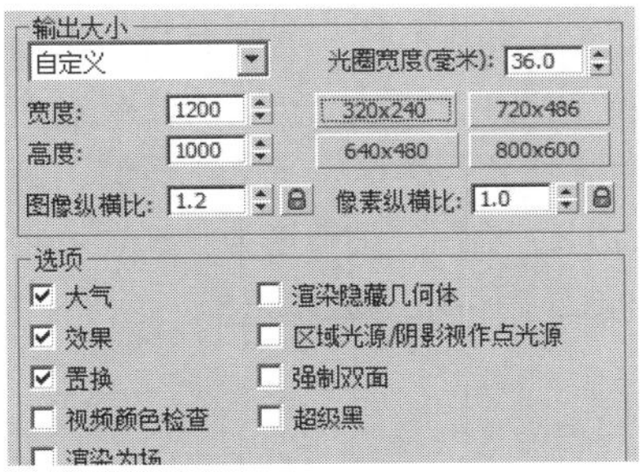

图5-98　设置图像输出尺寸

31 打开 "VRay::全局开关" 卷展栏，勾选 "最大深度" 复选框，如图5-99所示。

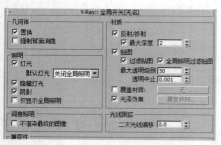

图5-99　设置全局开关参数

32 打开 "V-Ray::图像采样器（反锯齿）" 卷展栏，设置 "图像采样器" 的类型为 "自适应确定性蒙特卡洛"，设置 "抗锯齿过滤器" 的模式为 Mitchell-Netravali，如图5-100所示。

图5-100　设置图像采样参数

33 打开 "V-Ray::间接照明（全局照明）" 卷展栏，首先勾选 "开" 复选框，将 "首次反弹" 的 "全局照明引擎" 设置为 "发光图" 模式，将 "二次反弹" 的 "全局照明引擎" 设置为 "灯光缓存" 模式，如图5-101所示。

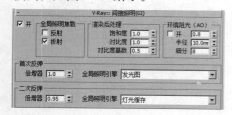

图5-101　设置间接照明参数

34 打开 "V-Ray::发光图（无名）" 卷展栏，设置 "当前预置" 为 "自定义"，"最小比率" 为-4，"最大比率" 为-3，"半球细分" 为50，"颜色阈值" 为0.3，"法线阈值" 为0.2。启用 "细节增强" 选项。将 "细分倍增" 设置为0.3，如图5-102所示。

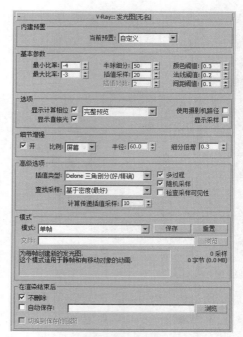

图5-102　设置发光图参数

35 打开 "V-Ray::灯光缓存" 卷展栏，设置 "细分" 为1 200，勾选 "显示计算相位" 和 "保存直接光" 选项，如图5-103所示。

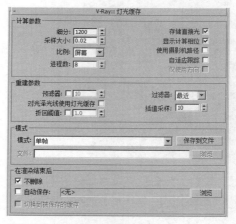

图5-103　设置灯光缓冲参数

36 打开 "V-Ray::DMC采样器" 卷展栏，设置 "自适应数量" 为0.7，"最小采样值" 为16，"噪波阈值" 为0.005，如图5-104所示。

图5-104　设置DMC采样器参数

37 进入 "V-Ray::颜色贴图" 卷展栏，将 "类型" 设置为 "指数"，勾选 "影响背景" 复选框，如图 5-105所示。

图5-105 设置颜色映射参数

38 进入 "渲染输出" 面板，勾选 "保存文件" 复选框，将最终渲染图像指定一个输出路径，如图5-106所示。

图5-106 指定保存路径

最终渲染效果如图5-107所示。

图5-107 最终渲染效果

39 启动Photoshop，打开渲染输出效果图，将当前的图层复制一个，在 "图层混合模式" 下拉列表中选择 "滤色"，设置 "不透明度" 为40%，如图5-108所示。

40 按【Ctrl+U】组合键，打开 "色相/饱和度" 对话框，设置 "色相" 的值为-7，"饱和度" 的值为40，"明度" 的值为3，如图5-109所示。

图5-108 设置图层的混合模式

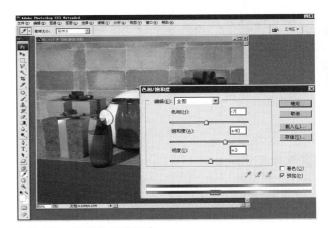

图5-109 设置色相饱和度

41 按【Ctrl+B】组合键，打开 "色彩平衡" 对话框，设置 "色阶" 的值为-11，11，-38，效果如图5-110所示。

图5-110 设置色彩平衡

42 选择"虑镜"→"锐化"→"USM锐化"命令，弹出"USM锐化"对话框，设置"数量"的值为50，"半径"的值为1，效果如图5-111所示。

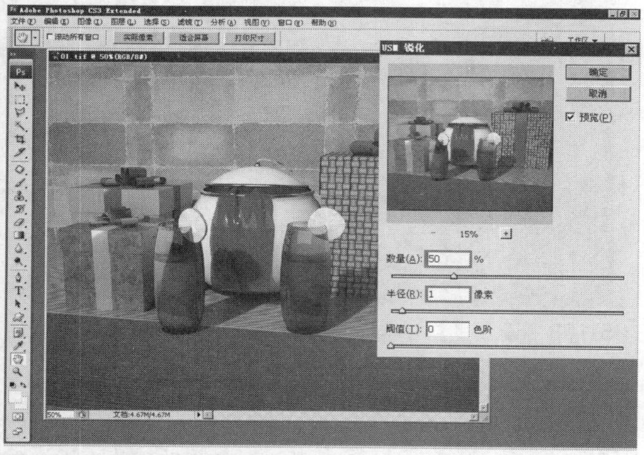

43 到此为止，整个场景已经全部完成，最终效果如图5-112所示。

图5-111　USM锐化修改

图5-112　最终效果

5.5　金属材质

本节主要介绍不锈钢材质、拉丝不锈钢材质和铜材质的制作，在制作过程中，注意它们之间的区别。

5.5.1　不锈钢材质

设置不锈钢材质

01 首先打开3ds Max素材场景，如图5-113所示。

图5-113　设置打开场景

02 在场景中创建目标摄影机，并调整好摄影机视图，如图5-114所示。

03 调整好的摄影机视图如图5-115所示。

图5-114　创建摄影机

图5-115　摄影机视图效果

下面开始设置不锈钢材质。

01 将漫反射颜色设置为黑色，是为了让不锈钢材质看起来明暗分明，如图5-116所示。

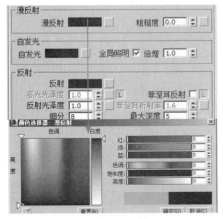

图5-116 设置漫反射颜色

02 设置反射颜色为R：174，G：181，B：185的稍带蓝色的灰色值，是为了让不锈钢反射带点蓝色，如图5-117所示。

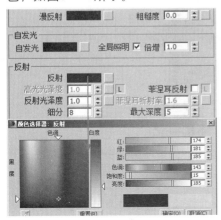

图5-117 设置反射颜色

03 不锈钢的高光相对比较大，所以设置"高光光泽度"的值为0.75，表面少有一些粗糙，将"反射光泽度"的值设置为0.85，为了渲染时出现杂点，将"细分"的值设置为30，如图5-118所示。

图5-118 设置光泽度

04 将设置好的材质赋予物体，在视图中显示出来，效果如图5-119所示。

图5-119 将材质赋予物体

05 将不锈钢材质赋予物体，最终渲染效果如图5-120所示。

图5-120 最终渲染效果

5.5.2 拉丝不锈钢

拉丝不锈钢材质和不锈钢材质有些相似，其材质参数设置如下：

01 将反射通道的颜色设置为R：192，G：197，B：205的蓝灰色，其目的是为了让反射带些许的蓝色，在视觉上会好看一些，如图5-121所示。

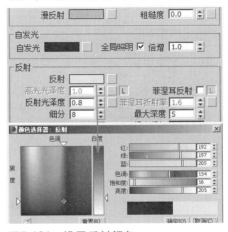

图5-121 设置反射颜色

02 将"高光光泽度"设置为0.85，将"反射光泽度"设置为0.8，将"细分"设置为20，是为了让模糊更细，如图5-122所示。

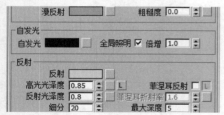

图5-122　设置光泽度

03 由于拉丝不锈钢材质带有一定的凹凸，所以将凹凸通道的值设置为15，如图5-123所示。

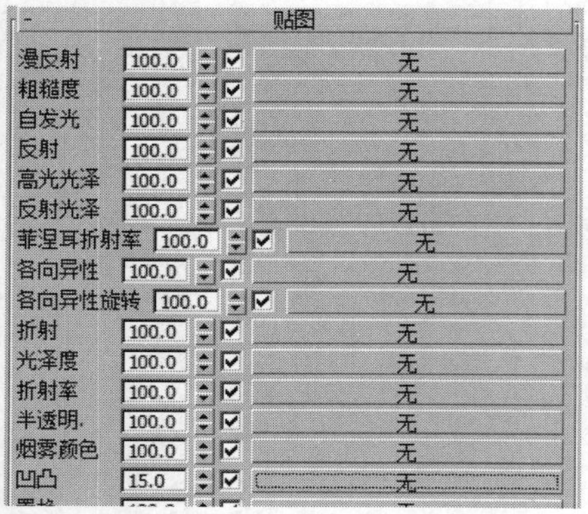

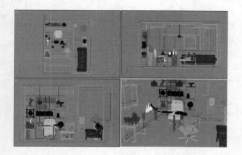

图5-123　设置凹凸值

04 再在凹凸通道中添加噪波贴图，指定一个合适的贴图坐标，将"大小"设置为0.35，如图5-124所示。

5.5.3 铜材质

01 首先打开场景素材模型，如图5-126所示。

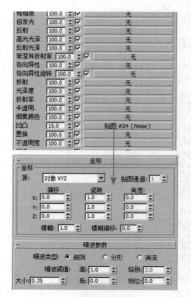

图5-124　添加噪波贴图

05 此时，拉丝不锈钢材质就制作完成了，它的材质球效果如图5-125所示。

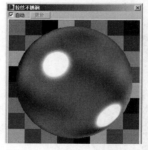

图5-125　拉丝不锈钢材质球效果

02 在顶视图中创建物理摄影机，并调整好参数，为了不让渲染图像偏色，把白色平衡颜色改成淡橘色，如图5-127所示。

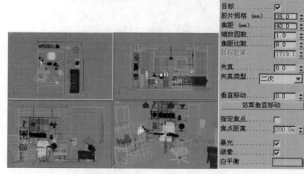

图5-127　添加摄影机

图5-126　打开场景模型

03 按【C】键，进入物理摄影机视图，并打开安全边框，如图5-128所示。

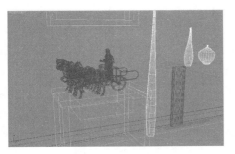

图5-128　摄影机视图效果

04 在左视图中创建VRay平面光灯，将平面光的"倍增器"设置为4，如图5-129所示。

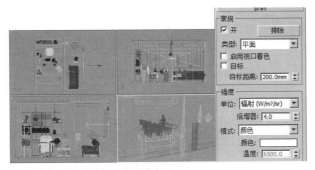

图5-129　创建VRay平面光灯

05 将场景中的所有物体利用墙面材质进行材质覆盖，渲染和观察片光灯的效果，如图5-130所示。

图5-130　片灯光效果

06 接着设置铜材质的参数，在这里运用3ds Max软件中的标准材质来制作铜材质，首先将"明暗器基本参数"的类型设置为"金属"，如图5-131所示。

图5-131　设置基本材质参数

07 然后将漫反射颜色设置为R：238，G：216，B：230的淡黄色，如图5-132所示。

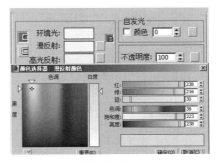

图5-132　设置漫反射颜色

08 设置"高光级别"为87，"光泽度"为56，如图5-133所示。

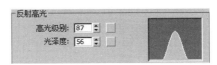

图5-133　设置高光

09 在反射通道中添加铜材质贴图，并将反射值设置为44，如图5-134所示。

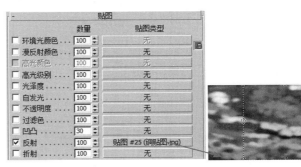

图5-134　添加贴图

10 铜材质球效果如图5-135所示。

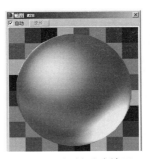

图5-135　铜材质球效果

11 打开"渲染"面板，在"输出大小"组中，设置"宽度"的值为500，"高度"的值为531，并将图像的纵横比锁定，如图5-136所示。

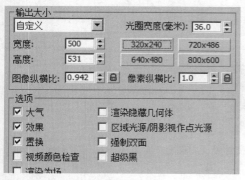

图5-136 设置图像输出大小

12 打开"Vray::全局开关"卷展栏，勾选"最大深度"和"不渲染最终的图像"复选框，如图5-137所示。

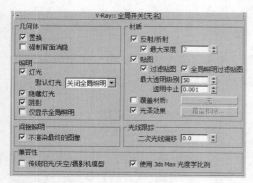

图5-137 设置全局开关参数

13 打开"V-Ray::图像采样器（反锯齿）"卷展栏，设置"图像采样器"的类型为"自适应细分"，设置"抗锯齿过滤器"的模式为Catmull-Rom，如图5-138所示。

图5-138 设置图像采样器参数

14 打开"V-Ray::间接照明（全局照明）"卷展栏，首先勾选"开启"选项，将"首次反弹"的"全局照明引擎"设置为"发光图"模式，将"二次反弹"的"全局照明引擎"设置为"灯光缓存"模式，如图5-139所示。

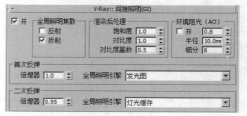

图5-139 设置间接照明参数

15 打开"V-Ray::发光图"卷展栏，设置"当前预置"的模式为"低"，"半球细分"的值为30，勾选"显示计算相位"和"显示直接光"复选框，勾选"在渲染结束后"组中的"自动保存"复选框，并指定一个渲染输出路径，将渲染得到的光子图进行保存，如图5-140所示。

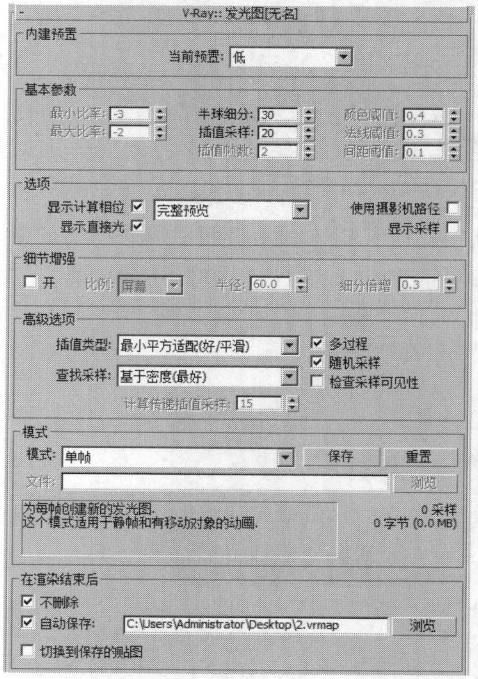

图5-140 设置发光贴图参数

16 打开"V-Ray::灯光缓存"卷展栏，设置"细分"为500，勾选"显示计算相位"和"存储直接光"复选框，勾选"在渲染结束后"组中的"自动保存"复选框，并指定一个渲染输出路径，将渲染得到的光子图进行保存，如图5-141所示。

图5-141　设置灯光缓存参数

17 将当前视图切换到"VR物理摄影机"视图，按
【F9】键，对光子图进行渲染保存，光子图效果如
图5-142所示。

图5-142　光子图效果

18 打开"V-Ray::发光图"，设置"当前预置"
为"自定义"，"最小比率"为-4，"最大比率"
为-3，"半球细分"为40，"颜色阈值"为0.3，
"法线阈值"为0.2。启用"细节增强"选项，将
"细分倍增"的值设置为0.1，如图5-143所示。

19 打开"V-Ray::DMC采样器"卷展栏，设置
"自适应数量"为0.75，"最小采样值"为20，
"噪波阈值"为0.01，如图5-144所示。

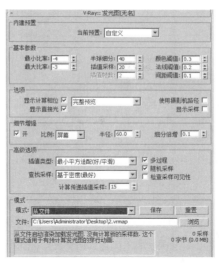

图5-143　设置发光图参数

图5-144　设置DMC采样器参数

20 打开"渲染"面板，在"输出大小"组中，设
置"宽度"的值为800，"高度"的值为850，并将
图像的纵横比锁定，如图5-145所示。

图5-145　设置间接照明参数

21 最后对摄像机视图进行渲染，图像的最终渲染
效果如图5-146所示。

图5-146　最终渲染效果

151

22 启动Photoshop，打开渲染输出效果图，将当前的图层复制一个，在"图层混合模式"下拉列表中选择"滤色"，设置"不透明度"为45%，效果图如图5-147所示。

图5-147 设置图层的混合模式

23 选中场景中的"墙面"部分，按【Ctrl+B】组合键，打开"色彩平衡"对话框，设置"色阶"的值为26、-37、16，效果图如图5-148所示。

图5-148 设置墙面的颜色

24 选中场景中的"木纹"部分，按【Ctrl+U】组合键，打开"色相/饱和度"对话框，设置"色相"的值为-11，"饱和度"的值为69，"明度"的值为-69，如图5-149所示。

25 选择"滤镜"→"锐化"→"USM锐化"命令，弹出"USM锐化"对话框，设置"数量"的值为50，"半径"的值为0.5，如图5-150所示。

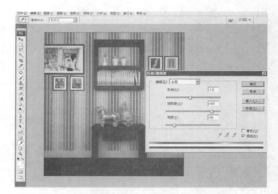

图5-149 设置木纹颜色

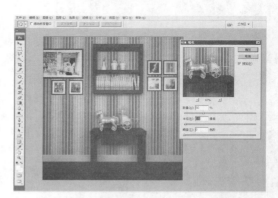

图5-150 USM锐化修改

26 到此为止，铜材质的效果已经表现得非常逼真了，效果如图5-151所示。

图5-151 铜材质的最终效果

5.6 玻璃材质

本节主要介绍玻璃材质、磨砂玻璃材质、镜面材质和玉材质的制作，在制作过程中要注意它们之间的相同与不同之处。

5.6.1 光滑玻璃

01 玻璃材质在生活中很常见，它不仅有反射，而且有折射。首先打开文件名为"玻璃"的场景模型，如图5-152所示。

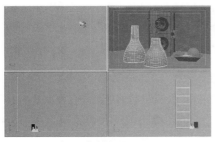

图5-152 打开素材场景

02 接着添加摄影机，在这里使用的是VRay物理摄影机，设置胶片规格为35，焦距为40，如图5-153所示。

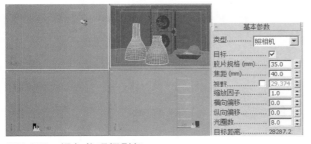

图5-153 添加物理摄影机

03 调整好摄影机的角度，摄影机视图如图5-154所示。

图5-154 摄影机视图效果

04 在场景中添加VRay片光灯，将VRay片光灯的单位设置为"辐射"，将"倍增器"设置为0.02，如图5-155所示。

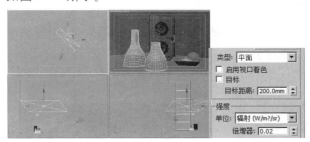

图5-155 添加片光灯

05 接着在场景中添加辅助光，还是选择片光灯，它的位置和参数如图5-156所示。

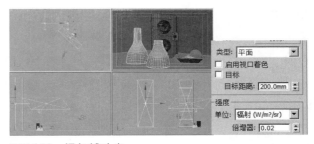

图5-156 添加辅助光

06 继续在场景中添加辅助环境光，把环境光的颜色设置为淡蓝色，灯光的位置和参数如图5-157所示。

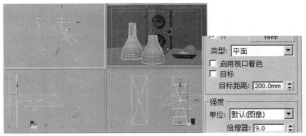

图5-157 添加辅助环境光

07 接着在视图中添加VRay阳光，它在视图中的位置和参数如图5-158所示。

图5-158 添加VRay阳光

08 在场景中设置完灯光和摄影机后，下面开始编辑玻璃材质。由于现在制作的是带有灰绿色的玻璃，所以漫反射通道中的颜色设置为R：161，G：180，B：169，如图5-159所示。

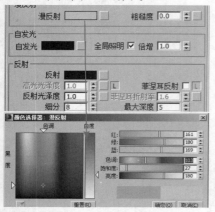

图5-159 设置漫反射颜色

09 将反射颜色设置为R：206，G：206，B：206的灰色，如图5-160所示。

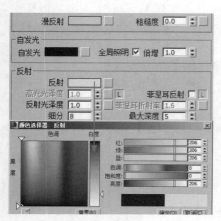

图5-160 设置反射颜色

10 反射通道同样使用菲涅耳方式，如图5-161所示。

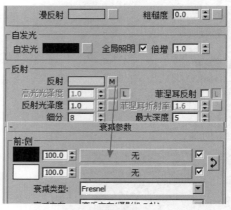

图5-161 添加菲涅耳反射

11 在折射通道中设置灰度值RGB的值都为240，是因为要制作出一个透光性比较强的玻璃材质，如图5-162所示。

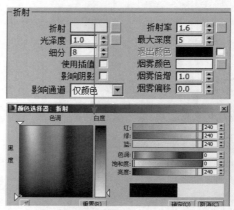

图5-162 设置折射颜色

12 将折射的"光泽度"设置为0.9，"细分"设置为10，再勾选"影响阴影"复选框，让光可以透过玻璃，如图5-163所示。

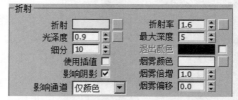

图5-163 设置折射参数

13 这时，玻璃材质球效果如图5-164所示。

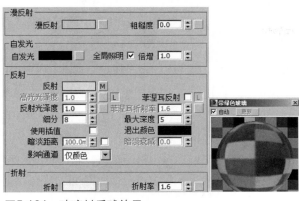

图5-164 玻璃材质球效果

将制作好的材质赋予物体，其效果如图5-165所示。

图5-165 玻璃材质

5.6.2 磨砂玻璃材质

现实生活中的磨砂玻璃由于表面凹凸不平，光线通过磨砂玻璃以后，会在各个方向产生折射光线，这样就看到了磨砂玻璃的特性。

01 由于磨砂玻璃对光的折射很多，所以磨砂玻璃的透光性比玻璃要差得多，因此在折射通道中设置灰度为160，如图5-166所示。

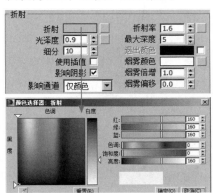

图5-166 设置折射颜色

02 设置"光泽度"为0.75，可以让磨砂玻璃看上去带有模糊效果，这样就和现实生活中的磨砂玻璃的特性比较接近。将"细分"设置为4，这样渲染时会出现杂点，因为磨砂玻璃需要带些杂点的效果，将"折射率"设置为1.5，和真实的玻璃折射率

一样，为了能让光透过磨砂玻璃，还需勾选"影响阴影"选项，如图5-167所示。

图5-167 设置折射参数

03 磨砂材质球效果如图5-168所示。

图5-168 磨砂材质球效果

5.6.3 镜面材质

01 首先创建镜子模型，打开3ds Max 2010，在前视图中创建长度为800、宽度为700的矩形作为镜框，如图5-169所示。

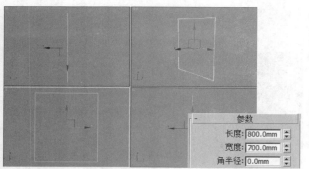

图5-169　创建矩形

02 将创建的矩形转换为可编辑样条线，如图5-170所示。

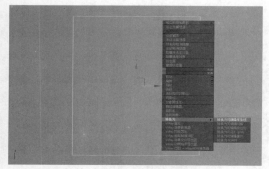

图5-170　转换为可编辑的样条线

03 保持矩形被选中状态，进入可编辑样条线的样条线子对象层级，执行"轮廓"命令，将"轮廓"值设置为30，如图5-171所示。

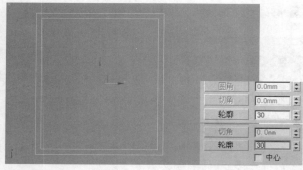

图5-171　执行"轮廓"命令

04 再进入顶点子对象层次，选中矩形所有的点执行"圆角"命令，设置"圆角"的值为30，如图5-172所示。

05 接着在"修改"面板中选择"挤出"命令，并设置挤出数量为30，如图5-173所示。

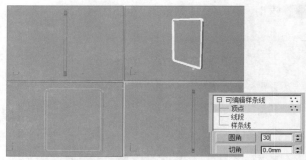

图5-172　执行"圆角"命令

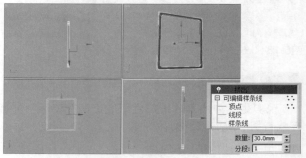

图5-173　执行"挤出"命令

06 下面制作镜面，创建长度为750、宽度为650的平面，如图5-174所示。

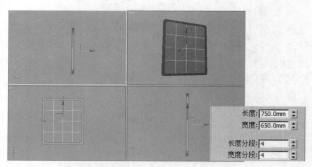

图5-174　创建镜面

07 将创建的平面与镜框中心对齐，如图5-175所示。

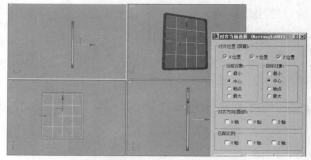

图5-175　镜面与镜框对齐

08 接着把模型导入到场景中，如图5-176所示。

图5-176　导入模型

09 在视图中添加VRay物理摄影机，如图5-177所示。

图5-177　添加VRay物理摄影机

10 调整好摄像机的位置，摄像机视图如图5-178所示。

图5-178　摄影机视图

11 在场景中添加VRay片光灯，将VRay片光灯的单位设置为"辐射"，将"倍增器"设置为0.02，如图5-179所示。

12 接着在场景中的添加辅助光，还是选择片光灯，它的位置和参数如图5-180所示。

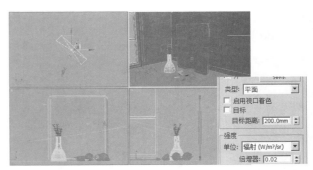

图5-179　创建片光灯

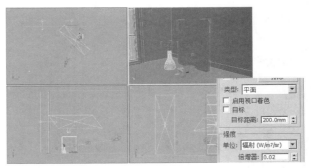

图5-180　添加辅助光

13 继续在场景中添加辅助环境光，把环境光的颜色设置为淡蓝色，灯光的位置和参数如图5-181所示。

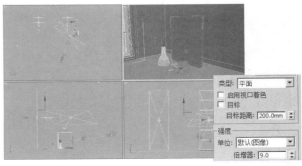

图5-181　添加灯光

14 接着在视图中添加VRay阳光，它在视图中的位置和参数如图5-182所示。

图5-182　添加VRay阳光

15 将场景材质覆盖，渲染和查看灯光效果，如图5-183所示。

图5-183　覆盖场景材质效果

16 下面开始制作镜面材质。将漫反射通道的颜色设置为纯黑色，RGB的值都为0，如图5-184所示。

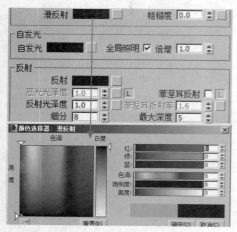

图5-184　设置漫反射颜色

17 设置反射通道颜色为R：240，G：250，B：245的淡绿色，这里之所以不设置为白色，是因为白色处理不好的话，看起来会发灰，设置一点颜色的效果会更好些，如图5-185所示。

18 将反射的"最大深度"设置为10，目的也是让镜面效果看起来不那么灰，使它反射的东西更加清晰，如图5-186所示。

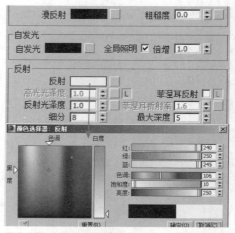

图5-185　设置反射颜色

图5-186　设置反射的最大深度

19 到这里，镜面材质就设置完成了，镜面的材质球效果如图5-187所示。

图5-187　镜面材质球效果

20 调整好各项参数，进行场景的渲染，最终镜面的渲染效果如图5-188所示。

图5-188　镜面效果

5.6.4 玉材质

01 通过观察现实生活中的玉材质可以看出，玉的透明程度相对于玻璃要小，而且在模型中的内部细节也显示出很不规则的布局。本节将带领读者一起来制作一个含玉器材质的效果图，其中还包含了其他透明和半透明的材质。首先打开配套光盘中提供的场景文件，如图5-189所示。

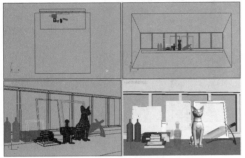

图5-189　打开场景文件

02 进入"摄影机创建"面板，单击 VR物理摄影机 按钮，在视图中创建一架"VR物理摄影机"，如图5-190所示。

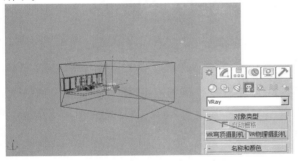

图5-190　创建VR物理摄影机

03 在视图中选中"VR物理摄影机"，进入"修改"面板，将"焦距"的值设置为30，如图5-191所示。

图5-191　设置焦距

04 进入"VRay灯光创建"面板，单击 VR-太阳 按钮，在图5-192所示的位置创建一盏VR阳光。

图5-192　创建VR阳光

05 进入"修改"面板，将"浊度"的值设置为2，将"强度倍增"的值设置为0.01，将"大小倍增"的值设置为3，如图5-193所示。

图5-193　设置VR太阳参数

06 对添加了VR阳光的场景进行测试渲染，得到的效果如图5-194所示。

图5-194　测试渲染

观察当前的灯光效果，阳光的大致光影效果已经出来了，由于物体对摄影机的可见面是背光面，所以有时只是一片"死黑"的状态。

07 创建主光源，进入灯光创建面板，在灯光类型下拉列表中选择VRay灯光类型，进入VRay灯光创建面板，单击"VR灯光"按钮，在视图中窗户的位置创建一盏"VRay灯光"，如图5-195所示。

图5-197　测试渲染

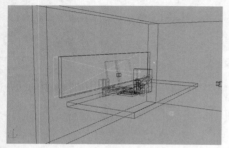

图5-195　创建"VR灯光"

08 在视图中选中"VR灯光"，进入"修改"面板，设置"倍增器"的值为0.02，勾选"不可见"复选框，设置采样的"细分"值为25，如图5-196所示。

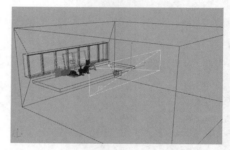

图5-198　复制灯光

11 进入"修改"面板，设置"倍增器"的值为0.01，勾选"不可见"和"存储发光图"复选框，设置采样的"细分"值为25，如图5-199所示。

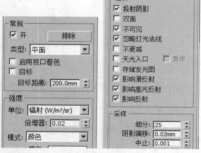

图5-196　设置VR灯光参数

09 对添加了主光源的场景进行测试渲染，得到的效果如图5-197所示。

10 将VR灯光复制一盏，移动到图5-198所示的位置。

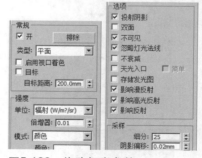

图5-199　修改灯光参数

复制灯光的时候，一定要将灯光移动到摄影机视点的后面，因为VR灯光是一个光片，它以空间形式对摄影机可见，如果放在前面就会阻挡摄影机的采景。

12 对当前的灯光环境进行测试渲染，得到的效果如图5-200所示。

图5-200 测试渲染

13 编辑玉材质，将漫反射颜色的RGB值设置为34，236，96，将反射颜色的RGB值设置为12，86，35；将"高光光泽度"的值设置为0.95，将"反射光泽度"的值设置为0.98，将"细分"的值设置为20，如图5-201所示。

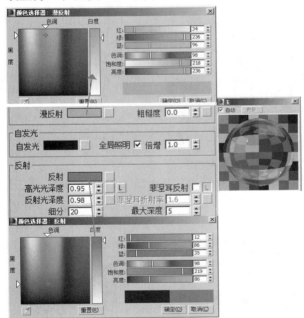

图5-201 编辑玉材质

14 将折射颜色的RGB值设置为27，187，76；将"光泽度"的值设置为0.95，将"细分"的值设置为20，勾选"影响阴影"和"影响通道"复选框，设置"折射率"的值为1.35，如图5-202所示。

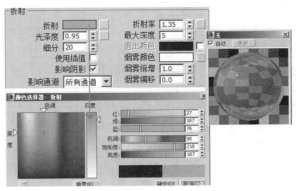

图5-202 设置折射参数

15 编辑釉材质，将漫反射颜色的RGB值设置为204，255，9，将"高光光泽度"的值设置为0.95，将"反射光泽度"的值设置为0.98，将"细分"的值设置为20，如图5-203所示。

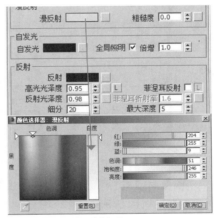

图5-203 编辑釉材质

16 为反射通道指定一张衰减贴图，设置衰减的类型为Fresnel，如图5-204所示。

图5-204 设置衰减贴图参数

161

17 设置酒瓶玻璃材质，将反射颜色设置为纯白色，将"光泽度"的值设置为0.98，将"细分"的值设置为20，如图5-205所示。

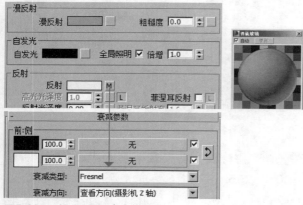

图5-205 设置酒瓶玻璃材质

18 将折射颜色设置为纯白色，将"折射率"的值设置为1.517，将"细分"的值设置为50，勾选"影响阴影"复选框，如图5-206所示。

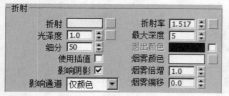

图5-206 设置折射参数

19 设置酒水材质，将漫反射颜色设置为纯白色，将"反射光泽度"的值设置为0.95，将"细分"的值设置为5，将"最大深度"的值设置为5，如图5-207所示。

图5-207 设置酒水材质

20 将折射颜色设置为纯白色，将"折射率"的值设置为1.4，设置"烟雾颜色"的RGB值为212，203，144；设置"烟雾倍增"为1.0，勾选"影响阴影"复选框，将"最大深度"的值设置为3，如图5-208所示。

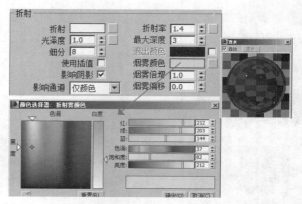

图5-208 设置折射参数

21 设置瓶贴材质，为漫反射通道指定一张配套光盘中提供的纹理贴图，将反射颜色的RGB值都设置为35，将"反射光泽度"的值设置为0.75，将"细分"的值设置为16，如图5-209所示。

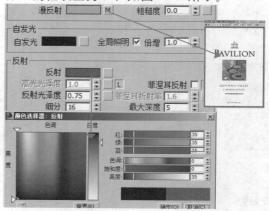

图5-209 设置瓶贴材质

22 设置瓶盖材质，将漫反射颜色设置为纯黑色，将反射颜色的RGB值都设置为35，将"反射光泽度"的值设置为0.75，将"细分"的值设置为16，如图5-210所示。

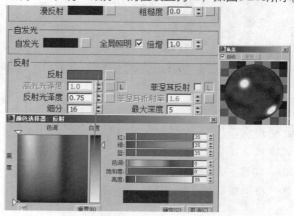

图5-210 设置瓶盖材质

23 设置墙面材质，为漫反射通道指定一张配套光盘中提供的"文化石（74）"纹理贴图，将"高光光泽度"的值设置为0.3，将"反射光泽度"的值设置为0.35，将"细分"的值设置为20，如图5-211所示。

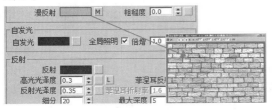

图5-211　设置墙面材质

24 进入"坐标"卷展栏，设置U向的平铺值和V向的平铺值都为5，设置"模糊"为0.1，如图5-212所示。

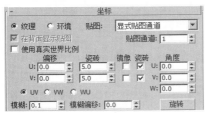

图5-212　设置贴图坐标参数

25 进入"贴图"卷展栏，为凹凸通道指定一张配套光盘中提供的"文化石（74）-01"纹理贴图。设置"凹凸"的数量为25，如图5-213所示。

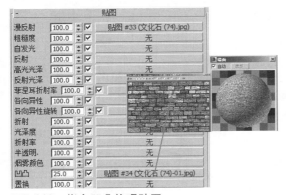

图5-213　指定凹凸纹理贴图

26 设置窗框材质，为漫反射通道指定一张配套光盘中提供的"金属纹理"贴图，将"高光光泽度"的值设置为0.6，将"反射光泽度"的值设置为0.54，将"细分"的值设置为20，如图5-214所示。

图5-214　设置窗框材质

27 为反射通道指定一张衰减贴图，设置衰减的类型为Fresnel，设置"折射率"的值为1.6，如图5-215所示。

图5-215　设置衰减贴图参数

28 进入"贴图"卷展栏，将漫射通道中的纹理贴图以"实例"的方式复制到凹凸通道，设置"凹凸"的数量为35，如图5-216所示。

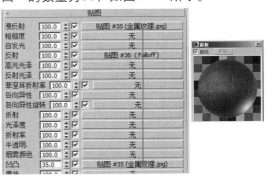

图5-216　复制纹理贴图

29 设置画框木材质，为漫反射通道指定一张配套光盘中提供的"胡桃金木1"贴图，将"高光光泽度"的值设置为0.35，将"反射光泽度"的值设置为0.4，将"细分"的值设置为10，如图5-217所示。

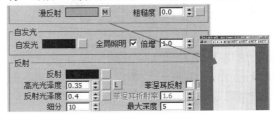

图5-217　设置画框木材质

30 为反射通道指定一张衰减贴图，设置衰减的类型为Fresnel，设置"折射率"的值为1.1，如图5-218所示。

图5-218　设置衰减贴图参数

31 进入"贴图"卷展栏，将漫射通道中的纹理贴图复制到凹凸通道，设置凹凸的数量为20，如图5-219所示。

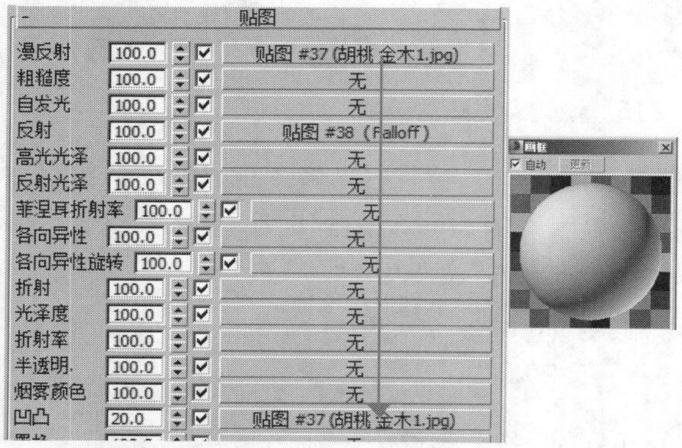

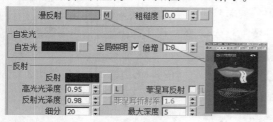

图5-219　复制纹理贴图

32 设置装饰画材质，为漫反射通道指定一张配套光盘中提供的纹理贴图，将"高光光泽度"的值设置为0.95，将"反射光泽度"的值设置为0.98，将"细分"的值设置为20，如图5-220所示。

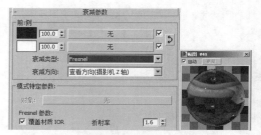

图5-220　设置装饰画材质

33 为反射通道指定一张衰减贴图，设置衰减的类型为Fresnel，设置"折射率"的值为1.6，如图5-221所示。

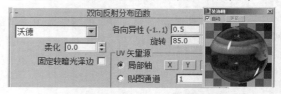

图5-221　设置衰减贴图参数

34 进入"双向反射分布函数"卷展栏，将反射的方式更改为沃德，将"各项异性"的值设置为0.5，将"旋转"的值设置为85，如图5-222所示。

图5-222　设置双向反射分布函数的参数

35 设置图书材质，为漫反射通道指定一张配套光盘中提供的纹理贴图，将"高光光泽度"的值设置为0.65，将"反射光泽度"的值设置为0.7，将"细分"的值设置为20，如图5-223所示。

图5-223　设置图书材质

36 为反射通道指定一张衰减贴图，设置衰减的类型为Fresnel，设置"折射率"的值为1.6，如图5-224所示。

图5-224　设置衰减贴图参数

3ds Max 2014/VRay 室内外效果图从新手到高手

37 设置桌子木纹材质，为漫反射通道指定一张配套光盘中提供的纹理贴图，将"高光光泽度"的值都设置为0.86，将"反射光泽度"的值设置为0.9，将"细分"的值设置为20，如图5-225所示。

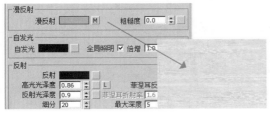

图5-225 设置桌子木纹材质

38 为反射通道指定一张衰减贴图，设置衰减的类型为Fresnel，设置"折射率"的值为1.6，如图5-226所示。

图5-226 设置衰减贴图参数

39 进入"坐标"卷展栏，设置U向的平铺值为4，V向的平铺值为3，设置"模糊"为0.8，如图5-227所示。

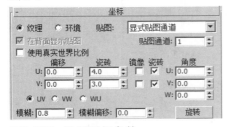

图5-227 设置坐标参数

40 进入"贴图"卷展栏，将漫射通道中的纹理贴图复制到凹凸通道，设置凹凸的数量为40，如图5-228所示。

41 按【F10】键，进入"渲染"面板，打开"V-Ray::帧缓冲区"卷展栏，勾选"启用内置帧缓冲区"复选框，如图5-229所示。

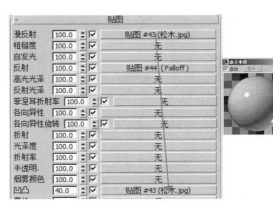

图5-228 复制纹理贴图

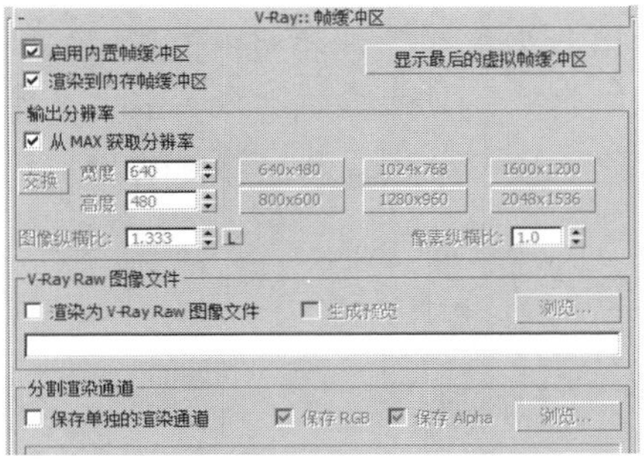

图5-229 设置帧缓冲区参数

42 打开"V-Ray::全局开关"卷展栏，勾选"最大深度"选项，如图5-230所示。

图5-230 设置全局开关参数

43 打开"V-Ray::图像采样器（抗锯齿）"卷展栏，设置"图像采样器"的类型为"自适应细分"，如图5-231所示。

图5-231 设置图像采样器参数

42 打开"V-Ray::间接照明（全局照明）"卷展栏，首先勾选"开"复选框，将"首次反弹"的"全局照明引擎"设置为"发光图"模式，将"二次反弹"的"全局照明引擎"设置为"灯光缓存"模式，如图5-232所示。

图5-232　设置间接照明参数

43 打开"V-Ray::发光图"卷展栏，设置"当前预置"的模式为"高"，"半球细分"为50，勾选"显示计算相位"和"显示直接光"复选框，如图5-233所示。

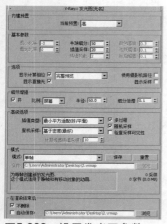

图5-233　设置发光图参数

44 打开"V-Ray::DMC采样器"卷展栏，设置"自适应数量"为0.75，"噪波阈值"为0.05，"最小采样值"为16，如图5-234所示。

图5-234　设置DMC采样器参数

45 打开"V-Ray::颜色贴图"卷展栏，将"类型"设置为"指数"，如图5-235所示。

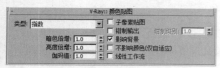

图5-235　设置颜色贴图参数

46 将当前视图切换到摄影机视图，按【F9】键，对图像进行渲染，得到的效果如图5-236所示。

图5-236　渲染效果

47 启动Photoshop，打开渲染输出效果图，按【Ctrl+L】组合键，打开"色阶"对话框，输入色阶值为0、1.25、233，如图5-237所示。

图5-237　色阶修改

48 选择背景图像，按【Delete】键将其删除，如图5-238所示。

图5-238　删除背景图像

49 将配套光盘中提供的背景图像合并到文件中，将其置于效果图层的下方，如图5-239所示。

图5-239　添加背景图像

50▶选中场景中的"砖墙"部分,按【Ctrl+U】组合键,打开"色相/饱和度"对话框,设置"色相"的值为0,"饱和度"的值为10,"明度"的值为-31,如图5-240所示。

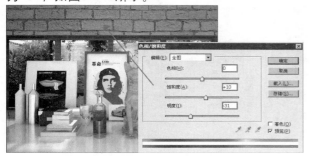

图5-240 修改背景墙颜色

51▶选中场景中的"窗框"部分,按【Ctrl+U】组合键,打开"色相/饱和度"对话框,设置"色相"的值为-7,"饱和度"的值为72,"明度"的值为-68,如图5-241所示。

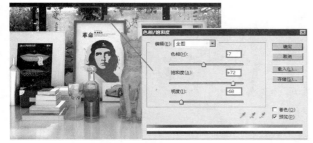

图5-241 修改窗框颜色

52▶选中场景中的"桌面"部分,按【Ctrl+U】组合键,打开"色相/饱和度"对话框,设置"色相"的值为8,"饱和度"的值为19,"明度"的值为-15,如图5-242所示。

图5-242 修改桌面颜色

53▶整体的颜色基调和明暗度已经基本确定,下面需要对局部部分进行细微的调整。先观察位于画面中心的玉器材质,发现材质的颜色偏浅,厚度感也不是很好,需要进行加深处理。具体操作如图5-243所示。

图5-243 加深玉器的颜色

54▶在玉器模型上有一些曝光过度所产生的白色斑点,需要利用图章工具将其清除,效果如图5-244所示。

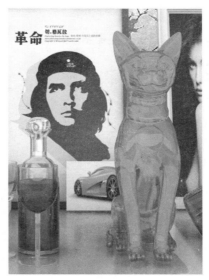

图5-244 去除斑点

55▶继续对各细节部分的颜色和明暗度进行细微的调整,得到的效果如图5-245所示。

图5-245 调整细节后得到的效果

56 将所有图层合并，按【Ctrl+B】组合键，打开"色彩平衡"对话框，设置"色阶"的值为-16、8、-39，得到的效果如图5-246所示。

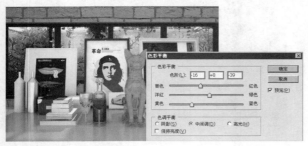

图5-246　设置整体颜色

57 选择"滤镜"→"锐化"→"USM锐化"命令，弹出"USM锐化"对话框，设置"数量"的值为50，"半径"的值为0.5，得到的效果如图5-247所示。

图5-247　USM锐化修改

58 到此为止，效果图的后期处理工作已经全部完成，最终效果如图5-248所示。

（a）最终效果（局部01）

（b）最终效果（局部02）

（c）最终效果（局部03）

图5-248　（d）最终效果（全局）

5.7 塑料材质

本节主要介绍塑料材质、陶瓷材质、灯罩材质和漆材质的制作方法。在制作过程中，要注意它们之间的区别。

5.7.1 塑料材质

在制作塑料材质之前还是要先观察现实生活中塑料的特性，通过观察可以发现，塑料的表面相对光滑，带有菲涅耳反射，并且它的高光相对较小。根据以上观察到的特性，下面开始制作塑料材质。

01 首先打开3ds Max 2010，将素材场景合并进来，如图5-249所示。

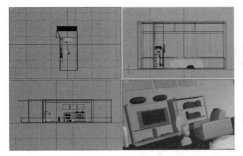

图5-249　打开场景

02 在视图中创建一盏目标摄影机，移动到图5-250所示的位置。

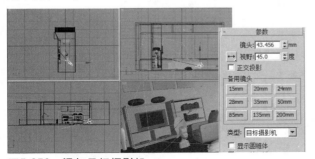

图5-250　添加目标摄影机

03 回到在透视图中，按【C】键，将透视图转换为摄影机视图，并打开安全框，如图5-251所示。

图5-251　打开安全框

04 下面开始制作塑料材质。因为在这里要制作的是白色塑料材质，所以将漫反射通道中的颜色设置为纯白色，如图5-252所示。

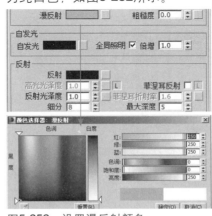

图5-252　设置漫反射颜色

05 为了得到一个相对较小的高光，把"高光光泽度"设置为0.65，因为塑料表面是相对光滑的，并且带有一点模糊反射，所以这里将"反射光泽度"的值设置为0.8即可，将"细分"值设置为16。将"最大深度"设置为8，是为了让反射更亮，如图5-253所示。

图5-253　设置反射参数

06 因为塑料也存在菲涅耳反射现象，所以在反射通道中添加一张衰减贴图，具体参数如图5-254所示。

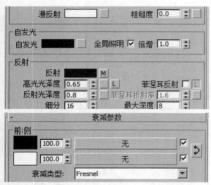

图5-254 添加衰减贴图

07 要想让塑料材质更光滑，在反射环境中添加输出贴图，设置"输出量"为3.0，如图5-255所示。

图5-255 添加输出贴图

08 到这里塑料材质效果就出来了，如图5-256所示。

5.7.2 陶瓷材质

01 首先打开3ds Max 2010，将场景素材模型合并进来，如图5-258所示。

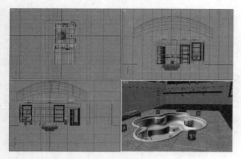

图5-258 打开素材场景

02 在视图中创建目标摄影机，将目标摄影机的"视野"调整为65，如图5-259所示。

03 在透视图中，按【C】键，此时透视图改变成摄影机视图，并打开安全框，如图5-260所示。

图5-256 塑料材质球效果

09 将设置好的塑料材质赋予场景中的装饰物，仔细观察渲染效果，如图5-257所示。

图5-257 塑料材质效果

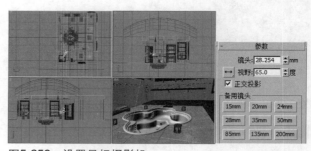

图5-259 设置目标摄影机

图5-260 进入摄影机视图

04 接着，在视图中添加平行光，将"倍增"设置为5，灯光颜色为淡黄色，如图5-261所示。

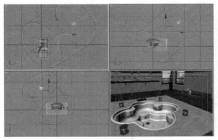

图5-261　添加平行光

05 接下来设置陶瓷材质。将漫反射通道的颜色的RGB都设置为248的灰度颜色，如图5-262所示。

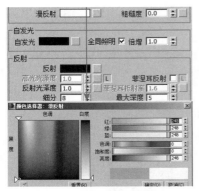

图5-262　设置漫反射颜色

5.7.3　灯罩材质

在日常生活中，灯罩材质也是比较常见的，通过观察可以发现，灯罩是半透明的，它几乎没有反射，而且高光较大。根据以上对灯罩的观察来制作灯罩材质。

01 首先打开3ds Max 2010，把素材模型合并进来，如图5-265所示。

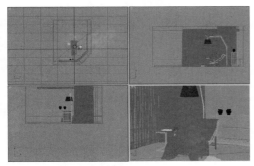

图5-265　打开素材场景

06 将"反射光泽度"设置为0.85，其他的参数保持默认即可，如图5-263所示。

图5-263　设置光泽度

07 设置好的材质球效果如5-264所示。

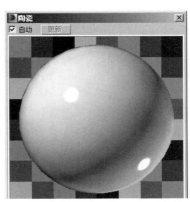

图5-264　陶瓷材质球效果

02 接着在顶视图中创建VRay物理摄影机，并设置物理摄影机的"胶片规格"为31，"焦距"为42，如图5-266所示。

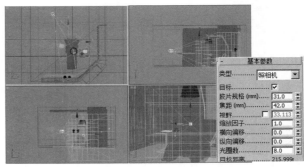

图5-266　创建物理摄影机

03 选择透视图，按【C】键，将透视图切换为摄影机视图，并打开安全框，如图5-267所示。

图5-267　打开安全框

04 下面开始制作灯罩材质。由于这里所做的灯罩是白色的，所以将漫反射通道中的颜色的RGB的值都设置为248的白色，如图5-268所示。

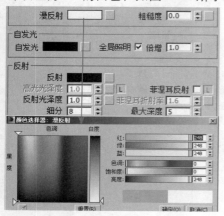

图5-268　设置漫反射颜色

05 将折射通道中的颜色的RGB值都设置为60的灰色，其他参数保持默认即可，如图5-269所示。

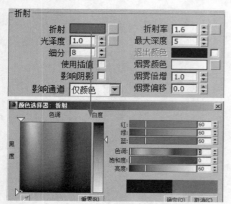

图5-269　设置折射通道颜色

06 灯罩材质球效果如图5-270所示。

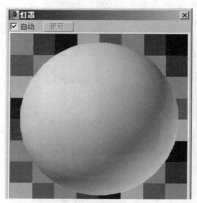

图5-270　灯罩材质球效果

07 将设置好的灯罩材质赋予物体，渲染效果如图5-271所示。

图5-271　灯罩渲染效果

5.7.4 漆材质

01 在这里要制作的漆材质是红色油漆材质，首先打开场景素材，如图5-272所示。

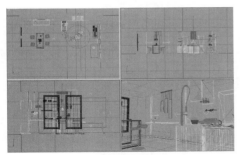

图5-272　打开场景素材模型

02 在顶视图中添加目标摄影机，并设置目标摄影机的"视野"为54，如图5-273所示。

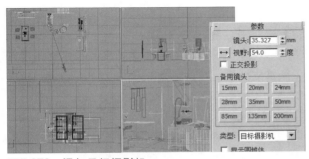

图5-273　添加目标摄影机

03 选择透视图，按【C】键，将透视图转换为摄影机视图，并打开安全框，如图5-274所示。

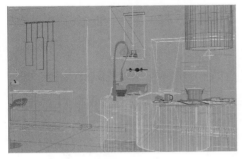

图5-274　打开安全框

04 接着在视图中添加平行光，并设置它的"倍增"为5.2，如图5-275所示。

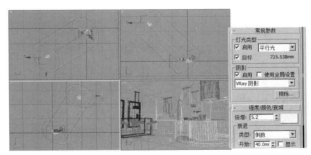

图5-275　添加平行光

05 调制好视图后，下面开始制作漆材质。因为这里制作的是红色油漆材质，所以将漫反射通道中的颜色设置为R：145，G：0，B：0的红色，如图5-276所示。

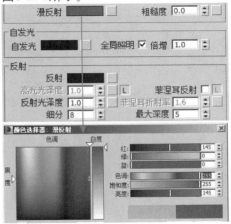

图5-276　设置油漆颜色

06 将反射通道的颜色的RGB值都设置为35的灰色，将"反射光泽度"设置为0.9，如图5-277所示。

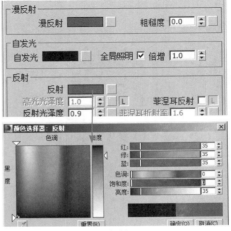

图5-277　设置反射参数

173

07 到这里，漆材质的参数就设置完成了，漆材质球效果如图5-278所示。

图5-278　漆材质球效果

08 将设置好的红色油漆材质赋予场景中的物体，渲染效果如图5-279所示。

图5-279　红漆材质渲染效果

5.8 水材质

01 打开3ds Max 2010，将场景素材合并到场景中，如图5-280所示。

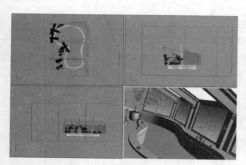

图5-280　打开水材质场景素材

02 在顶视图中创建目标摄影机，将"镜头"设置为35.327，如图5-281所示。

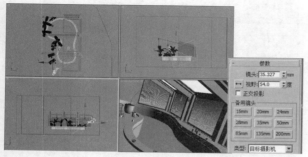

图5-281　添加目标摄影机

03 选择透视图，按【C】键，将透视图切换为摄影机视图，为了得到好的构图效果，在摄影机视图中添加安全框，如图5-282所示。

图5-282　添加安全框

04 接着在视图中添加平行光，将"倍增"设置为1.1，灯光颜色为淡黄色，如图5-283所示。

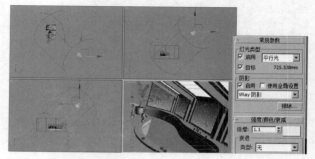

图5-283　添加平行光

05 场景调整好后，开始设置水材质。将漫反射通道中的颜色设置为RGB的值都为3的灰度，如图5-284所示。

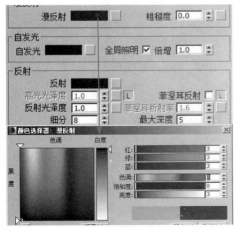

图5-284 设置漫反射通道颜色

06 将反射通道中的颜色设置为RGB都为250的白色，开启菲涅耳反射，将"细分"设置为2，如图5-285所示。

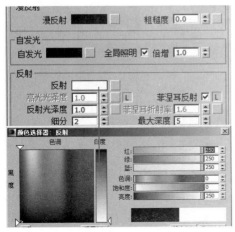

图5-285 设置反射参数

07 将"折射率"设置为1.6，将烟雾颜色设置为白色，将"细分"设置为2，如 图5-286所示。

08 将水的"折射率"设置为1.33，因为这里制作的水带有些许的蓝色，所以将烟雾颜色设置为R：245，G：255，B：255，将"烟雾倍增"设置为0.2，如图5-287所示。

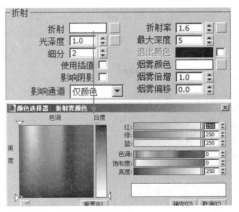

图5-286 设置折射颜色

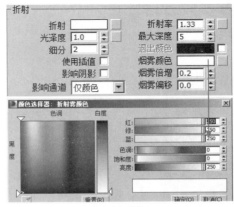

图5-287 设置水的折射率

09 在"贴图"卷展栏中，将凹凸值设置为30，在凹凸通道中添加噪波贴图，并设置"大小"为25，如图5-288所示。

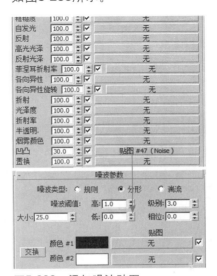

图5-288 添加噪波贴图

10▶ 到这里，水材质就设置完成了，要注意和掌握水材质的制作方法，水材质的材质球效果如图5-289所示。

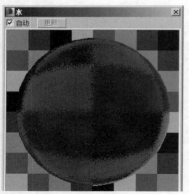

图5-289 水材质球效果

11▶ 将材质赋予物体，水渲染效果如图5-290所示。

图5-290 水渲染效果

本节通过一个卧室场景，来集中介绍组成卧室各个物体的材质制作。

01▶ 首先打开卧室素材场景模型，如图5-291所示。

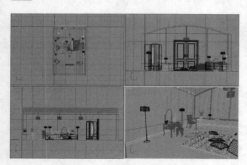

图5-291 打开卧室素材场景

02▶ 在顶视图中创建VRay物理摄影机，并设置物理摄影机的"焦距"为25.792，如图5-292所示。

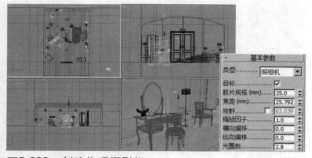

图5-292 创建物理摄影机

03▶ 选择透视图，按【C】键，将透视图转换为摄影机视图，并打开安全框，如图5-293所示。

图5-293 打开安全框

04▶ 接着，在视图中添加灯光，调整好灯光的亮度以后，下面开始制作材质。首先制作墙面材质，因为在这里要制作的是紫色的墙面，所以在漫反射通道中，将颜色设置为R：96，G：1，B：41的紫色，如图5-294所示。

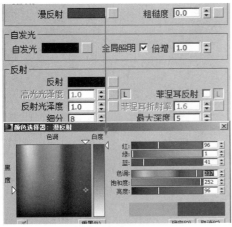

图5-294 设置墙面颜色

05 将反射通道中的颜色设置为RGB值都为40的灰色，由于墙面的高光范围比较大，所以将"高光光泽度"设置为0.55，将"反射光泽度"设置为0.65，将"细分"设置为20，如图5-295所示。

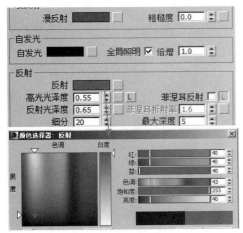

图5-295 设置墙面反射参数

06 此时墙面材质就设置完成了，墙面材质球效果如图5-296所示。

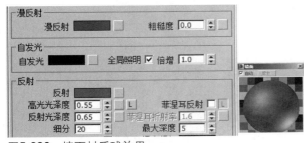

图5-296 墙面材质球效果

07 接着开始制作地面材质。在漫反射通道中添加一张木纹贴图，如图5-297所示。

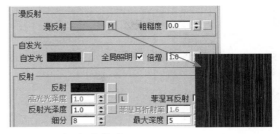

图5-297 添加木纹贴图

08 将反射通道中的颜色设置为RGB值都为50的灰色，并设置地面的"高光光泽度"为0.7，"反射光泽度"为0.8，"细分"为16，如图5-298所示。

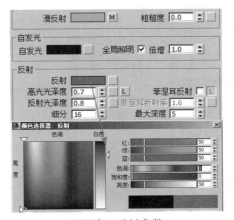

图5-298 设置地面反射参数

09 接着在"贴图"卷展栏中，将漫射通道中的贴图复制到凹凸通道中，并将凹凸值设置为7.0，如图5-299所示。

贴图				
漫反射	100.0	☑		贴图 #48 (木纹 (2).jpg)
粗糙度	100.0	☑		无
自发光	100.0	☑		无
反射	100.0	☑		无
高光光泽	100.0	☑		无
反射光泽	100.0	☑		无
菲涅耳折射率	100.0	☑		无
各向异性	100.0	☑		无
各向异性旋转	100.0	☑		无
折射	100.0	☑		无
光泽度	100.0	☑		无
折射率	100.0	☑		无
半透明	100.0	☑		无
烟雾颜色	100.0	☑		无
凹凸	7.0	☑		贴图 #48 (木纹 (2).jpg)
置换	100.0	☑		无

图5-299 设置凹凸值

10 到这里，地面材质就制作完成了，地面材质球效果如图5-300所示。

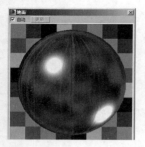

图5-300　地面材质球效果

11 下面制作布纹材质。在漫反射通道中添加一张布纹贴图，如图5-301所示。

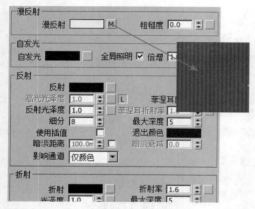

图5-301　设置布纹漫反射颜色

12 将反射通道中的颜色设置为RGB值都为8的灰色，并将布纹的"反射光泽度"设置为0.7，将"细分"设置为16，如图5-302所示。

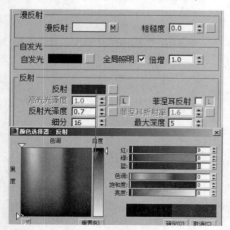

图5-302　设置布纹反射参数

13 在"贴图"卷展栏中，将漫反射通道中的贴图复制到凹凸通道中，并设置凹凸值为5，如图5-303所示。

图5-303　设置布纹凹凸值

14 到这里，布纹材质就制作完成了，布纹材质球效果如图5-304所示。

图5-304　布纹材质球效果

15 下面开始制作梳妆台材质。梳妆台的材质包括白漆材质和镜面材质两种，所以先选择多维子材质，将"设置数量"设置为2，如图5-305所示。

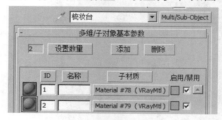

图5-305　选择多维子材质

16 选择第一个材质球，用它来制作白漆材质，如图5-306所示。

图5-306　制作白漆材质球

17 将白漆材质反射通道中的颜色设置为RGB值都为40的灰色，并将白漆材质的"高光光泽度"设置为0.8，将"反射光泽度"设置为0.55，将"细分"设置为14，如图5-307所示。

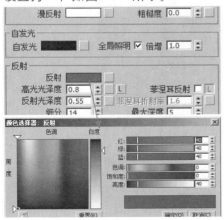

图5-307　设置白漆材质参数

18 到这里，白漆材质就制作完成了，白漆材质球效果如图5-308所示。

图5-308　白漆材质球效果

19 接着选择材质球2，开始制作镜面材质，将漫反射通道中的颜色设置为纯黑色，如图5-309所示。

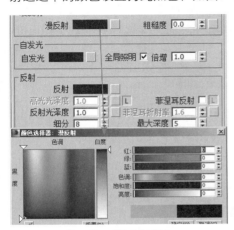

图5-309　设置镜面漫反射颜色

20 将反射通道中的颜色设置为RGB值都为252的白色，这里之所以不设置为纯白色，是因为白色处理不好的话，看起来会发灰，设置一点颜色的效果会更好些，如图5-310所示。

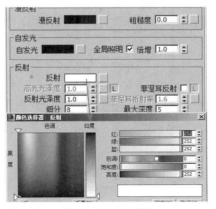

图5-310　设置镜面反射颜色

　　制作完镜面材质后，梳妆台材质也就制作完成了，梳妆台材质球效果如图5-311所示。

图5-311　梳妆台材质球效果

21 下面制作黄金材质，黄金材质的制作和金属材质的制作方法类似。将漫反射通道中的颜色设置为纯黑色，如图5-312所示。

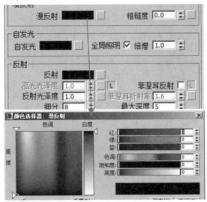

图5-312　设置黄金漫反射颜色

22 接着将反射通道中的颜色设置为R：196，G：168，B：106的黄色，并将"反射光泽度"设置为0.85，将"细分"设置为16，如图5-313所示。

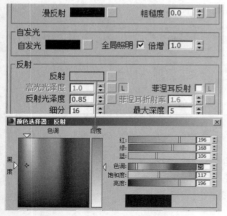

图5-313 设置黄金反射参数

23 由于黄金的质感比较细腻，所以在"折射"组中将"细分"设置为50，将黄金的"折射率"设置为0.47，如图5-314所示。

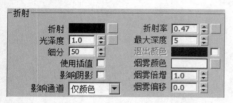

图5-314 设置黄金折射参数

24 到这里，黄金材质就制作完成了，黄金材质球效果如图5-315所示。

图5-315 黄金材质球效果

25 下面开始制作灯罩材质。由于这里所做的灯罩是淡蓝色的，所以将漫反射通道中的颜色设置为R：40，G：116，B：135的淡蓝色，如图5-316所示。

图5-316 设置灯罩颜色

26 将"折射"组中的"光泽度"设置为0.8，将"细分"设置为16，为了让灯光透过灯罩，勾选"影响阴影"复选框，把灯罩的"折射率"设置为1.01，烟雾颜色设置为R：40，G：116，B：135的淡蓝色，并将"烟雾倍增"设置为3.0，如图5-317所示。

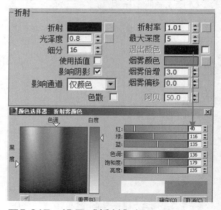

图5-317 设置"折射"组

27 在"贴图"卷展栏中，将折射通道中的贴图复制到凹凸通道中，并将凹凸值设置为30，如图5-318所示。

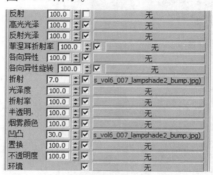

图5-318 设置凹凸值

28 到这里，灯罩材质就制作完成了，灯罩材质球效果如图5-319所示。

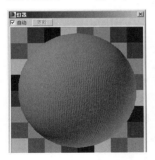

图5-319　灯罩材质球效果

29 下面制作装饰瓶材质。场景中有两个装饰瓶，即白色装饰瓶和红色装饰瓶。这里先制作白色装饰瓶，它们都是陶瓷材质，首先将漫反射颜色设置为RGB值都为245的白色，如图5-320所示。

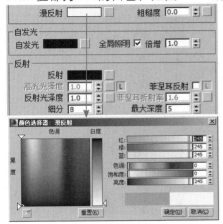

图5-320　设置漫反射颜色

30 将反射通道中的颜色设置为RGB值都为40的灰色。由于陶瓷材质有较小的高光，所以将"高光光泽度"设置为0.8，将"反射光泽度"设置为0.85，将"细分"设置为18，如图5-321所示。

31 到这里，白陶瓷材质就制作完成了，白陶瓷材质球效果如图5-322所示。

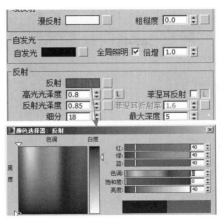

图5-321　设置反射参数

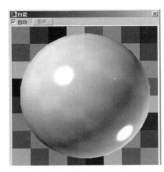

图5-322　白陶瓷材质球效果

32 由于场景中还有一个红色的陶瓷装饰瓶，在制作它时，只要把白色的陶瓷材质复制一个，将复制的材质球修改名称，并将漫反射通道中的颜色设置为R：157，G：15，B：53的红色，其他参数保持不变即可，如图5-323所示。

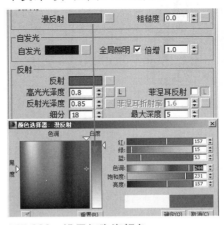

图5-323　设置红陶瓷颜色

33 这样，红陶瓷材质也就制作完成了，红陶瓷材质球效果如图5-324所示。

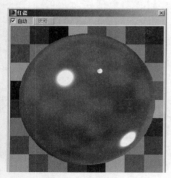

图5-324 红陶瓷材质球效果

34 下面开始制作地毯材质。在漫反射通道中添加一张地毯贴图，如图5-325所示。

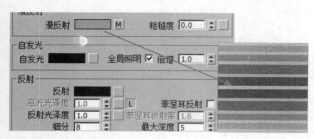

图5-325 添加地毯贴图

35 这时地毯材质球效果如图5-326所示。

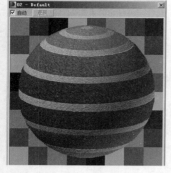

图5-326 地毯材质球效果

36 下面开始制作项链材质。首先将漫反射通道中的颜色设置为R：27，G：31，B：115的蓝色，如图5-327所示。

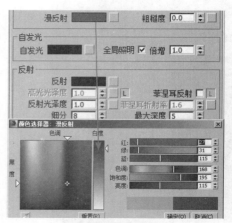

图5-327 设置项链漫反射颜色

37 接着，将反射通道中的颜色设置为RGB值都为35的黑色，将"反射光泽度"设置为0.9，将"细分"设置为14，如图5-328所示。

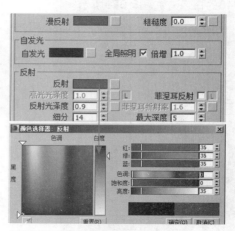

图5-328 设置项链反射参数

38 到这里，项链材质就制作完成了，项链材质球效果如图5-329所示。

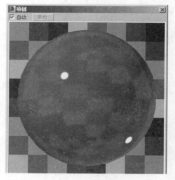

图5-329 项链材质球效果

第6章 VRay 渲染器

　　VRay材质是一种非常人性化的材质，它通过自身颜色（漫反射、反射和折射）的变化，演绎出物体在灯光作用下的光影关系，得到完美的表面质感。VRay材质可以通过运用不同的纹理贴图来模拟出真实物体的表面属性，达到以假乱真的效果。本章将详细介绍VRay 1.5的参数及应用。

6.1 自由摄影机

自由摄影机在摄影机指向的方向查看区域，与目标摄影机不同，它有两个用于目标和摄影机的独立图标，自由摄影机由单个图标表示，为的是更轻松地设置动画。

当摄影机位置沿着轨迹设置动画时可以使用自由摄影机，与穿行建筑物或将摄影机连接到行驶中的汽车上时一样。当自由摄影机沿着路径移动时，可以将其倾斜。如果将摄影机直接置于场景顶部，则使用自由摄影机可以避免旋转。

01 在"创建"面板中单击"摄影机"按钮，接着单击"自由"按钮，如图6-1所示。

图6-1 自由摄影机

02 自由摄影机的"参数"面板如图6-2所示。

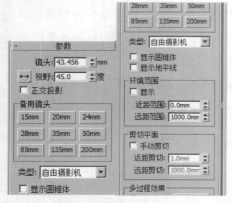

图6-2 自由摄影机的"参数"面板

03 在视图中创建自由摄影机，并设置"视野"为30，如图6-3所示。

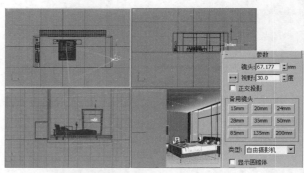

图6-3 创建自由摄影机

04 在透视图中按【C】键，将透视图转换为摄影机视图，如图6-4所示。

图6-4 自由摄影机视图

6.2 目标摄影机

当创建摄影机时，目标摄影机沿着放置的目标图标"查看"区域。

目标摄影机比自由摄影机更容易定向，因为您只需将目标对象定位在所需位置的中心即可。

可以设置目标摄影机及其目标动画来创建有趣的效果。要沿着路径设置目标和摄影机的动画，最好将它们链接到虚拟对象上，然后设置虚拟对象的动画。

3ds Max 2014/VRay 室内外效果图从新手到高手

创建目标摄影机时，看到一个两部分的图标，该图标表示摄影机和其目标。摄影机和其目标可以分别设置动画，以便当摄影机不沿路径移动时，容易使用摄影机。

当添加目标摄影机时，**3ds Max** 将自动为该摄影机指定注视控制器，摄影机目标对象指定为"注视"目标。用户可以使用"运动"面板中的控制器设置将场景中的任何其他对象指定为"注视"目标，如图6-5所示。

在透视图中按【C】键，将透视图转换为摄像机视图，目标摄影机视图如图6-6所示。

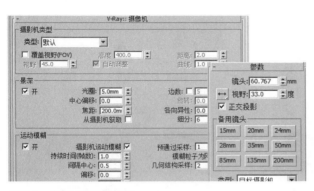

图6-5　创建目标摄影机

图6-6　目标摄影机视图

● 镜头：以毫米为单位设置摄影机的焦距。使用"镜头"微调器来指定焦距值，而不是指定在"备用镜头"组中按钮上的预设"备用"值。

● FOV 方向弹出按钮↔：可以选择怎样应用视野值：

　　➤　水平：水平应用视野。这是设置和测量 FOV 的标准方法。

　　➤　垂直：垂直应用视野。

　　➤　对角线：在对角线上应用视野，从视口的一角到另一角。

● 视野：决定摄影机查看区域的宽度（视野）。当"视野方向"为水平时，视野参数直接设置摄影机的地平线的弧形，以度为单位进行测量。

● 正交投影：启用此选项后，摄影机视图看起来就像"用户"视图。禁用此选项后，摄影机视图好像标准的透视视图。当"正交投影"有效时，视口导航按钮的行为如同平常操作一样，但"透视"除外。

　　"备用镜头"组

● 备用镜头：在该组中，系统提供了多种镜头，其镜头焦距分别为15mm、20mm、24mm、28mm、35mm、50mm、85mm、135mm和200mm，每种焦距的镜头在场景中的应用不同，其效果也不相同。镜头焦距为15mm时的效果如图6-7所示。

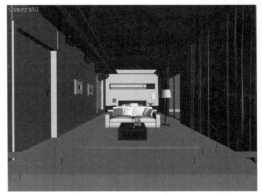

图6-7　镜头焦距为15mm

当镜头焦距为35mm时，此时的摄影机视图如图6-8所示。

图6-8 镜头焦距为35mm

● 类型：将摄影机类型从目标摄影机更改为自由摄影机，反之亦然。

● 显示圆锥体：显示摄影机视野定义的锥形光线（实际上是一个四棱锥）。锥形光线出现在其他视口，但是不出现在摄影机视口中。

● 显示地平线：在摄影机视口中的地平线层级显示一条深灰色的线条，如图6-9所示。

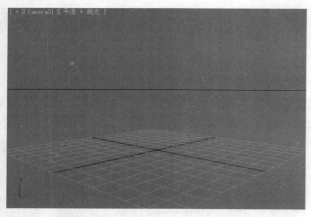

图6-9 显示地平线

"环境范围"组

● 近距范围和远距范围：确定在"环境"面板上设置大气效果的近距范围和远距范围限制。在两个限制之间的对象消失在远端和近端值之间。

● 显示：显示在摄影机锥形光线内的矩形以显示"近"距范围和"远"距范围的设置。

"剪切平面"组

● 手动剪切：启用该选项可定义剪切平面。禁用"手动剪切"后，不显示近于摄影机距离小于3个单位的几何体。要覆盖该几何体，请使用"手动剪切"。

● 近距剪切和远距剪切：设置近距和远距平面。对于摄影机，比近距剪切平面近或比远距剪切平面远的对象是不可视的。"远距剪切"值的限制为10～32的幂之间。启用手动剪切后，近距剪切平面可以接近摄影机 0.1 个单位。"近距剪切"平面和"远距剪切"平面的示意图如图6-10所示。

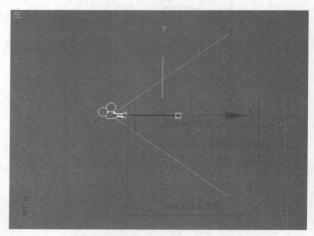

图6-10 近距剪切和远距剪切

景深和运动模糊效果相互排斥。由于它们基于多个渲染通道，将它们同时应用于同一个摄影机时，会使速度慢得惊人。如果想在同一个场景中同时应用景深和运动模糊，则使用多通道景深（使用这些摄影机参数），并将其与对象运动模糊组合使用。

"多过程效果"组

● 启用：启用该选项后，使用效果预览或渲染。禁用该选项后，不渲染该效果。

● 预览：启用该选项可在活动摄影机视口中预览效果。如果活动视口不是摄影机视图，则该按钮无效。

● "效果"下拉列表：可以选择生成哪个多重过滤效果，如景深或运动模糊，如图6-11所示。

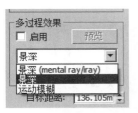

图6-11 "效果"下拉列表

● 渲染每过程效果：启用此选项后，如果指定任何一个，则将渲染效果应用于多重过滤效果的每个过程（景深或运动模糊）。禁用此选项后，将在生成多重过滤效果的通道之后只应用渲染效果。默认设置为禁用状态。禁用"渲染每过程效果"可以缩短多重过滤效果的渲染时间。

● 目标距离：使用自由摄影机，将目标点设置为用做不可见的目标，以便可以围绕该点旋转摄影机。使用目标摄影机，表示摄影机和其目标之间的距离。

6.3 物理摄影机

VRay物理摄影机的功能和现实中的摄影机功能差不多，都有光圈、快门、曝光、ISO等调节功能，用户通过VRay摄影机中的物理摄影机就可以制作出真实的效果图，在同一效果图中将摄影机调整位置和参数效果如图6-12所示。

图6-12 物理摄影机视图

基本参数组

物理摄影机参数面板如图6-13所示。

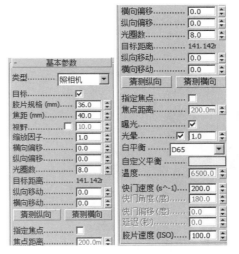

图6-13 物理摄影机参数面板

● 摄影机类型：VRay、物理摄影机内设有3种类型的摄影机。一是照相机，二是电影摄影机，三是摄影机，如图6-14所示。

➢ 照相机：用来模拟一台常规快门的静态画面摄影机。

➢ 摄像机（电影）：用来模拟一台圆形快门的电影摄影机。

➢ 摄影机（DV）：模拟带CCD矩阵的快门摄影机。

图6-14 物理摄影机类型

● 目标：勾选此选项时，摄影机的目标点将放在焦平面上；不勾选则可以通过后面的目标距离来控制摄影机到目标点的位置。

● 胶片规格（mm）：控制摄影机所能看到的景色范围，值越大，看到的景越多。

● 焦距（mm）：控制摄影机的焦长。

● 失真：控制摄影机的失真系数。当失真值设置为0时的效果如图6-15所示。

图6-15　当失真值为0时的效果

将失真值设置为-0.5时的渲染效果，如图6-16所示。

图6-16　失真值设置为-0.5时的效果

为了让效果更明显，再把失真值设置为-1.2，渲染图像，观察效果，如图6-17所示。

图6-17　修改失真值效果

● 光圈数：摄影机的光圈大小。控制渲染图的最终亮度，值越小图越亮，当比数大小为10时，渲染效果如图6-18所示。

图6-18　光圈值为10时的效果

比数的值越大图像越暗。当比数大小为12时，渲染效果如图6-19所示。

图6-19　光圈值为12时的效果

同时和景深也有关系，大比数景深小，小比数景深大。当光圈大小为15时，渲染效果如图6-20所示。

图6-20　光圈值为15时的效果

● 目标距离：摄影机到目标点的距离，默认情况下是关闭的，当把摄影机的“目标”复选框取消时，就可以用目标点距离来控制摄影机的目标点的距离。

● 纵向移动：控制摄影机在垂直方向上的变形，主要用于纠正3点透视到2点透视，它的效果和3ds Max中的摄像机矫正修改器的功能类似。当纵向移动的值设置为-0.1时，效果如图6-21所示。

图6-21　垂直移动值为-0.1时的效果

当纵向移动值设置为0.5时，效果如图6-22所示。

图6-22　垂直移动值为0.5时的效果

估算垂直移动

● 指定焦点：开启这个选项，就可以进行手动控制焦点了。

● 焦点距离：控制焦距的大小值。

● 曝光：当勾选这个选项后，物理摄影机中的光圈大小、快门速度和ISO设置才会起作用。

● 光晕：模拟真实摄影机中的光晕效果。勾选该复选框时渲染效果如图6-23所示。

图6-23　勾选虚光时效果

不勾选虚光的效果如图6-24所示。

图6-24　不勾选虚光的效果

● 白平衡：和真实摄影机中的功能一样，控制图的偏色。例如，在白天效果中，给一个淡蓝色的白平衡颜色，可以矫正天空光的颜色，得到正确的渲染颜色，如图6-25所示。

图6-25　设置白平衡

设置好白平衡的颜色后，再次渲染图像，这时效果图就不偏蓝色了，如图6-26所示。

图6-26　矫正效果

● 快门速度：控制进光时间，值越小，进光时间越长，图就越亮。相反，值越大，进光时间越短，图就越暗。当快门速度为35时，效果如图6-27所示。

图6-27 快门速度为35时的效果

当快门速度设置为50时，图像变暗，效果如图6-28所示。

图6-28 快门速度为50时的效果

继续将快门速度值增加，将值增加到100，此时的效果如图6-29所示。

图6-29 快门速度为100时的效果

● 快门角度：当摄影机类型为电影摄影机时，此选项就会激活。它的作用和上面的快门速度的作用一样，控制图像的亮暗。角度值越大，图就越亮，角度越小则图就越暗。

● 快门偏移：当摄影机类型为电影摄影机时，此选项就会激活。主要控制快门角度偏移。

● 延迟：当摄影机类型为视频摄影机类型时，该选项会激活。它的作用和快门速度的作用一样，控

制图像的亮暗，它的值越大，表示光越充足，图就会越亮。

● 胶片速度（ISO）：控制图像的亮暗，它的值越大，表示ISO的感光系数强，图像就越亮。通常白天的效果比较合适用较小的ISO，而晚上的效果表现比较适合用较大的ISO。当ISO胶片感光系数设置为80时，图像的效果如图6-30所示。

图6-30 ISO为80时的效果

当ISO胶片感光系数设置为120时，图像的效果如图6-31所示。

图6-31 ISO为120时的效果

当ISO胶片感光系数设置为160时，图像的效果如图6-32所示。

图6-32 ISO为160时的效果

"Boken特效"组

"Boken特效"组中的参数用于控制散景效果，当渲染景深的时候，会带有些许的散景效果，这主要和散景到摄影机的距离有关系。真实摄影机拍摄的散景效果如图6-33所示。

图6-33　散景效果

● 叶片：控制散景产生的小圆圈的边，它的默认值为5，那么散景的小圆圈就是正五边形。如果不勾选此复选框，那么散景就是个圆形

● 旋转（度）：散景小圆圈的旋转角度。

● 中心偏移：散景偏移原物体的距离。

● 各向异性：控制散景的各向异性，值越大，散景的小圆圈拉得越长，会变成椭圆形。

"采样"组

● 景深：控制是否产生景深。如果想要得到景深，就需要把它打开。景深效果如图6-34所示。

● 运动模糊：控制是否产生动态模糊效果。

● 细分：控制景深和动态模糊的采样细分，值越高，杂点越大，图的品质越高，渲染时间越慢。

图6-34　景深效果

6.4　VRay渲染器

在使用VRay渲染器之前，需要按【F10】键来调出"渲染设置"窗口。

在指定渲染器卷展栏中指定需要选择的渲染器。当选择好所需要的渲染器之后，单击保存为默认设置按钮就可以把选择的渲染器保存为默认的选择，下一次使用时，系统就自动使用选择好的渲染器。

接下来了解VRay的"渲染设置"窗口的结构，如图6-35所示。

图6-35　"渲染设置"窗口

"V-Ray::帧缓冲区"卷展栏

VRay的帧缓冲区用来设置VRay自身的图形帧

渲染窗口，这里可以设置渲染图的大小，以及保存渲染图形，其参数卷展栏如图6-36所示。

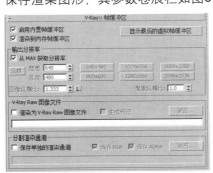

图6-36　"V-Ray::帧缓冲区"卷展栏

● 启用内置帧缓冲区：当勾选此复选框时，用户就可以使用VRay自身的渲染窗口。同时需要注意，应该把3ds Max默认的渲染窗口关闭，这样可以节约内存资源。

● 显示上次帧缓冲区VFB：单击此按钮，可以看到上次渲染的图形。

打开以后可以看到它的面板。VRay帧缓冲区窗口主要有顶部和底部两大功能区。在顶部，从左到右依次如下所述。

在此下拉列表中，用户可以查看渲染的G-缓冲通道中的元素，在VRay中已经把G-缓冲元素放到了3ds Max渲染面板中。

➢ 转换到RGB通道：在查看其他通道后，单击此按钮可以转换到查看RGB通道。RGB通道是正常的颜色，如图6-37所示。

图6-37　帧缓冲区窗口

➢ 查看红色通道：单击此按钮可以单独查看红色通道，从红色通道中查看的结果如图6-38所示。

图6-38　查看红色通道

➢ 查看绿色通道：单击此按钮可以单独查看绿色通道，从绿色通道中查看的结果如图6-39所示。

图6-39　查看绿色通道

➢ 查看蓝色通道：单击此按钮可以单独查看蓝色通道，从蓝色通道中查看的结果如图6-40所示。

图6-40　查看蓝色通道

➢ 查看Alpha通道：单击此按钮可以查看Alpha通道，Alpha通道主要用来方便后期的修改。

➢ 灰色显示模式：此功能和Photoshop中的去色功能一样，渲染的图形将以灰色模式显示。将渲染好的图像进入到灰色显示模式，如图6-41所示。

图6-41　灰色显示模式

➢ 清除图像：把当前帧缓冲窗口中的渲染图像清除。注意，清除以后，渲染图像将从内存中去除，不可以恢复，所以应该慎重使用此按钮。

➢ 重复到MAX帧缓冲区：单击此按钮可以打开3ds Max默认的帧缓冲窗口，同时把VRay帧缓冲窗口中的渲染图像复制到其中。

➢ 跟踪鼠标渲染：这个功能很实用，当按下此按钮的时候，把鼠标放在渲染窗口中，VRay的渲染块就会优先渲染鼠标放置的区域，方便用户观察渲染的特殊区域。

➢ 显示校正控制：可以像Photoshop一样来调整图像的曝光、色阶、色彩曲线等。

➢ 应用色阶调节：当在显示校正中调节好色阶以后，此时图像的色阶调整需要通过单击此按钮才能生效。

这里主要是控制水印的对齐方式、字体颜色和大小，以及显示VRay渲染的一些参数。

● 渲染到内存帧缓冲区：当勾选此复选框时，可以将图像渲染到内存中，然后再由帧缓冲窗口显示出来，这样方便用户观察渲染的过程。不勾选此复选框时，不会出现渲染框，而直接保存到指定的文件夹中，这样的好处是可以节约内存资源。

● 从MAX获取分辨率：当勾选此复选框时，将从3ds Max里"渲染设置"窗口中的"公用"选项卡的"输出大小"组中获取渲染尺寸，如图6-42所示。

图6-42 获取渲染尺寸

不勾选它时，将用VRay渲染器中的输出分辨率获取渲染尺寸，如图6-43所示。

图6-43 获取分辨率

"V-Ray∷全局开关"卷展栏

这个卷展栏主要是对场景中的灯光、材质、置换等进行全局设置，比如是否使用默认灯光、是否打开阴影、是否打开模糊等，其参数卷展栏如图6-44所示。

图6-44 "V-Ray∷全局开关"卷展栏

● 置换：控制场景中的置换效果是否打开。在VRay的置换系统中，一共有两种置换方式：一种是材质置换方式；另一种是VRay置换修改器方式。当不勾选该选项时，场景中的这两种置换都不会有效果。

● 灯光：控制场景是否使用3ds Max系统中默认的光照，一般情况下，我们都不勾选此复选框。

● 隐藏灯光：控制场景是否让隐藏的灯产生光照。这个选项对于调节场景中的光照非常方便。

● 阴影：控制场景是否产生投影。

● 仅显示全局照明：当勾选此复选框时，场景渲染结果只显示GI的光照效果。虽然如此，渲染过程中也是计算了直接光照的。

● 不渲染最终的图像：控制是否渲染最终的图像，如果勾选此复选框，VRay将在计算完光子以后，不渲染间接照明的最终效果。

● 反射/折射：控制是否打开场景中材质的反射和折射效果。

● 最大深度：控制整个场景中的反射、折射的最大深度，后面的文本框表示反射、折射次数。

● 贴图：控制是否让场景中物体的程序贴图和纹理贴图渲染出来。如果不勾选，那么渲染出来的图像就不会显示贴图，取而代之的是漫反射通道中的颜色。

● 过滤贴图：这个选项控制VRay渲染时是否使用贴图纹理过滤。如果勾选此复选框，VRay将用自身的AA抗锯齿来对贴图纹理进行过滤，如果不勾选此复选框，将以原始图像进行渲染。

● 最大透明级别：控制透明材质被光线追踪的最大深度。值越高被光线追踪的深度越深，效果越好，同时渲染速度也就越慢。

● 透明中止：控制VRay渲染器对透明材质的追踪终止值。当光线透明度的累计比当前设定的阈值低时，那么将停止光线透明追踪。

● 覆盖材质：是否给场景赋予一个全局材质。当后面的通道中选择了一个材质，那么场景中所有的物体都将使用该材质渲染。在测试阳光的方向的时候，这个选项非常有用。设置覆盖材质，如图6-45所示。

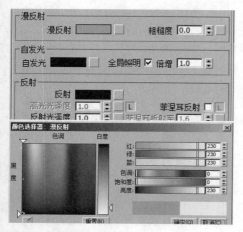

图6-45　设置覆盖材质

复制到覆盖材质后面的通道中进行渲染，渲染效果如图6-46所示。

图6-46　覆盖材质渲染效果

不勾选覆盖材质复选框渲染的结果如图6-47所示。

图6-47　不勾选覆盖材质复选框的渲染效果

● 光泽效果：是否打开反射或者折射模糊效果。不勾选此复选框时，场景中带模糊的材质将不会渲染出反射或者折射模糊效果。

● 二级光线偏移：这个选项主要用来控制有重面的物体在渲染的时候不会产生黑斑。如果场景中有重面，在默认值0.0的情况下将会产生黑斑，一般通过给一个比较小的值来纠正渲染错误，比如0.001。但是，如果这个值比较大，比如10，那么场景中的GI将变得不正常。

"V-Ray：图像采样器（反锯齿）"卷展栏

VRay1.5把图像采样和反锯齿分为了两个组，当用户选择的图像采样不一样时，那么下面的内容也会跟着变化，其参数卷展栏如图6-48所示。

图6-48　"V-Ray：图像采样器（反锯齿）"卷展栏

"图像采样器"组

图形采样分为3种采样类型，用户可以根据场景的不同选择不同的采样类型，具体参数如下：

● 固定：对每个像素使用一个固定的细分值。该采样方式适合场景中拥有大量的模糊效果（如运动模糊、折射模糊等）或者具有高细节的纹理贴图时。在这种情况下，使用FIX方式能兼顾渲染品质和渲染时间。细分越高，采样品质越高，渲染时间越长。高细节的纹理贴图运用固定采样渲染效果如图6-49所示。

图6-49　固定采样渲染结果

● 自适应准蒙特卡洛：此采样方式根据每个像素以及与它相邻像素的明暗差异，不同像素使用不同的样本数量。在角落部分使用较高的样本数量，在平坦部分使用较低的样本数量。该采样方式适合场景中拥有大量的模糊效果或者具有高细节的纹理贴图和大量几何体面时，其参数卷展栏如图6-50　所示。

图6-50　自适应准蒙特卡洛

运用自适应准蒙特卡洛采样方法渲染的效果图如图6-51所示。

图6-51　自适应准蒙特卡洛渲染效果

下面介绍一下自适应准蒙特卡洛图像采样器参数：

➢　最小细分：定义每个像素使用的最小细分，这个值主要用在对角落地方的采样。当值越大时，角落地方的采样品质越高，图的边线反锯齿也越好，同时渲染速度也越慢。

➢　最大细分：定义每个像素使用的最大细分，这个值主要用在平坦部分的采样。当值越大时，平坦部分的采样品质越高，渲染速度越慢。在渲染商业图时，可以把这个选项设置得相对低一些，因为平坦部分需要的采样不多，从而节约渲染时间。

➢　颜色阈值：色彩的最小判断值，当色彩的判断达到这个值以后，就停止对色彩的判断。具体一点就是分辨哪些是平坦区域，哪些是角落区域。这里的色彩应该理解为色彩的灰度。

➢　显示采样：勾选此选项后，可以看到自适应准蒙特卡洛的样本分布情况。

➢　使用确定性蒙特卡洛采样器阈值：如果勾选了该选项，颜色阈值将不起作用，取而代之的是采用DMC采样器中的阈值。

● 自适应细分：具有负值采样的高级反锯齿功能，适用在没有或者有少量的模糊效果的场景中。在这种情况下，它的渲染速度最快，但是在具有大量细节和模糊效果的场景中，它的渲染速度会更慢，渲染品质最低，这是因为它需要去优化模糊和大量的细节，这样就需要对模糊和大量细节进行预算，从而把渲染速度降低。同时，该采样方式是3种采样类型中最占内存资源的一个，而FIX占的内存资源少，其参数卷展栏如图6-52所示。

图6-52　自适应细分

使用自适应细分渲染出的效果如图6-53所示。

图6-53　自适应细分采样渲染

下面介绍一下自适应细分图像采样器参数:

➤ 最小比率:定义每个像素使用的最少样本数量。0表示一个像素使用一个样本;−1表示两个像素使用一个样本;−2表示4个像素使用一个样本。

➤ 最大比率:定义每个像素使用的最多样本数量。0表示一个像素使用一个样本;1表示一个像素使用4个样本;2表示一个像素使用8个样本。值越大,渲染品质越好,渲染速度越慢。

➤ 颜色阈值:色彩的最小判断值,当色彩的判断达到这个值以后,就停止对色彩的判断。具体一点就是分辨哪些是平坦区域,哪些是角落区域。

➤ 对象轮廓:勾选此复选框后,可以对物体的轮廓线使用更多的样本,从而让物体轮廓的品质更高,渲染速度减慢,高品质轮廓效果图如图6-54所示。

图6-54 高品质轮廓

➤ 法线阈值:决定自适应细分在物体表面法线的采样程度。当达到这个值以后,就停止对物体表面进行判断。具体地说,就是分辨哪些是交叉区域,哪些不是交叉区域。

➤ 随机采样:勾选此复选框后,样本将随机分布。此样本的准确度高,对渲染速度没有影响,建议勾选。

"抗锯齿过滤器"组

控制渲染场景的抗锯齿,当勾选"开"复选框以后,将从后面的下拉列表中选择一个抗锯齿方式来对场景进行抗锯齿处理;如果不勾选"开"复选框,那么渲染时将使用纹理抗锯齿过滤。

"V-Ray::间接照明(全局照明)"卷展栏

首先了解一下全局照明(Global Illumination,GI),它的含义就是在渲染过程中考虑了整个环境(3D设计软件制作的场景)的总体光照效果和各种景物间光照的相互影响,在VRay渲染器中被理解为间接照明。

"V-Ray::间接照明(GI)"卷展栏如图6-55所示。

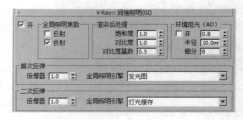

图6-55 间接照明

● 全局照明焦散:GI焦散控制。这里主要控制间接光照产生的焦散效果。但是这里的GI焦散效果并不是很理想,如果想要得到更理想的焦散,可以通过"V-Ray::焦散"卷展栏中的参数来得到。

● 渲染后处理:对渲染图进行饱和度、对比度控制,和Photoshop中的功能相似。

● 倍增器:这里控制依次反弹的光的倍增值,值越高,一次反弹的光的能量越强,渲染场景越亮,默认情况下为1。

● 全局照明引擎:这里选择一次反弹的GI引擎,包括下面4个:发光图、光子图、准蒙特卡洛算法和灯光缓存。

● 发光贴图引擎:它描述了三维空间中的任意一点以及全部可能照射到这点的光线。

下面来看一下显示了VRay中渲染引擎结合使用渲染同一个场景的不同的效果。图6-56所示为灯光缓存效果。

图6-56 灯光缓存效果

发光图渲染效果如图6-57所示。

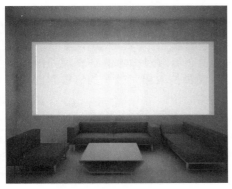

图6-57 发光图渲染效果

光子图渲染效果如图6-58所示。

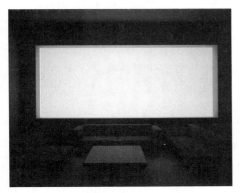

图6-58 光子图渲染效果

灯光缓存和光子图相结合进行渲染，效果如图6-59所示。

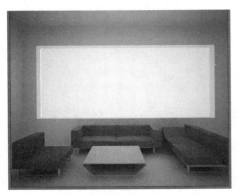

图6-59 灯光缓存和光子贴图渲染效果

发光图和准蒙特卡洛采样相结合进行渲染，效果如图6-60所示。

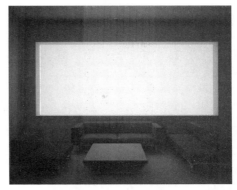

图6-60 准蒙特卡洛和发光图渲染效果

光子图和准蒙特卡洛采样相结合进行渲染，效果如图6-61所示。

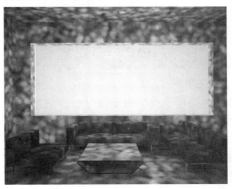

图6-61 光子图和准蒙特卡洛渲染效果

"V-Ray：：发光图（无名）"卷展栏

首先，先了解发光图引擎。

"V-Ray：：发光图"卷展栏如图6-62所示。

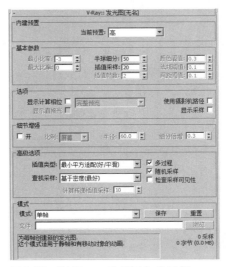

图6-62 "V-Ray：：发光图"卷展栏

"内建预置"组

当前预置：当前选择的模式，包括8种模式：自定义、非常低、低、中、中-动画、高、高-动画、非常高。这8种模式可以根据用户的需要，而渲染不同质量的效果图。当选择"自定义"时，就可以手动调节发光贴图中的参数。

把"当前预置"设置为"非常低"，渲染效果如图6-63所示。

图6-63　低参数设置效果

把"当前预置"设置为"非常高"时，渲染效果最好，渲染速度则越慢，渲染效果如图6-64所示。

图6-64　高参数设置效果

"基本参数"组

"基本参数"组，主要控制样本的数量，采样的分布以及物体边缘的查找精度。

● 最小比率：控制场景中平坦区域的采样数量。0表示计算区域的每个点都有样本，-1表示计算区域的二分之一是样本，-2表示计算区域的四分之一是样本。

● 最大比率：控制场景中的物体边线、角落、阴影等细节的采样数量。0表示计算区域的每个点都有样本，-1表示计算区域的二分之一是样本，-2表示计算区域的四分之一是样本。

● 半球细分：因为VRay采用的是几何光学，它可以模拟光线的条数。这个参数就是用来模拟光线的数量，值越高，表现光线越多，那么样本精度也就越高，渲染的品质也越好，同时渲染时间也就越慢。

● 插值采样：这个参数对样本进行模糊处理，较大的值得到比较模糊的效果，较小的值得到比较锐利的效果。

● 颜色阈值：这个值主要让渲染器分辨哪些是平坦区域，哪些不是平坦区域，它是按照颜色的灰度来区分的。值越小，对灰度的敏感度越高，区分能力越强。

● 法线阈值：这个值主要让渲染器分辨哪些是交叉区域，哪些不是交叉区域，它是按照法线的方向来区分的。值越小，对法线方向的敏感度越高，区分能力越强。

"选项"组

● 显示计算相位：勾选此复选框后，用户就可以看到渲染帧中的GI预计算过程，同时会占用一定的内存资源。

● 显示直接光：在预计算的时候显示直接照明，方便用户观察直接照明的位置。

"细节增强"组

● 半径：表示细节部分有大多区域使用细部增强功能，半径越大，使用细部增强功能的区域也就越大，渲染时间就越慢。

● 细分倍增：这里主要控制细部的细分，但是这个值与发光图中的模型细分有关系，0.3代表细分是模型细分的百分之三十，1代表和模型细分的值一样。

"高级选项"组

"高级选项"组：主要对样本的相似点进行插补、查找，如图6-65所示。

图6-65　"高级选项"组

"V-Ray：："灯光缓存"卷展栏

灯光缓存也使用近似计算场景中的全局光照信息，它采用了发光图的部分特点，在摄像机可见部分跟踪光线的发射和衰减，然后把灯光信息存储到一个三维数据结构中。"V-Ray：：灯光缓存"卷展栏如图6-66所示。

采样大小：用来控制灯光缓存的样本大小，比较小的样本可以得到更多的细节，但是同时需要更多的样本。

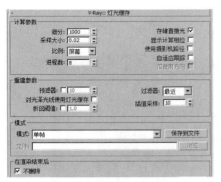

图6-66 "V-Ray：：灯光缓存"卷展栏

"V-Ray：：全局光子图"卷展栏

光子图是基于场景中的灯光密度来进行渲染的，与发光图相比，它没有自适应性，同时它更需要依据灯光的具体属性来控制对场景的照明，这就对灯光有选择性。"V-Ray：：全局光子图"卷展栏如图6-67所示。

图6-67 "V-Ray：：全局光子图"卷展栏

● 反弹：控制光线的反弹次数，较小的值场景比较暗，这是因为反弹光线不充足造成的。默认的值10就可以达到理想的效果。

● 最大光子：它控制场景中着色点周围参与计算的光子数量。值越大效果越好，同时渲染时间越长。

● 倍增器：控制光子的亮度，值越大，场景越亮，值越小，场景越暗。

● 转换为发光图：勾选此复选框可以让渲染的效果更平滑。

● 插补采样值：这个值是控制样本的模糊程度，值越大渲染效果越模糊。

"V-Ray：：焦散"卷展栏

焦散是一种特殊的物理现象，在VRay渲染器中有专门的卷展栏，"V-Ray：：焦散"卷展栏如图6-68所示。

图6-68 "V-Ray：：焦散"卷展栏

● 开：勾选此复选框，就可以渲染焦散效果。

● 倍增器：焦散的亮度倍增。值越高，焦散效果越亮。搜索距离越小，就越出现颗粒状。

● 搜索距离：当光子追踪撞击在物体表面的时候，会自动搜寻位于周围区域同一平面的其他光子，实际上这个搜寻区域是一个以撞击光子为中心的圆形区域，其半径就是由这个搜寻距离确定的，较小的值容易产生斑点，较大的值又会产生模糊焦散效果。

● 最大光子：定义单位区域内的最大光子数量，然后根据单位区域内的光子数量来平均照明，较小的值不容易得到焦散效果，而较大的值，焦散效果容易模糊。最大光子值越小，焦散效果越不明显。

● 最大密度：控制光子的最大密度，默认值0表示使用VRay内部确定的密度，较小的值会让焦散效果比较锐利。最大密度值越小，焦散效果越清晰，值越大，焦散效果越模糊。

"V-Ray：：颜色贴图"卷展栏

颜色贴图就是人们常说的曝光方式，它主要控制灯光方面的衰减以及色彩的不同模式。"V-Ray：：颜色贴图"卷展栏如图6-69所示。

图6-69 〝V-Ray∷颜色贴图〞卷展栏

● 类型：提供不同的曝光方式，在VRay中共有7种曝光模式，不同模式下的局部参数也不一样，在这里列举了了5中常用的曝光方式，其具体如下：

➢ 线性倍增：这种模式将基于最终色彩亮度来进行线性的倍增，这种模式可能会导致靠近光源的点过分明亮。

➢ 指数:指数是线性倍增的优化模式，它可以降低靠近光源处的曝光效果。

➢ HSV指数：HSV指数和指数模式类似，但它会保留图像的色彩饱和度，而且不进行高光的计算，更好地消除曝光效果。

➢ 莱茵哈德:莱茵哈德可以把线性倍增和指数结合起来，他的局部设置中有个混合值，可以设置它们的混合度

➢ 伽马校正:伽马校正模式使用伽马计算方式来修正场景中灯光衰减和色彩饱和度。

● 子像素贴图：该选项默认没有勾选，这样能产生更精确的渲染品质。

● 钳制输出：当勾选此复选框以后，在渲染图中有些无法表现出来的色彩会通过限制来自动修正。但是当高动态图像时，如果限制了色彩的输出则会出现一些问题。

● 影响背景：曝光模式是否影响背景。当不勾选时，背景不受曝光模式的影响。

〝V-Ray∷环境〞卷展栏

VRay的GI环境包括VRay天光、反射环境和折射环境。〝V-Ray∷环境〞卷展栏如图6-70所示。

图6-70 〝V-Ray∷环境〞卷展栏

不同环境色渲染的效果也不同，暖色环境色效果如图6-71所示。

图6-71 暖色环境色表现

冷色环境色如图6-72所示。

图6-72 冷色环境色表现

● 全局照明环境（天光）覆盖：VRay的天光，当使用这个选项以后，3ds Max默认环境的天光效果将不起作用。

● 倍增器：天光亮度的倍增，值越高，天光的亮度越高。

● 反射/折射环境覆盖：此选项组允许用户在计算反射/折射的时候被用来替代3ds Max自身的环境设置。当然，用户也可以选择在每一个材质或贴图的基础设置部分替代3ds Max的反射/折射环境。

● 折射环境覆盖：勾选此复选框，当前场景中的折射环境由它来控制。

● 倍增器：折射环境亮度的倍增，值越高，折射环境的亮度越高。

● 〝V-Ray∷DMC采样器〞卷展栏

〝V-RayDMC采样器〞的参数面板如图6-73所示。

图6-73 "V-Ray::DMC采样器"参数面板

● 适应数量：控制早期终止的应用范围，值为1.0意味着最大程度的早期终止，值为0则意味着早期性终止不会被使用。值越大渲染时间就越快，值越小渲染时间就越慢。

● 噪波阈值：在评估样本细分是否足够好的时候，控制VRay的判断能力，在最后的结果中表现为杂点。

● 最小采样值：它决定早期性终止被使用之前使用的最小样本，较高的取值将会减慢渲染速度，但同时会使早期性终止算法更可靠。值越小渲染时间越快，值越大渲染时间越慢。

● 全局细分倍增器：在渲染过程中这个选项会倍增VRay中的任何细分值。在渲染测试的时候，可以把这个值减小而得到更快的预览效果。

"V-Ray::摄像机"卷展栏

V-Ray相机是VRay系统中的一个摄影机特效功能，它主要包括摄影机类型、景深效果和运动模糊效果。在VRay 1.5中增加了物理摄影机，这里的摄影机类型、景深和运动模糊效果都对物理摄影机无效。

"摄像机类型"组

摄影机类型主要定义三维场景投射到平面的不同方式，如图6-74所示。

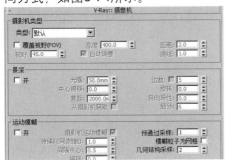

图6-74 "V-Ray::相机"卷展栏

● 类型：VRay支持7种摄影机类型，它们分别是标准、球形、圆柱（点）、圆柱（正交）、盒、鱼眼、变形球（旧式）。

> 标准：这个是标准摄影机类型，和3ds Max中默认的摄影机效果一样，把三维场景投射到一个平面上，如图6-75所示。

图6-75 标准效果

> 球形：它将三维场景投射到一个球面上，如图6-76所示。

图6-76 球形效果

> 圆柱（点）：它是由标准摄影机和球形摄影机叠加而成的效果，在水平方向采用球形摄影机的计算方式，而在垂直方向上采用标准摄影机的计算方式，渲染效果如图6-77所示。

图6-77 圆柱（点）效果

➢ 圆柱（正交）：这种摄影机也是个混合模式，在水平方向上采用球形摄影机的计算方式，而在垂直方向上采用视线平行排列，渲染效果如图6-78 所示。

图6-78　圆柱（正交）效果

➢ 盒：这种方式是把场景按照盒方式展开，渲染效果如图6-79所示。

图6-79　盒效果

➢ 鱼眼：这种方式就是我们常说的环境球拍摄方式，渲染效果如图6-80所示。

图6-80　鱼眼效果

➢ 变形球（旧式）：是一种非完全球面相机类型，渲染效果如图6-81所示。

图6-81　变形球效果

● 覆盖视野（FOV）：用来代替3ds Max默认的摄影机视角，3ds Max默认摄影机的最大视角为180度，而这里的视角最大可以设定为360度。

● 视野：这个可以替换3ds Max默认的视角值，最大值为360度。

● 高度：当且仅当使用摄影机时，该选项可用。用于设定摄影机高度。

● 自动调整：当使用鱼眼和变形球时，此选项可用。当勾选此选项时，系统会自动匹配扭曲直径到渲染图的宽度上。

● 距离：当使用鱼眼摄影机时，该选项可用。

● 曲线：当使用鱼眼摄影机时，该选项可用。它控制渲染图形的扭曲程度，值越小扭曲程度越大。

第 7 章　欧式客厅效果表现

　　在本章中将通过制作一个欧式客厅效果图的实例，继续学习欧式室内空间的表现方法。本实例加入了更多的装饰元素，在细节处理上要求则更高。

7.1 制作场景

01 创建 "地面" 模型。单击图形创建面板中的 "矩形" 按钮，在视图中创建一个长度为7 000cm、宽度为8 000cm、角半径值为0cm的矩形图形，如图7-1所示。

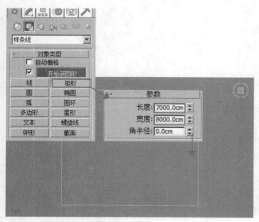

图7-1 创建矩形图形

02 进入修改面板，在修改器列表的下拉菜单中选中 "挤出" 修改器，进入挤出修改器的 "参数" 卷展栏，输入挤出的数量为80cm，如图7-2所示。

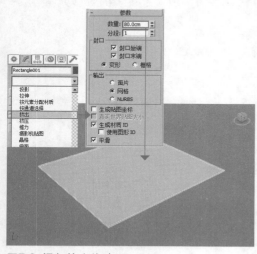

图7-2 添加挤出修改

03 创建 "窗户墙" 模型。单击图形创建面板中的 "矩形" 按钮，在视图中创建一个长度为2 700cm、宽度为8 000cm、角半径值为0cm的矩形图形，如图7-3所示。

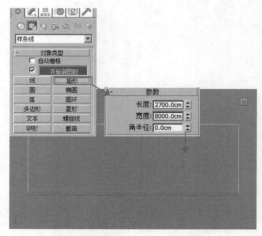

图7-3 创建矩形图形

04 继续单击图形创建面板中的 矩形 按钮，在视图中创建一个长度为2 000cm、宽度为3 000cm、角半径值为0cm的矩形图形，如图7-4所示。

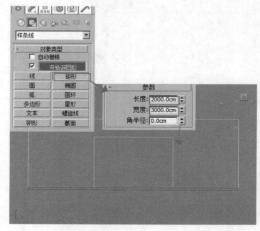

图7-4 创建矩形图形

05 选中步骤03中创建的矩形图形，进入修改面板，在修改器列表的下拉菜单中选中 "编辑样条线" 修改器，为矩形图形添加 "编辑样条线" 修改，如图7-5所示。

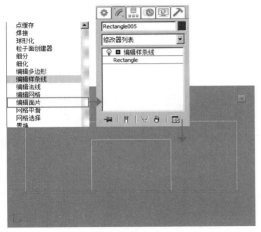

图7-5 添加编辑样条线修改

06 单击"几何体"卷展栏中的 附加 按钮，然后在视图中单击步骤04中创建的矩形图形，这样两个矩形就合并为一个复合图形，如图7-6所示。

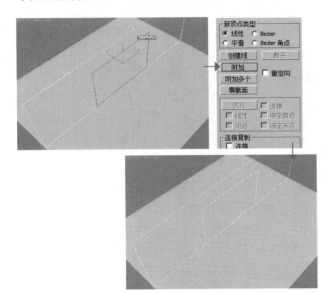

图7-6 添加附加修改

07 进入修改面板，在修改器列表的下拉菜单中选中"挤出"修改器，进入挤出修改器的"参数"卷展栏，输入挤出的数量为200cm，如图7-7所示。

08 创建"窗户墙"模型。单击图形创建面板中的 矩形 按钮，在视图中创建一个长度为2 000cm、宽度为3 000cm、角半径值为0cm的矩形图形，如图7-8所示。

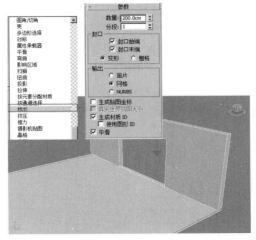

图7-7 添加挤出修改

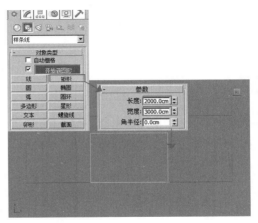

图7-8 创建矩形图形

09 进入修改面板，在修改器列表的下拉菜单中选中"编辑样条线"修改器，为矩形图形添加"编辑样条线"修改，如图7-9所示。

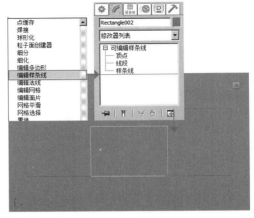

图7-9 添加编辑样条线修改

10 进入修改面板，单击"选择"卷展栏中的 按钮，激活"样条线"选择工具，配合键盘上的 【Ctrl+A】组合键，选择所有样条线，为其添加50 个单位的"轮廓"修改，如图7-10所示。

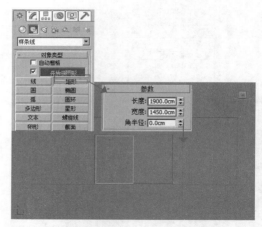

图7-12 创建矩形图形

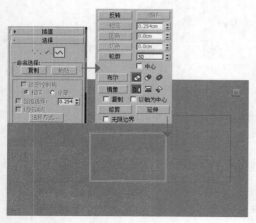

图7-10 添加轮廓修改

11 进入修改面板，在修改器列表的下拉菜单中选 中"挤出"修改器，进入挤出修改器的"参数"卷 展栏，输入挤出的数量为300cm，如图7-11所示。

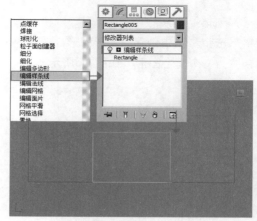

图7-13 添加编辑样条线修改

14 进入修改面板，单击"选择"卷展栏中的 按钮，激活"样条线"选择工具，配合键盘上的 【Ctrl+A】组合键，选择所有样条线，为其添加50 个单位的"轮廓"修改，如图7-14所示。

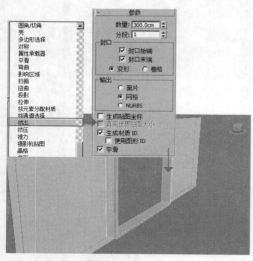

图7-11 添加挤出修改

12 单击图形创建面板中的 矩形 按钮，在视图 中创建一个长度为1 900cm、宽度为1 450cm、角 半径值为0cm的矩形图形，如图7-12所示。

13 进入修改面板，在修改器列表的下拉菜单中选 中"编辑样条线"修改器，为矩形图形添加"编辑 样条线"修改，如图7-13所示。

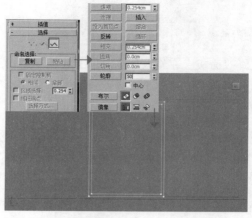

图7-14 添加轮廓修改

15 进入修改面板，在修改器列表的下拉菜单中选中"挤出"修改器，进入挤出修改器的"参数"卷展栏，输入挤出的数量为50cm，如图7-15所示。

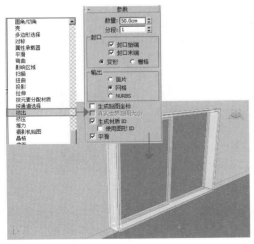

图7-15 添加挤出修改

16 创建玻璃模型。选择几何体创建面板中的"平面"创建工具，在视图中创建一个长度为1 800cm、宽度为1 350cm的平面模型，如图7-16所示。

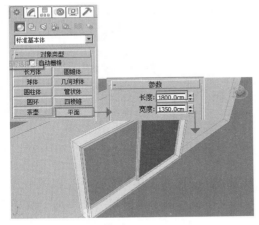

图7-16 创建平面模型

17 选择步骤11至步骤15中创建的模型，将其成组，命名为"窗户"。按住键盘上的【Shift】键，将模型沿 Z 轴向上拖动，然后松开鼠标，软件自动弹出"克隆选项"对话框。在"对象"组中勾选"实例"复选框，将"窗户"模型复制一组，如图7-17所示。

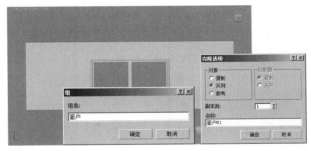

图7-17 克隆对象

18 创建"墙体01"模型。单击图形创建面板中的 矩形 按钮，在视图中创建一个长度为7 000mm、宽度为8 000mm、角半径值为0mm的矩形图形，如图7-18所示。

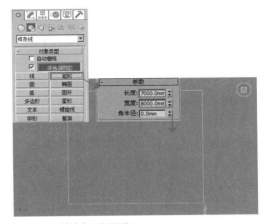

图7-18 创建矩形图形

19 进入修改面板，在修改器列表的下拉菜单中选中"编辑样条线"修改器，为矩形图形添加"编辑样条线"修改，如图7-19所示。

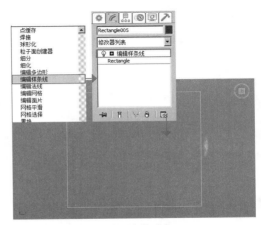

图7-19 添加编辑样条线修改

207

20 进入修改面板，单击"选择"卷展栏中的 按钮，激活"分段"选择工具，选中靠近窗户墙部分的线段，并将其删除，如图7-20所示。

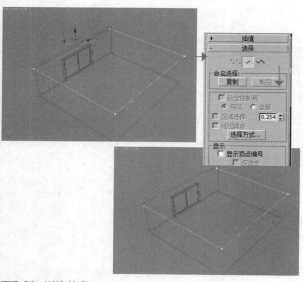

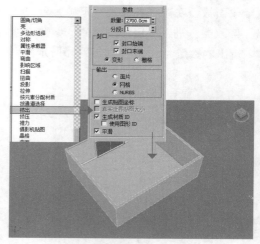

图7-22 添加挤出修改

23 创建"踢脚线"模型。单击图形创建面板中的 线 按钮，并激活工具栏中的顶点捕捉工具，在视图中绘制一条如图7-23所示的样条线。

图7-20 删除线段

21 进入修改面板，单击"选择"卷展栏中的 按钮，激活"样条线"选择工具，配合键盘上的【Ctrl+A】组合键，选择所有样条线，为其添加-200个单位的"轮廓"修改，如图7-21所示。

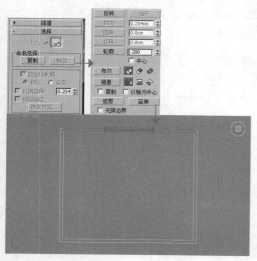

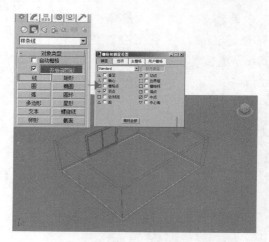

图7-23 绘制样条线

24 进入修改面板，在修改器列表的下拉菜单中选中"编辑样条线"修改器，为矩形图形添加"编辑样条线"修改，如图7-24所示。

25 进入修改面板，单击"选择"卷展栏中的 按钮，激活"样条线"选择工具，配合键盘上的【Ctrl+A】组合键，选择所有样条线，为其添加50个单位的"轮廓"修改，成为如图7-25所示的布局。

图7-21 添加轮廓修改

22 进入修改面板，在修改器列表的下拉菜单中选中"挤出"修改器，进入挤出修改器的"参数"卷展栏，输入挤出的数量为2 700cm，如图7-22所示。

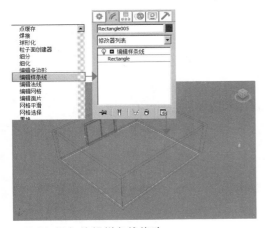

图7-24 添加编辑样条线修改

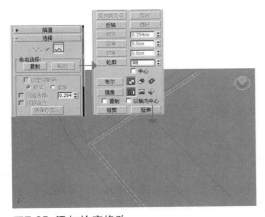

图7-25 添加轮廓修改

26 进入修改面板，在修改器列表的下拉菜单中选中"挤出"修改器，进入挤出修改器的"参数"卷展栏，输入挤出的数量为100cm，如图7-26所示。

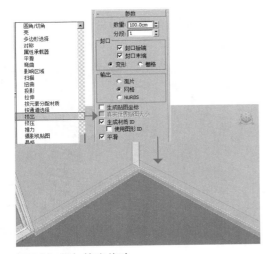

图7-26 添加挤出修改

27 创建"顶角线"模型。单击图形创建面板中的 线 按钮，在视图中绘制一个如图7-27所示的图形。

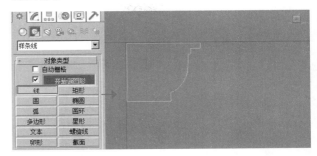

图7-27 绘制图形

28 进入修改面板，在修改器列表的下拉菜单中选中"挤出"修改器，进入挤出修改器的"参数"卷展栏，输入挤出的数量为8 000cm，如图7-28所示。

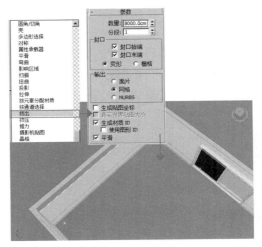

图7-28 添加挤出修改

29 选择上一步骤中挤出的模型，按住键盘上的【Shift】键，将模型向右拖动，弹出"克隆选项"对话框。在"对象"组中勾选"复制"复选框，如图7-29所示。

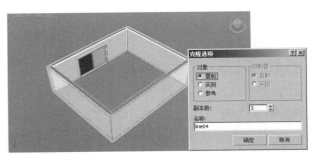

图7-29 克隆对象

30 选择墙体01模型，进入修改面板，在修改器列表的下拉菜单中选中"编辑多边形"修改器，为挤出的模型添加"编辑多边形"修改，如图7-30所示。

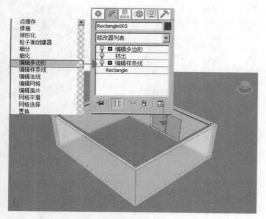

图7-30 添加编辑多边形修改

31 添加"编辑多边形"修改器后，即可对多边形进行修改。单击"选择"卷展栏中的■按钮，在视图中选中蓝色部分的多边形，单击"编辑几何体"卷展栏中的 分离 按钮，在弹出的"分离"对话框中将分离的对象命名为"壁炉墙"，这样壁炉墙部分就被分离为单独的多边形了，如图7-31所示。

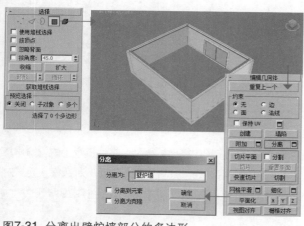

图7-31 分离出壁炉墙部分的多边形

32 在视图中选中"窗户墙"模型，按下键盘上的【Alt+Q】组合键，将选中的模型孤立出来。按下【2】键，进入修改面板，单击"编辑几何体"卷展栏中的 切割 按钮，在壁炉墙上切割出石墙的轮廓（图中的红色模型），如图7-32所示。

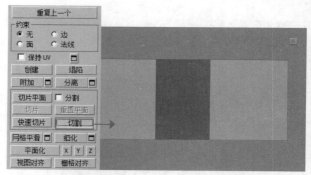

图7-32 切割出石墙轮廓

33 单击"选择"卷展栏中的■按钮，在视图中选中"石墙"部分的多边形，单击"编辑多边形"卷展栏中的 挤出 按钮，在弹出的"挤出多边形"对话框中输入"挤出高度"的值为200cm，如图7-33所示。

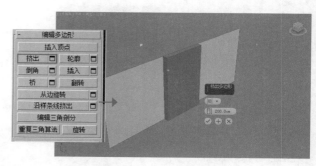

图7-33 添加挤出修改

34 单击"选择"卷展栏中的■按钮，在视图中选中挤出修改得到的多边形，单击"编辑多边形"卷展栏中的 倒角 按钮，在弹出的"倒角多边形"对话框中设置"高度"的值为0，"轮廓量"的值为-500cm，如图7-34所示。

图7-34 添加倒角修改

35 ▶ 单击"选择"卷展栏中的■按钮，在视图中选中倒角修改后的多边形，单击"编辑多边形"卷展栏中的 倒角 按钮，在弹出的"挤出多边形"对话框中输入"挤出高度"的值为–500cm，得到的效果如图7-35所示。

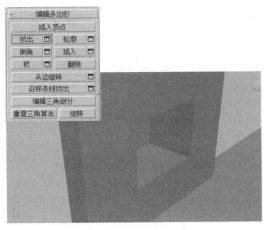

图7-35 添加挤出修改

36 ▶ 创建"书架"模型。单击图形创建面板中的 矩形 按钮，在视图中创建一个长度为50cm、宽度为1 500cm、角半径值为0cm的矩形图形，如图7-36所示。

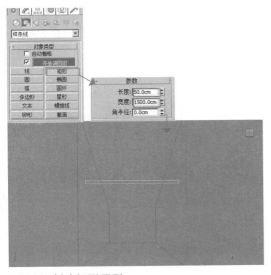

图7-36 创建矩形图形

37 ▶ 进入修改面板，在修改器列表的下拉菜单中选中"挤出"修改器，进入挤出修改器的"参数"卷展栏，输入挤出的数量为200cm，如图7-37所示。

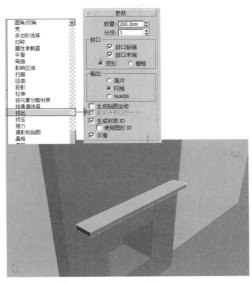

图7-37 添加挤出修改

38 ▶ 通过上面的操作，欧式客厅的主要造型已经制作完成了。接下来需要将配套光盘中提供的模型依次合并到场景中，并根据空间的大小比例适当地调整模型的大小。完整的场景如图7-38所示。

图7-38 完整的场景视图

39 制作地板材质。打开材质编辑器面板，选择一个新的材质球，将其命名为"地板"，为"漫反射"通道指定一张配套光盘中提供的"木地板"纹理贴图。进入贴图坐标面板，将U向的平铺值设置为5，V向的平铺值设置为2；设置模糊值为0.1；将"高光光泽度"的值设置为0.8，"反射光泽度"的值设置为0.85，"细分"值设置为20。如图7-39所示。

图7-39 设置漫反射

40 为反射通道指定一张衰减贴图，设置贴图的方式为"Fresnel"，设置"折射率"的值为1.6。为"凹凸"通道指定一张配套光盘中提供的"木地板-凹凸"纹理贴图，将凹凸数量设置为10。将制作好的"地板"材质指定给地面模型，如图7-40所示。

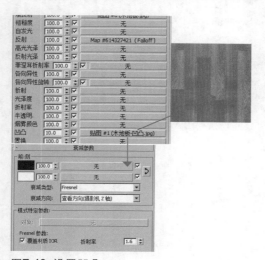

图7-40 设置凹凸

41 将制作好的地板材质指定给场景中的地板。如图7-41所示。

图7-41 指定地板材质

42 制作地毯材质。打开材质编辑器面板，选择一个新的材质球，将其命名为"地毯"，为"漫反射"通道指定一张配套光盘中提供的"花纹布"纹理贴图。进入贴图坐标面板，将U向的平铺值设置为5，V向的平铺值设置为3；设置模糊值为0.01；将"高光光泽度"的值设置为0.3，"反射光泽度"的值设置为0.35，"细分"值设置为20。如图7-42所示。

图7-42 设置反射和漫反射

43 为反射通道指定一张衰减贴图，设置贴图的方式为"Fresnel"，设置"折射率"的值为1.1。为"凹凸"通道指定一张配套光盘中提供的"地毯-凹凸"纹理贴图，将凹凸数量设置为30。将制作好的"地毯"材质指定给地毯模型，如图7-43所示。

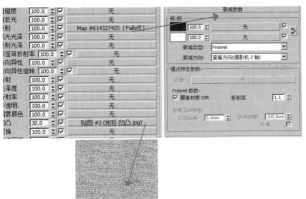

图7-43 设置衰减和凹凸

44 将制作好的地毯材质指定给场景中的地毯。如图7-44所示。

图7-44 指定地毯材质

7.3 制作墙体材质

45 制作黄色漆材质。打开材质编辑器面板，选择一个新的材质球，将其命名为"黄色漆"。将漫反射颜色的RGB值设置为223、142、0，将反射颜色的RGB值设置为15、15、15，将"高光光泽度"的值设置为0.3，将"反射光泽度"的值设置为0.35，"细分"值设置为20。如图7-45所示。

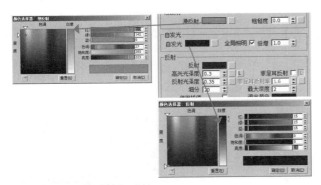

图7-45 设置漫反射和反射

46 将制作好的黄油漆材质指定给场景中对应的墙体部分。如图7-46所示。

图7-46 指定黄油漆材质

47 制作红色漆材质。打开材质编辑器面板，选择一个新的材质球，将其命名为"红色漆"。将漫反射颜色的RGB值设置为78、0、28，将反射颜色的RGB值设置为15、15、15，将"高光光泽度"的值设置为0.3，将"反射光泽度"的值设置为0.35，"细分"值设置为20。如图7-47所示。

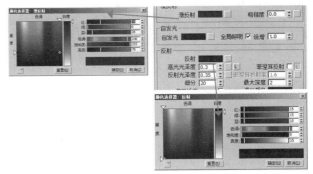

图7-47 设置漫反射和反射

48 将制作好的"红色油漆"材质指定给场景中对应的墙体部分。如图7-48所示。

图7-48 指定红色油漆材质

213

49▶ 制作白色漆材质。打开材质编辑器面板，选择一个新的材质球，将其命名为"白色漆"。将漫反射颜色的RGB值设置为240、240、240，将反射颜色的RGB值设置为20、20、20，将"高光光泽度"的值设置为0.56，将"反射光泽度"的值设置为0.65，"细分"值设置为20。如图7-49所示。

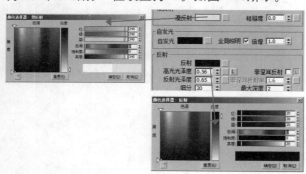

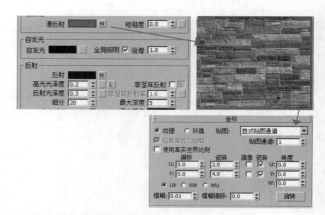

图7-51 设置反射和漫反射

图7-49 设置漫反射和反射

50▶ 将制作好的白油漆材质指定给顶面、顶角线、踢脚线和窗框模型。如图7-50所示。

图7-50 指定白色漆材质

51▶ 制作文化石材质。打开材质编辑器面板，选择一个新的材质球，将其命名为"文化石"，为"漫反射"通道指定一张配套光盘中提供的"文化石"纹理贴图。进入贴图坐标面板，将U向的平铺值设置为2，V向的平铺值设置为4；设置模糊值为0.01；将"高光光泽度"的值设置为0.2，"反射光泽度"的值设置为0.3，"细分"值设置为20，如图7-51所示。

52▶ 为反射通道指定一张衰减贴图，设置贴图的方式为"Fresnel"，设置"折射率"的值为1.1。为"凹凸"通道指定一张配套光盘中提供的"文化石-凹凸"纹理贴图，将凹凸数量设置为100。将制作好的"文化石"材质指定给石墙模型，如图7-52所示。

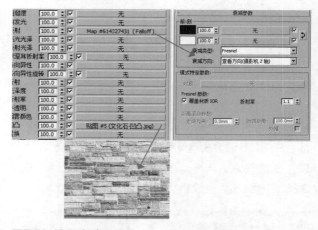

图7-52 设置衰减和凹凸

53▶ 将制作好的文化石材质指定给场景中的浅色文化石背景墙。如图7-53所示。

图7-53 指定文化石材质

54▶ 制作文化石01材质。打开材质编辑器面板，选择一个新的材质球，将其命名为"文化石01"，为"漫反射"通道指定一张配套光盘中提供的"文化石-01"纹理贴图。进入贴图坐标面板，设置模糊值为0.01；将"高光光泽度"的值设置为0.2，"反射光泽度"的值设置为0.3，"细分"值设置为20，如图7-54所示。

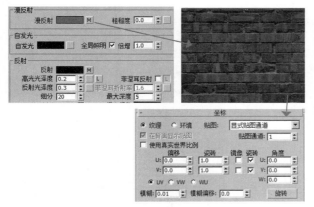

图7-54 设置反射和漫反射

55 为反射通道指定一张衰减贴图，设置贴图的方式为"Fresnel"，设置"折射率"的值为1.1。为"凹凸"通道指定一张配套光盘中提供的"文化石-01-凹凸"纹理贴图，将凹凸数量设置为50。将制作好的"文化石01"材质指定给壁炉模型，如图7-55所示。

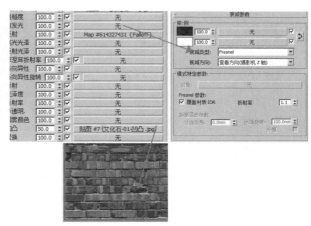

图7-55 设置衰减和凹凸

56 将制作好的"文化石"材质指定给场景中的深色文化墙。如图7-56所示。

图7-56 指定文化石材质

7.4 制作沙发和椅子材质

57 制作麻布材质。打开材质编辑器面板，选择一个新的材质球，将其命名为"麻布"，为"漫反射"通道指定一张配套光盘中提供的"红纹布"纹理贴图。进入贴图坐标面板，将U向的平铺值设置为2，V向的平铺值设置为1；设置模糊值为0.1；将"高光光泽度"的值设置为0.3，将"反射光泽度"的值设置为0.35，"细分"值设置为20。如图7-57所示。

58 为反射通道指定一张衰减贴图，设置贴图的方式为"Fresnel"，设置"折射率"的值为1.1。将漫反射通道中的纹理贴图复制给凹凸贴图通道，将凹凸数量设置为20。如图7-58所示。

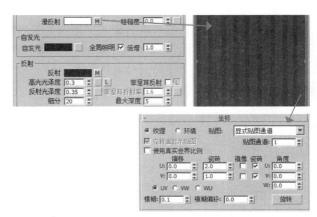

图7-57 设置反射和漫反射

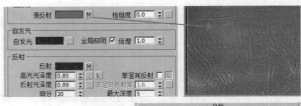

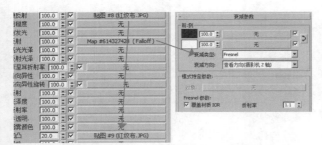

图7-58 设置衰减和凹凸

59 将制作好的"麻布"材质指定给场景中的沙发模型。如图7-59所示。

图7-60 设置反射和漫反射

图7-59 指定麻布材质

60 制作皮革材质。打开材质编辑器面板，选择一个新的材质球，将其命名为"皮革"，为"漫反射"通道指定一张配套光盘中提供的"皮料"纹理贴图。进入贴图坐标面板，设置模糊值为0.2；将"高光光泽度"的值设置为0.85，将"反射光泽度"的值设置为0.89，"细分"值设置为20。如图7-60所示。

61 为反射通道指定一张衰减贴图，设置贴图的方式为"Fresnel"，设置"折射率"的值为1.6。将漫反射通道中的纹理贴图复制给凹凸贴图通道，将凹凸数量设置为20。如图7-61所示。

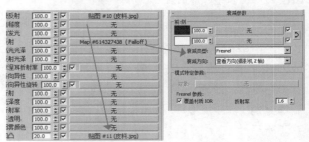

图7-61 设置衰减和凹凸

62 将制作好的"皮革"材质指定给场景中的椅子。如图7-62所示。

图7-62 指定皮革材质

7.5 制作茶几和桌子材质

63 制作欧式木纹材质。打开材质编辑器面板，选择一个新的材质球，将其命名为"欧式木纹"，为"漫反射"通道指定一张配套光盘中提供的"欧式木纹"纹理贴图。进入贴图坐标面板，将U向的平铺值设置为1.5，V向的平铺值设置为1；设置模糊值为0.1；将"高光光泽度"的值设置为0.8，"反射光泽度"的值设置为0.85，"细分"值设置为20。如图7-63所示。

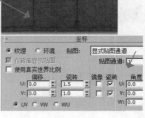

图7-63 设置反射和漫反射

64 为反射通道指定一张配套光盘中提供的"欧式木纹-凹凸"纹理贴图,将凹凸数量设置为50。如图7-64所示。

图7-64 设置衰减和凹凸

65 将制作好的"欧式木纹"材质指定给场景中的茶几中的围板部分。如图7-65所示。

图7-65 指定欧式木纹材质

66 制作抽屉木纹材质。打开材质编辑器面板,选择一个新的材质球,将其命名为"抽屉木纹",为"漫反射"通道指定一张配套光盘中提供的"欧式木纹-02"纹理贴图。进入贴图坐标面板,设置模糊值为0.1;将"高光光泽度"的值设置为0.8,"反射光泽度"的值设置为0.85,"细分"值设置为20。如图7-66所示。

67 为反射通道指定一张衰减贴图,设置贴图的方式为"Fresnel",设置"折射率"的值为1.6。为"凹凸"通道指定一张配套光盘中提供的"欧式木纹-02-凹凸"纹理贴,将凹凸数量设置为50。如图7-67所示。

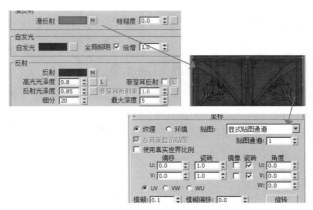

图7-66 设置反射和漫反射

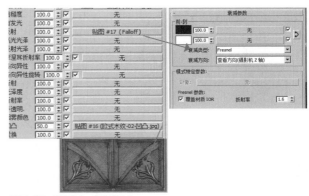

图7-67 设置衰减和凹凸

68 将制作好的"抽屉木纹"材质指定给场景中茶几的抽屉部分。如图7-68所示。

图7-68 指定抽屉木纹材质

69 制作欧式木纹01材质。打开材质编辑器面板,选择一个新的材质球,将其命名为"欧式木纹01",为"漫反射"通道指定一张配套光盘中提供的"欧式木纹-01"纹理贴图。进入贴图坐标面板,将U向的平铺值设置为1.5,V向的平铺值设置为1;设置模糊值为0.1;将"高光光泽度"的值设置为0.8,"反射光泽度"的值设置为0.85,"细分"值设置为20。如图7-69所示。

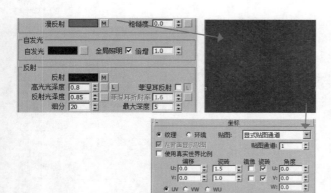

图7-69 设置反射和漫反射

70 为反射通道指定一张衰减贴图，设置贴图的方式为"Fresnel"，设置"折射率"的值为1.6。为"凹凸"通道指定一张配套光盘中提供的"欧式木纹-01-凹凸"纹理贴图，将凹凸数量设置为5，如图7-70所示。

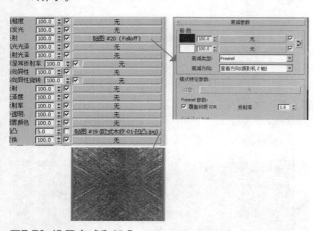

图7-70 设置衰减和凹凸

71 将制作好的"欧式木纹01"材质指定给场景中的茶几的台面部分。如图7-71所示。

图7-71 指定欧式木纹材质

72 制作欧式金属纹理材质。打开材质编辑器面板，选择一个新的材质球，将其命名为"欧式金属纹理"，为"漫反射"通道指定一张配套光盘中提供的"金属边"纹理贴图。进入贴图坐标面板，将U向的平铺值设置为5，V向的平铺值设置为1；设置模糊值为0.1；将"高光光泽度"的值设置为0.8，"反射光泽度"的值设置为0.85，"细分"值设置为20，如图7-72所示。

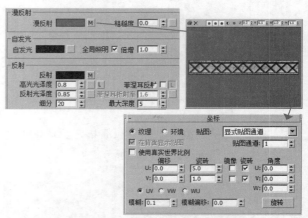

图7-72 设置反射和漫反射

73 为反射通道指定一张衰减贴图，设置贴图的方式为"Fresnel"，设置"折射率"的值为1.6。为"凹凸"通道指定一张配套光盘中提供的"金属边-凹凸"纹理贴图，将凹凸数量设置为10。如图7-73所示。

图7-73 设置衰减和凹凸

74 将制作好的"欧式金属纹理"材质指定给茶几模型的金属装饰部分。如图7-74所示。

图7-74 指定欧式金属纹理材质

75 制作台灯灯座材质。打开材质编辑器面板，选择一个新的材质球，将其命名为"台灯灯座"，为"漫反射"通道指定一张配套光盘中提供的"绿陶"纹理贴图。打开漫反射贴图坐标面板，将U向的平铺值设置为2，V向的平铺值设置为2；设置模糊值为0.1；将"高光光泽度"的值设置为0.85，"反射光泽度"的值设置为0.96，"细分"值设置为20。如图7-75所示。

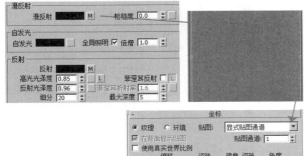

图7-75 设置反射和漫反射

76 为反射通道指定一张衰减贴图，设置贴图的方式为"Fresnel"，设置"折射率"的值为1.6。将漫反射通道中的纹理贴图复制给凹凸贴图通道，将凹凸数量设置为5。如图7-76所示

77 将制作好的"台灯灯座"材质指定给台灯模型的灯座部分。如图7-77所示。

图7-76 设置衰减和凹凸

图7-77 指定台灯灯座材质

78 制作黄色不锈钢材质。打开材质编辑器面板，选择一个新的材质球，将其命名为"黄色不锈钢"。将漫反射颜色的RGB值设置为38、25、2，将反射颜色的RGB值设置为255、210、132，将"高光光泽度"的值设置为0.75，将"反射光泽度"的值设置为0.83，将"细分"值设置为20，如图7-78所示。

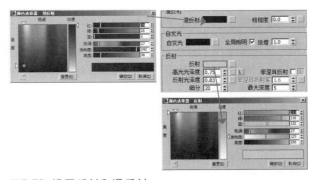

图7-78 设置反射和漫反射

79 将制作好的"黄色不锈钢"材质指定给场景中圆桌模型的金属装饰部分。如图7-79所示。

图7-79 指定黄色不锈钢材质

80 制作柜子木纹材质。打开材质编辑器面板，选择一个新的材质球，将其命名为"柜子木纹"，为"漫反射"通道指定一张配套光盘中提供的"欧式木纹-03"纹理贴图。进入贴图坐标面板，设置模糊值为0.1；将"高光光泽度"的值设置为0.8，"反射光泽度"的值设置为0.85，"细分"值设置为20。如图7-80所示。

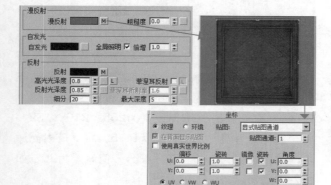

图7-80 设置反射和漫反射

81 为反射通道指定一张衰减贴图，设置贴图的方式为"Fresnel"，设置"折射率"的值为1.6。为"凹凸"通道指定一张配套光盘中提供的"欧式木纹-03-凹凸"纹理贴图，将凹凸数量设置为80。如图7-81所示。

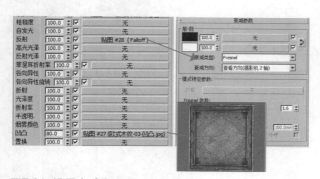

图7-81 设置衰减和凹凸

82 将制作好的"柜子木纹"材质指定给场景中的柜子模型。如图7-82所示。

图7-82 指定柜子木纹材质

83 制作台灯灯罩材质。打开材质编辑器面板，选择一个新的材质球，将其命名为"台灯灯罩"。将漫反射颜色的RGB值设置为255、255、255，将反射颜色的RGB值设置为50、50、50，将"高光光泽度"的值设置为0.95，将"反射光泽度"的值设置为0.98，将"细分"值设置为20，如图7-83所示。

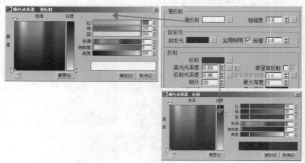

图7-83 设置衰减和凹凸

84 将制作好的"台灯灯罩"材质指定给场景中的台灯灯罩模型。如图7-84所示。

图7-84 指定台灯灯罩材质

85 制作皮毛材质。打开材质编辑器面板，选择一个新的材质球，将其命名为"皮毛"，为"漫反射"通道指定一张配套光盘中提供的"皮"纹理贴图。进入贴图坐标面板，将U向的平铺值设置为1，V向的平铺值设置为2；设置模糊值为0.1；将"高光光泽度"的值设置为0.3，"反射光泽度"的值设置为0.35，"细分"值设置为20，如图7-85所示。

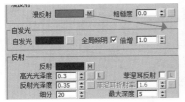

图7-85 设置反射和漫反射

86 为反射通道指定一张衰减贴图，设置贴图的方式为"Fresnel"，设置"折射率"的值为1.1。为"凹凸"通道指定一张配套光盘中提供的"地毯-凹凸"纹理贴图，将凹凸数量设置为80，如图7-86所示。

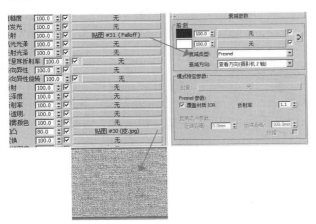

图7-86 设置衰减和凹凸

87 将制作好的"皮毛"材质指定给场景中的鹿身模型。如图7-87所示。

图7-87 指定皮毛材质

88 制作鹿角材质。打开材质编辑器面板，选择一个新的材质球，将其命名为"鹿角"，为"漫反射"通道指定一张配套光盘中提供的"深色石材"纹理贴图。进入贴图坐标面板，将U向的平铺值设置为10，V向的平铺值设置为2；设置模糊值为0.5；将"高光光泽度"的值设置为0.65，将"反射光泽度"的值设置为0.7，"细分"值设置为20。如图7-88所示。

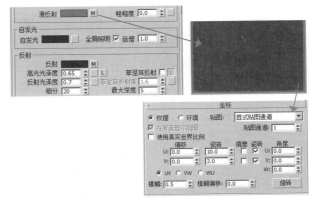

图7-88 设置反射和漫反射

89 为反射通道指定一张衰减贴图，设置贴图的方式为"Fresnel"，设置"折射率"的值为1.6。为"凹凸"通道指定一张配套光盘中提供的"陶土纹理01-凹凸"纹理贴图，将凹凸数量设置为10。如图7-89所示。

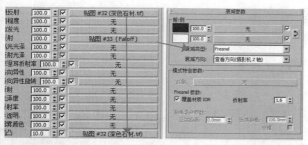

图7-89 设置衰减和凹凸

90 将制作好的"鹿角"材质指定给场景中的鹿角模型。如图7-90所示。

图7-90 指定鹿角材质

91 制作画框木材质。打开材质编辑器面板，选择一个新的材质球，将其命名为"画框木"，为"漫反射"通道指定一张配套光盘中提供的"黑胡桃"纹理贴图。进入贴图坐标面板，将U向的平铺值设置为10，V向的平铺值设置为2；设置模糊值为0.5；将"高光光泽度"的值设置为0.8，将"反射光泽度"的值设置为0.86，"细分"值设置为20。如图7-91所示。

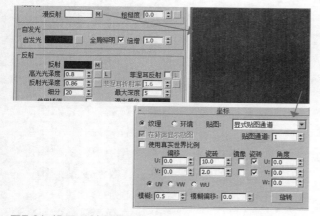

图7-91 设置反射和漫反射

92 为反射通道指定一张衰减贴图，设置贴图的方式为"Fresnel"，设置"折射率"的值为1.6。将漫反射通道中的纹理贴图复制给凹凸贴图通道，将凹凸数量设置为5。如图7-92所示。

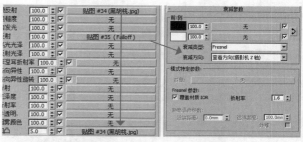

图7-92 设置衰减和凹凸

93 将制作好的"画框木"材质指定给场景中的画框模型。如图7-93所示。

图7-93 指定画框木材质

94 制作装饰画材质。打开材质编辑器面板，选择一个新的材质球，将其命名为"装饰画"，为"漫反射"通道指定一张配套光盘中提供的"人物画"纹理贴图。进入贴图坐标面板，设置模糊值为0.1；将"高光光泽度"的值设置为0.8，将"反射光泽度"的值设置为0.85，"细分"值设置为20。如图7-94所示。

95 为反射通道指定一张衰减贴图，设置贴图的方式为"Fresnel"，设置"折射率"的值为1.6。将漫反射通道中的纹理贴图复制给凹凸贴图通道，将凹凸数量设置为5.如图7-95所示。

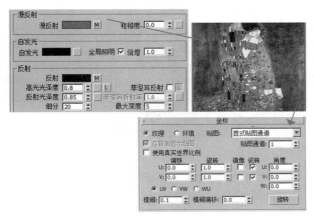

图7-94 设置反射和漫反射

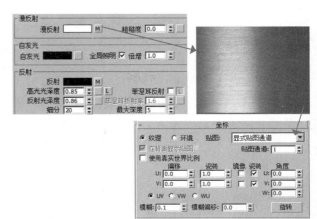

图7-97 设置反射和漫反射

98 为反射通道指定一张衰减贴图，设置贴图的方式为"Fresnel"，设置"折射率"的值为1.6。将漫反射通道中的纹理贴图复制给凹凸贴图通道，将凹凸数量设置为5。如图7-98所示。

图7-95 设置衰减和凹凸

96 将制作好的"装饰画"材质指定给场景中的画面模型。如图7-96所示。

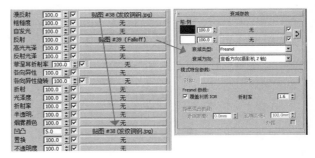

图7-98 设置衰减和凹凸

99 将制作好的"画框金属"材质指定给场景中画框模型的金属边部分。如图7-99所示。

图7-96 指定装饰画材质

97 制作画框金属材质。打开材质编辑器面板，选择一个新的材质球，将其命名为"画框金属"，为"漫反射"通道指定一张配套光盘中提供的"发纹铜钢"纹理贴图。进入贴图坐标面板，设置模糊值为0.1；将"高光光泽度"的值设置为0.85，将"反射光泽度"的值设置为0.86，"细分"值设置为20。如图7-97所示。

图7-99 指定画框金属材质

100 制作花瓶材质。打开材质编辑器面板，选择一个新的材质球，将其命名为"花瓶"，为"漫反射"通道指定一张配套光盘中提供的"黄陶"纹理贴图。进入贴图坐标面板，将U向的平铺值设置为2，V向的平铺值设置为2；设置模糊值为0.1；将"高光光泽度"的值设置为0.85，将"反射光泽度"的值设置为0.96，"细分"值设置为20。如图7-100所示。

图7-102 指定花瓶材质

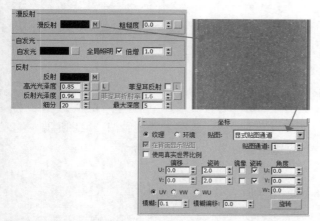

图7-100 设置反射和漫反射

101 为反射通道指定一张衰减贴图，设置贴图的方式为"Fresnel"，设置"折射率"的值为1.6。将漫反射通道中的纹理贴图复制给凹凸贴图通道，将凹凸数量设置为5。如图7-101所示。

103 制作叶子材质。打开材质编辑器面板，选择一个新的材质球，将其命名为"叶子"，为"漫反射"通道指定一张配套光盘中提供的"绿色叶子"纹理贴图。进入贴图坐标面板，将U向的平铺值设置为2，V向的平铺值设置为2；设置模糊值为0.1；将"高光光泽度"的值设置为0.75，将"反射光泽度"的值设置为0.75，"细分"值设置为20，如图7-103所示。

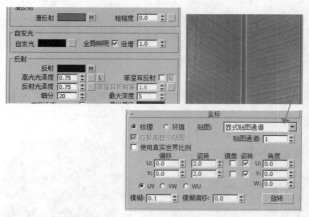

图7-103 设置反射和漫反射

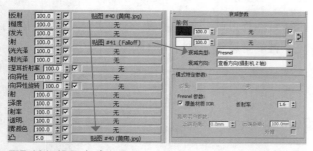

图7-101 设置衰减和凹凸

102 将制作好的"花瓶"材质指定给花瓶模型，如图7-102所示。

104 为反射通道指定一张衰减贴图，设置贴图的方式为"Fresnel"，设置"折射率"的值为1.6。将漫反射通道中的纹理贴图复制给凹凸贴图通道，将凹凸数量设置为50。如图7-104所示。

105 将制作好的"叶子"材质指定给叶子模型，如图7-105所示。

图7-104 设置衰减和凹凸

图7-105 指定叶子材质

7.7 创建摄影机和灯光

106 创建摄影机。单击创建面板中的█按钮，进入摄影机创建面板，在摄影机类型下拉列表中选择"标准"选项，单击"对象类型"卷展栏中的█目标█按钮，在视图中拖动鼠标左键，创建一架"目标摄影机"。按下键盘上的【2】键，进入修改面板，将"镜头"的值设置为30mm，如图7-106所示。

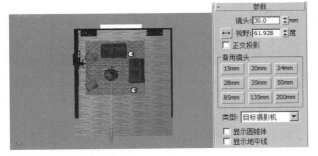

图7-106 创建摄影机

107 布置主光源。单击创建面板中的█按钮，进入灯光创建面板，在灯光类型下拉列表中选择"VRay"选项，单击"对象类型"卷展栏中的VRay灯光按钮，在视图中拖动鼠标左键，创建一盏"VR-灯光"。按下键盘上的【2】键，进入修改面板，将"倍增器"的值设置为9，勾选"不可见"和"存储发光图"复选框，将采样的"细分"值设置为25，如图7-107所示。

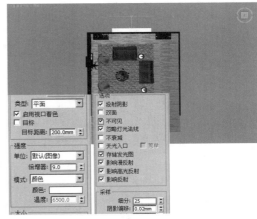

图7-107 创建主光源并设置灯光参数

108 布置侧面光。单击创建面板中的█按钮，进入灯光创建面板，在灯光类型下拉列表中选择"VRay"选项，单击"对象类型"卷展栏中的VRay灯光按钮，在视图中拖动鼠标左键，创建一盏"VR-灯光"。按下键盘上的【2】键，进入修改面板，将"倍增器"的值设置为10，勾选"不可见"和"存储发光图"复选框，将采样的"细分"值设置为25，如图7-108所示。

109 布置背面光。单击创建面板中的█按钮，进入灯光创建面板，在灯光类型下拉列表中选择"VRay"选项，单击"对象类型"卷展栏中的VRay灯光按钮，在视图中拖动鼠标左键，创建一盏"VR-灯光"。按下键盘上的【2】键，进入修改面板，将"倍增器"的值设置为1，勾选"不可见"和"存储发光图"复选框，将采样的"细分"值设置为25，如图7-109所示。

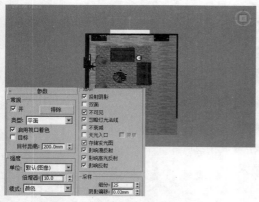

图7-108 创建侧面光并设置灯光参数

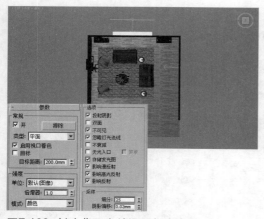

图7-109 创建背面光并设置灯光参数

110 布置补偿光。单击创建面板中的 按钮，进入灯光创建面板，在灯光类型下拉列表中选择"VRay"选项，单击"对象类型"卷展栏中的VRay灯光按钮，在视图中拖动鼠标左键，创建一盏"VR-灯光"。按下键盘上的【2】键，进入修改面板，将"倍增器"的值设置为1.5，勾选"不可见"和"存储发光图"复选框，将采样的"细分"值设置为25，如图7-110所示。

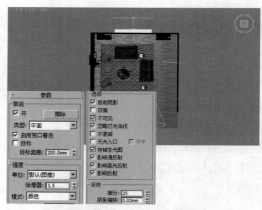

图7-110 创建补偿光并设置灯光参数

7.8 设置光子图渲染参数

111 打开渲染设置面板，进入"输出大小"选项组，将宽度的值设置为500，高度的值设置为333，单击 按钮，锁定"图像纵横比"，如图7-111所示。

图7-111 设置光子图的宽度和高度值

112 打开"V-Ray::图像采样器（反锯齿）"卷展栏，设置图像采样器的类型为"自适应确定性蒙特卡洛"，抗锯齿过滤器的类型为"Mitchell-Netravali"，如图7-112所示。

图7-112 设置"V-Ray::图像采样器（反锯齿）"参数

113 打开渲染设置面板，进入"VRay::全局开关"卷展栏，勾选"最大深度"复选框和"不渲染最终的图像"复选框，如图7-113所示。

图7-113 设置"VRay::全局开关"参数

114 打开"V-Ray::间接照明（全局照明）"卷展栏，勾选"开"复选框，启用间接照明功能。设置"首次反弹"的全局照明引擎为"发光图"模式，设置"二次反弹"的全局照明引擎为"灯光缓存"模式，如图7-114所示。

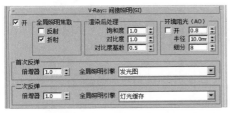

图7-114 设置"V-Ray::间接照明（全局照明）"参数

115 打开"V-Ray::发光图（无名）"卷展栏，设置"当前预置"的模式为"低"，设置"半球细分"的值为30，勾选"显示计算相位"和"显示直接光"复选框，勾选"在渲染结束后"选项组中的"自动保存"复选框，并指定一个渲染输出路径，将渲染得到的光子图进行保存，如图7-115所示。

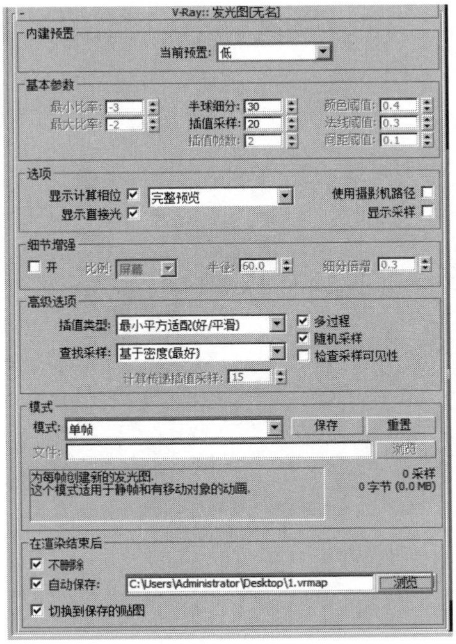

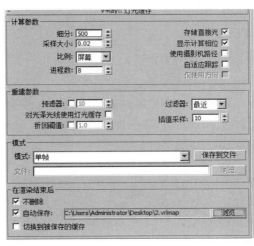

图7-115 设置"V-Ray::发光图"参数

116 打开"V-Ray::灯光缓存"卷展栏，设置"细分"为500，勾选"显示计算相位"和"存储直接光"复选框，勾选"在渲染结束后"选项组中的"自动保存"复选框，并指定一个渲染输出路径，将渲染得到的光子图进行保存，如图7-116所示。

图7-116 设置"V-Ray::灯光缓存"参数

117 将当前视图切换到"目标摄影机"视图，按下键盘上的【F9】键，对光子图进行渲染保存，光子图效果如图7-117所示。

图7-117 光子图效果

7.9 成品渲染输出设置

118 打开渲染设置面板，进入"输出大小"选项组，将宽度的值设置为3500，高度的值设置为2333，如图7-108所示。

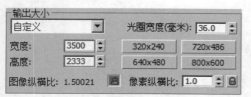

图7-120 设置成品图像的宽度和高度值

119 打开"V-Ray::DMC采样器"卷展栏，设置"适应数量"为0.75，"最小采样值"为20，"噪波阈值"为0.01，如图7-119所示。

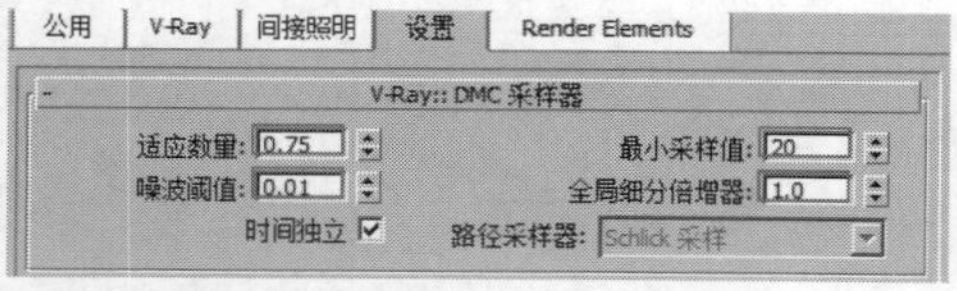

图7-119 设置"V-Ray::DMC采样器"参数

120 打开"V-Ray::发光图（无名）"卷展栏，设置"当前预置"的模式为"自定义"，将"最小比率"的值设置为–4，"最大比率"的值设置为–3，"半球细分"的值设置为50，"颜色阈值"的值设置为0.3，"法线阈值"的值设置为0.2。启用"细节增强"设置，设置"细分倍增"的值为0.1，如图7-120所示。

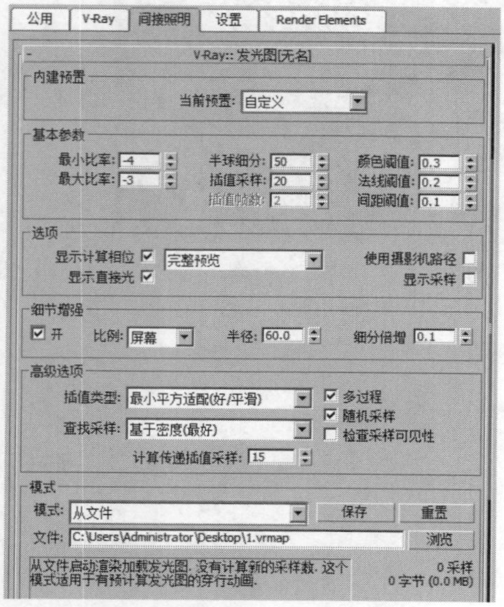

图7-120 设置"V-Ray::发光图"参数

121 打开"V-Ray::灯光缓存"卷展栏，设置"细分"值为1500，"进程数"为2，如图7-121所示。

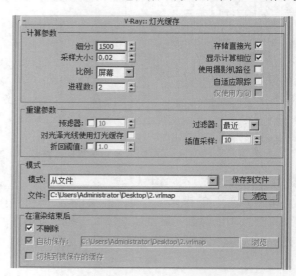

图7-121 设置"V-Ray::灯光缓存"参数

122 将当前视图切换到"目标摄影机"视图，按下键盘上的【F9】键，进行渲染保存，最终的成品如图7-122所示。

图7-122 成品图像渲染效果

123 启动Photoshop，打开配套光盘中提供的"欧式客厅"图像文件（路径：配套光盘/07章/效果图/欧式客厅），将当前的图层复制一个，在"图层混合模式"下拉列表中选择"滤色"，设置"不透明度"为100%，如图7-123所示。

图7-123 调整整体图像的亮度

124 选中地板部分，按下键盘上的【Ctrl+J】组合键，将地板复制一份。执行"图像"→"调整"→"亮度/对比度"修改命令，设置"亮度"的值为15，设置"对比度"的值为25。按下键盘上的【Ctrl+B】组合键，打开"色彩平衡"对话框，设置"阴影"的色阶值为20、0、-5，"高光"的色阶值为-10、0、-5，如图7-124所示。

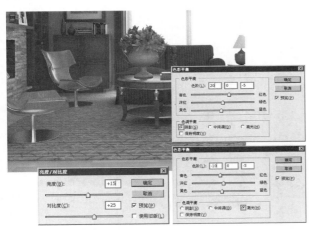

图7-124 修改地板部分的对比度和颜色

125 选中地毯部分，按下键盘上的【Ctrl+J】组合键，将地毯复制一份。执行"图像"→"调整"→"亮度/对比度"修改命令，设置"亮度"的值为10，设置"对比度"的值为10。按下键盘上的【Ctrl+B】组合键，打开"色彩平衡"对话框，设置"阴影"的色阶值为9、0、-20，"高光"的色阶值为-2、5、-6，如图7-125所示。

图7-125 修改地毯部分的对比度和颜色

126 选中红色漆部分，按下键盘上的【Ctrl+J】组合键，将红色漆复制一份。执行"图像"→"调整"→"亮度/对比度"修改命令，设置"亮度"的值为60，设置"对比度"的值为20。按下键盘上的【Ctrl+B】组合键，打开"色彩平衡"对话框，设置"阴影"的色阶值为-15、0、20，"高光"的色阶值为0、-10、10，如图7-126所示。

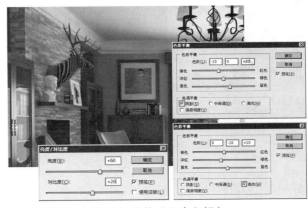

图7-126 修改红色漆部分的对比度和颜色

127 选中白色漆部分，按下键盘上的【Ctrl+J】组合键，将白色漆复制一份。执行"图像"→"调整"→"亮度/对比度"修改命令，设置"亮度"的值为15，设置"对比度"的值为10。按下键盘上的【Ctrl+U】组合键，打开"色相/饱和度"对话框，设置"色相"的值为0，"饱和度"的值为-11，"明度"的值为10，如图7-127所示。

129 选中沙发部分，按下键盘上的【Ctrl+J】组合键，将沙发复制一份。执行"图像"→"调整"→"亮度/对比度"修改命令，设置"亮度"的值为18，设置"对比度"的值为15。按下键盘上的【Ctrl+U】组合键，打开"色相/饱和度"对话框，设置"色相"的值为0，"饱和度"的值为-5，"明度"的值为0，如图7-129所示。

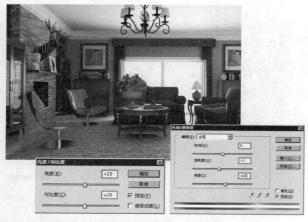

图7-127 修改白色漆部分的对比度和颜色

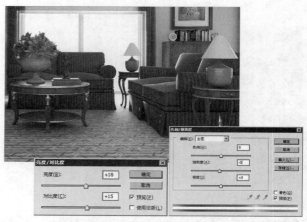

图7-129 修改沙发部分的对比度和颜色

128 选中黄色漆部分，按下键盘上的【Ctrl+J】组合键，将黄色漆复制一份。执行"图像"→"调整"→"亮度/对比度"修改命令，设置"亮度"的值为40，设置"对比度"的值为-5。按下键盘上的【Ctrl+B】组合键，打开"色彩平衡"对话框，设置"阴影"的色阶值为0、17、-20，"高光"的色阶值为-12、0、-10，如图7-128所示。

130 选中砖墙部分，按下键盘上的【Ctrl+J】组合键，将砖墙复制一份。执行"图像"→"调整"→"亮度/对比度"修改命令，设置"亮度"的值为15，设置"对比度"的值为40。按下键盘上的【Ctrl+B】组合键，打开"色彩平衡"对话框，设置"阴影"的色阶值为10、0、-10，"高光"的色阶值为-6、-6、10，如图7-130所示。

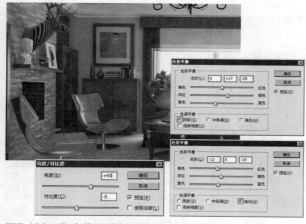

图7-128 修改黄色漆部分的对比度和颜色

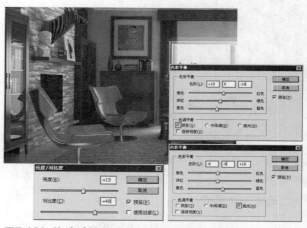

图7-130 修改砖墙部分的对比度和颜色

131 选中皮革部分，按下键盘上的【Ctrl+J】组合键，将皮革复制一份。执行"图像"→"调整"→"亮度/对比度"修改命令，设置"亮度"的值为15，设置"对比度"的值为8。按下键盘上的【Ctrl+B】组合键，打开"色彩平衡"对话框，设置"阴影"的色阶值为11、0、−13，"高光"的色阶值为5、0、−8，如图7-131所示。

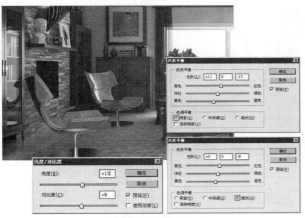

图7-131 修改皮革部分的对比度和颜色

132 选中台灯灯座部分，按下键盘上的【Ctrl+J】组合键，将台灯灯座复制一份。执行"图像"→"调整"→"亮度/对比度"修改命令，设置"亮度"的值为15，设置"对比度"的值为15。按下键盘上的【Ctrl+B】组合键，打开"色彩平衡"对话框，设置"阴影"的色阶值为−27、14、−7，"高光"的色阶值为19、−7、−16。得到的效果如图7-132所示。

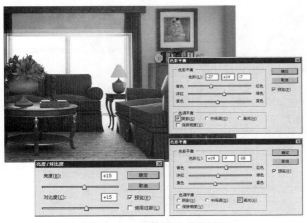

图7-132 修改台灯灯座部分的对比度和颜色

133 选中鹿身部分，按下键盘上的【Ctrl+J】组合键，将鹿身复制一份。执行"图像"→"调整"→"亮度/对比度"修改命令，设置"亮度"的值为14，设置"对比度"的值为13。按下键盘上的【Ctrl+U】组合键，打开"色相/饱和度"参数控制面板，设置"色相"的值为0，"饱和度"的值为−15，"明度"的值为0。得到的效果如图7-133所示。

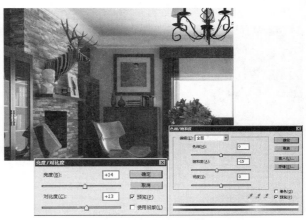

图7-133 修改鹿身部分的对比度和颜色

134 选中叶子部分，按下键盘上的【Ctrl+J】组合键，将叶子复制一份。执行"图像"→"调整"→"亮度/对比度"修改命令，设置"亮度"的值为15，设置"对比度"的值为14。按下键盘上的【Ctrl+B】组合键，打开"色彩平衡"对话框，设置"阴影"的色阶值为−25、22、0，"高光"的色阶值为−20、0、15。得到的效果如图7-134所示。

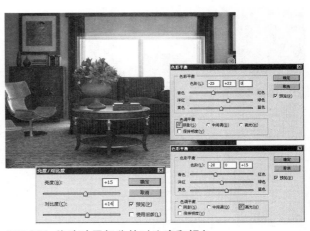

图7-134 修改叶子部分的对比度和颜色

135 选中工艺品部分，按下键盘上的【Ctrl+J】组合键，将工艺品复制一份。执行"图像"→"调整"→"亮度/对比度"修改命令，设置"亮度"的值为21，设置"对比度"的值为19。按下键盘上的【Ctrl+U】组合键，打开"色相/饱和度"对话框，设置"色相"的值为0，"饱和度"的值为63，"明度"的值为3。得到的效果如图7-135所示。

137 选中装饰画部分，按下键盘上的【Ctrl+J】组合键，将装饰画复制一份。执行"图像"→"调整"→"亮度/对比度"修改命令，设置"亮度"的值为15，设置"对比度"的值为10。按下键盘上的【Ctrl+B】组合键，打开"色彩平衡"对话框，设置"阴影"的色阶值为8、0、−23，"高光"的色阶值为−8、0、−7。得到的效果如图7-137所示。

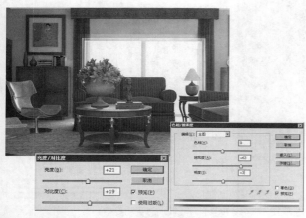

图7-135 修改工艺品部分的对比度和颜色

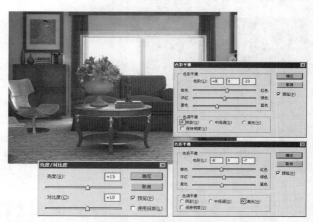

图7-137 修改装饰画部分的对比度和颜色

136 选中花瓶部分，按下键盘上的【Ctrl+J】组合键，将花瓶复制一份。执行"图像"→"调整"→"亮度/对比度"修改命令，设置"亮度"的值为15，设置"对比度"的值为20。按下键盘上的【Ctrl+U】组合键，打开"色相/饱和度"对话框，设置"色相"的值为12，"饱和度"的值为14，"明度"的值为2。得到的效果如图7-136所示。

138 选中茶几部分，按下键盘上的【Ctrl+J】组合键，将茶几复制一份。执行"图像"→"调整"→"亮度/对比度"修改命令，设置"亮度"的值为10，设置"对比度"的值为20。按下键盘上的【Ctrl+B】组合键，打开"色彩平衡"对话框，设置"阴影"的色阶值为13、0、−19，"高光"的色阶值为−11、0、−1。得到的效果如图7-138所示。

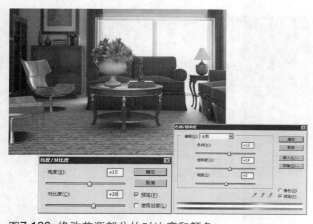

图7-136 修改花瓶部分的对比度和颜色

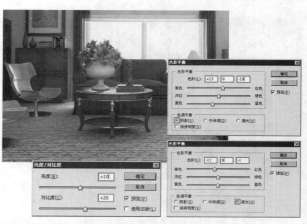

图7-138 修改茶几部分的对比度和颜色

139 选中黄色不锈钢部分，按下键盘上的【Ctrl+J】组合键，将黄色不锈钢复制一份。执行"图像"→"调整"→"亮度/对比度"修改命令，设置"亮度"的值为14，设置"对比度"的值为13。按下键盘上的【Ctrl+B】组合键，打开"色彩平衡"对话框，设置"阴影"的色阶值为8、0、−11，"高光"的色阶值为−20、8、−6。得到的效果如图7-139所示。

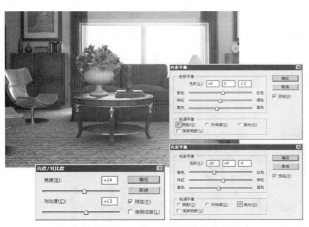

图7-139 修改黄色不锈钢部分的对比度和颜色

140 选中灯罩部分，按下键盘上的【Ctrl+J】组合键，将灯罩复制一份。执行"图像"→"调整"→"亮度/对比度"修改命令，设置"亮度"的值为39，设置"对比度"的值为12。打开"色相/饱和度"参数控制面板，设置"色相"的值为−8，"饱和度"的值为22，"明度"的值为8。得到的效果如图7-140所示。

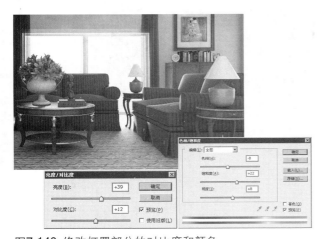

图7-140 修改灯罩部分的对比度和颜色

141 选中柜子部分，按下键盘上的【Ctrl+J】组合键，将柜子复制一份。执行"图像"→"调整"→"亮度/对比度"修改命令，设置"亮度"的值为18，设置"对比度"的值为16。按下键盘上的【Ctrl+B】组合键，打开"色彩平衡"对话框，设置"阴影"的色阶值为10、0、−10，"高光"的色阶值为−14、10、1。得到的效果如图7-141所示。

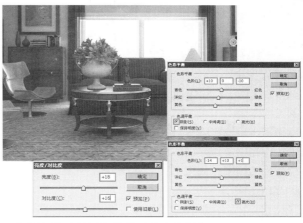

图7-141 修改柜子部分的对比度和颜色

142 选中石膏部分，按下键盘上的【Ctrl+J】组合键，将石膏复制一份。执行"图像"→"调整"→"亮度/对比度"修改命令，设置"亮度"的值为23，设置"对比度"的值为18。打开"色相/饱和度"对话框，设置"色相"的值为0，"饱和度"的值为−25，"明度"的值为5。得到的效果如图7-142所示。

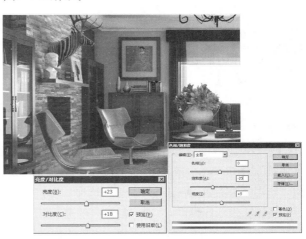

图7-142 修改石膏部分的对比度和颜色

143 选中背景图像，将其删除，然后将配套光盘中提供的外景图像置于效果图的下方，利用"自由变换"工具适当修改图像的大小。执行"图像"→"调整"→"亮度/对比度"修改命令，设置"亮度"的值为114，设置"对比度"的值为−10。得到的效果如图7-143所示。

图7-143 添加并修改背景图像

144 将配套光盘中提供的炉火图像置于效果图的上方，利用"自由变换"工具适当修改图像的大小。执行"图像"→"调整"→"亮度/对比度"修改命令，设置"亮度"的值为−89，设置"对比度"的值为84。得到的效果如图7-144所示。

图7-145 USM锐化修改

146 通过对处理好的效果图进行观察，可以发现吊灯和整个场景的整体效果不太协调，于是我们利用"仿制图章"将吊灯部分去除，得到的效果如图7-146所示。

图7-146 删除吊灯部分

147 至此，欧式客厅效果图已经全部制作完毕。将处理好的图像进行保存，最终效果如图7-147所示。

图7-144 添加并修改炉火图像

145 将所有的图层合并（可以配合键盘上的【Ctrl+E】组合键进行合并）。单击主工具栏中的"滤镜"下拉菜单，在弹出的下拉列表中选择"锐化"选项，然后选择"USM锐化"选项，在打开的"USM锐化"对话框中设置"数量"的值为50，设置"半径"的值为1。得到的效果如图7-145所示。

图7-147 最终效果

第 8 章　雅致书房效果表现

通过上一章的学习，相信读者已经掌握了室内日光效果的表现方法了。在本章中将通过制作一个雅致书房效果图的实例，讲解太阳光照射下室内空间效果的表现方法。

01 在制作场景之前先设置场景单位。单击菜单栏中的"自定义"选项，在弹出的下拉菜单中选择"单位设置"选项，打开"单位设置"对话框，将"公制"的单位设置为"毫米"，然后单击 系统单位设置 按钮，打开"系统单位设置"对话框，将"系统单位"也设置为"毫米"，如图8-1所示。

图8-1 设置系统单位

02 选择几何体创建面板中的"长方体"创建工具，在视图中创建一个长度为3 500、宽度为5 000、高度为2 600的长方体模型，如图8-2所示。

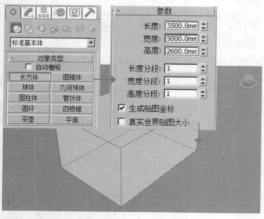

图8-2 创建长方体模型

03 进入修改面板，在修改器列表的下拉菜单中选中"编辑多边形"修改器，为长方体模型添加"编辑多边形"修改，如图8-3所示。

04 单击"选择"卷展栏中的■按钮，在视图中选中红色部分的多边形，单击"编辑几何体"卷展栏中的 分离 按钮，在弹出的"分离"对话框中将分离的对象命名为"窗户墙"，如图8-4所示。

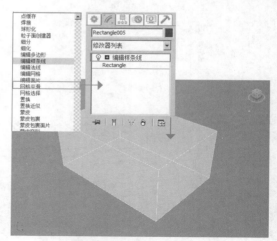

图8-3 添加编辑多边形修改

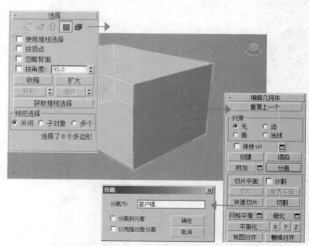

图8-4 分离出窗户墙部分的多边形

05 单击"选择"卷展栏中的■按钮，在视图中选中"窗户墙"部分的多边形，单击"编辑多边形"卷展栏中的 倒角 按钮，在弹出的"倒角多边形"对话框中设置"高度"的值为0，"轮廓量"的值为-50，如图8-5所示。

06 单击"选择"卷展栏中的■按钮，在视图中选中窗口部分的多边形，单击"编辑多边形"卷展栏中的 挤出 按钮，在弹出的"挤出多边形"对话框中输入"挤出高度"的值为200，然后按下键盘上的【Delete】键，将当前选择的面删除。得到的效果如图8-6所示。

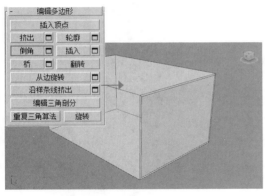

图8-5 添加倒角修改

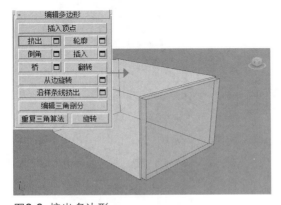

图8-6 挤出多边形

07 单击图形创建面板中的 矩形 按钮，在视图中创建一个长度为2 500、宽度为3 400、角半径值为0的矩形图形，如图8-7所示。

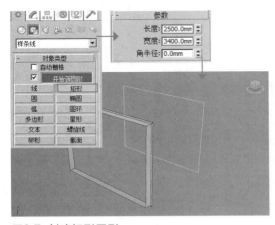

图8-7 创建矩形图形

08 进入修改面板，在修改器列表的下拉菜单中选中"编辑样条线"修改器，为矩形图形添加"编辑样条线"修改，如图8-8所示。

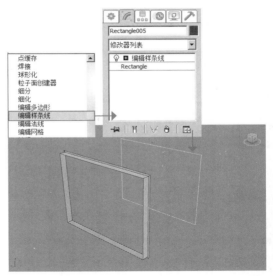

图8-8 添加编辑样条线修改

09 进入修改面板，单击"选择"卷展栏中的 按钮，激活"样条线"选择工具，配合键盘上的【Ctrl+A】组合键，选择所有样条线，为其添加40个单位的"轮廓"修改，如图8-9所示。

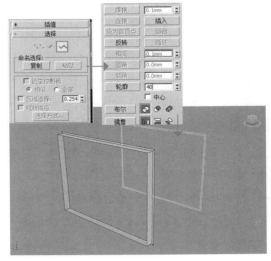

图8-9 添加轮廓修改

10 进入修改面板，在修改器列表的下拉菜单中选中"挤出"修改器，进入挤出修改器的"参数"卷展栏，输入挤出的数量为80，如图8-10所示。

11 选择几何体创建面板中的"平面"创建工具，在视图中创建一个长度为2 420、宽度为3 320的平面模型，以此来模拟玻璃模型，如图8-11所示。

237

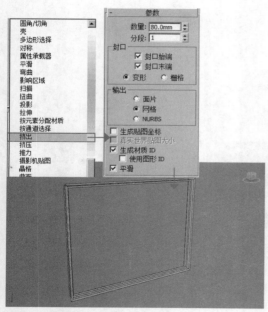

图8-10 添加挤出修改

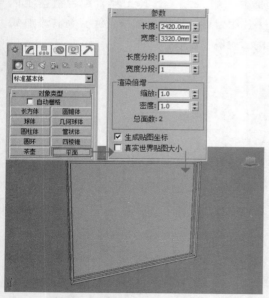

图8-11 创建平面模型

12 选择几何体创建面板中的"长方体"创建工具，在视图中创建一个长度为2 500、宽度为150，高度为2 600，长度分段和高度分段都为4的长方体模型。将其命名为"隔墙"，如图8-12所示。

13 进入修改面板，在修改器列表的下拉菜单中选中"编辑多边形"修改器，为长方体模型添加"编辑多边形"修改，如图8-13所示。

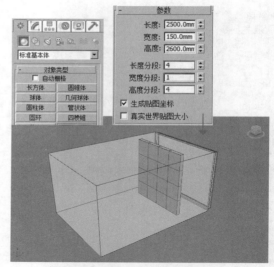

图8-12 创建长方体模型

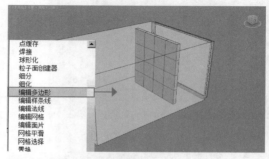

图8-13 添加编辑多边形修改

14 单击"选择"卷展栏中的 按钮，并单击工具栏中的 按钮，框选隔墙模型朝向空间内部的边，如图8-14所示。

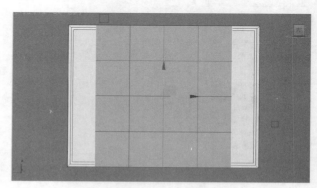

图8-14 选中隔墙上的边

15 单击"编辑边"卷展栏中的 切角 按钮，在弹出的"切角边"对话框中，设置"切角量"的值为10，分段的值为1，如图8-15所示。

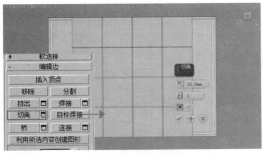

图8-15 为边添加切角修改

16 选择切角修改得到的面，单击"编辑多边形"卷展栏中的 挤出 按钮，在弹出的"挤出多边形"对话框中，设置挤出的高度为20，得到的造型如图8-16所示。

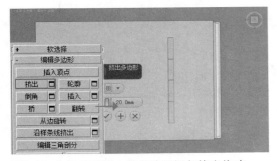

图8-16 为隔墙模型上的多边形添加挤出修改

17 单击"选择"卷展栏中的 ■ 按钮，在视图中选中红色部分的多边形，单击"编辑几何体"卷展栏中的 分离 按钮，在弹出的"分离"对话框中将分离的对象命名为"窗户墙"，如图8-17所示。

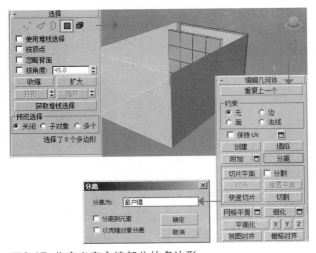

图8-17 分离出窗户墙部分的多边形

18 单击"选择"卷展栏中的 ■ 按钮，在视图中选中"窗户墙"部分的多边形，单击"编辑多边形"卷展栏中的 倒角 按钮，在弹出的"倒角多边形"对话框中设置"高度"的值为0，"轮廓量"的值为−50，如图8-18所示。

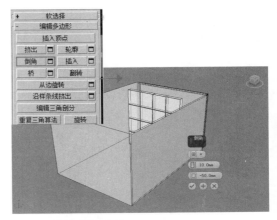

图8-18 添加倒角修改

19 单击"选择"卷展栏中的 ■ 按钮，在视图中选中窗口部分的多边形，单击"编辑多边形"卷展栏中的 挤出 按钮，在弹出的"挤出多边形"对话框中输入"挤出高度"的值为2 800，然后按下键盘上的【Delete】键，将当前选择的面删除。得到的效果如图8-19所示。

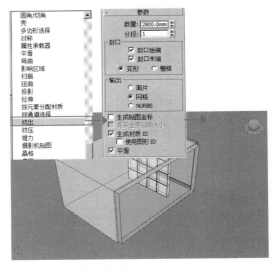

图8-19 添加挤出修改

20▶ 单击图形创建面板中的 [矩形] 按钮，在视图中创建一个长度为2 500、宽度为4 900、角半径值为0的矩形图形，如图8-20所示。

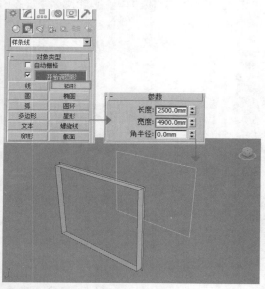

图8-20 创建矩形图形

21▶ 进入修改面板，在修改器列表的下拉菜单中选中"编辑样条线"修改器，为矩形图形添加"编辑样条线"修改，如图8-21所示。

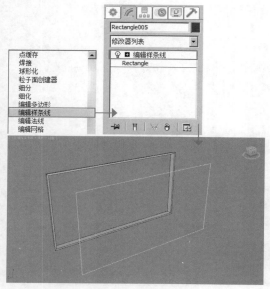

图8-21 添加编辑样条线修改

22▶ 进入修改面板，单击"选择"卷展栏中的 按钮，激活"样条线"选择工具，配合键盘上的【Ctrl+A】组合键，选择所有样条线，为其添加40个单位的"轮廓"修改，如图8-22所示。

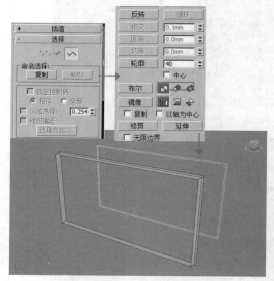

图8-22 添加轮廓修改

23▶ 进入修改面板，在修改器列表的下拉菜单中选中"挤出"修改器，进入挤出修改器的"参数"卷展栏，输入挤出的数量为80，如图8-23所示。

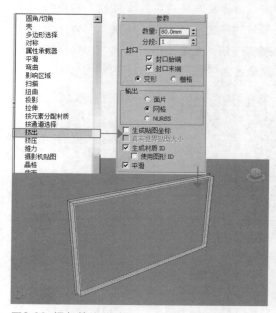

图8-23 添加挤出修改

24 创建阳台模型。单击图形创建面板中的 矩形 按钮，在视图中创建一个长度为800、宽度为4900、角半径值为0的矩形图形，如图8-24所示。

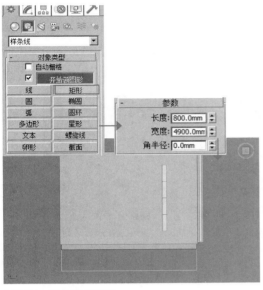

图8-24 创建矩形图形

25 进入修改面板，在修改器列表的下拉菜单中选中"挤出"修改器，进入挤出修改器的"参数"卷展栏，输入挤出的数量为80，如图8-25所示。

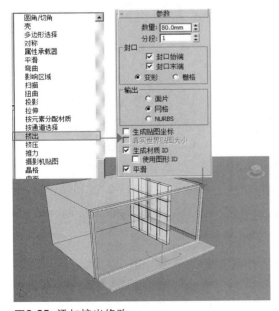

图8-25 添加挤出修改

26 创建栏杆模型。单击图形创建面板中的 线 按钮，在视图中绘制一段如图8-26所示的样条线图形。

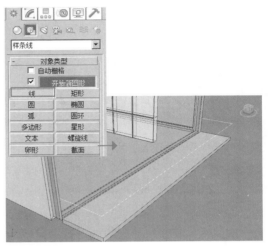

图8-26 绘制样条线图形

27 进入修改面板，在修改器列表的下拉菜单中选中"编辑样条线"修改器，为样条线图形添加"编辑样条线"修改，如图8-27所示。

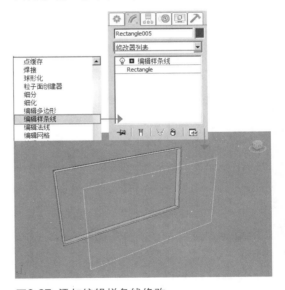

图8-27 添加编辑样条线修改

28 进入修改面板，单击"选择"卷展栏中的 按钮，激活"样条线"选择工具，配合键盘上的【Ctrl+A】组合键，选择所有样条线，为其添加20个单位的"轮廓"修改，如图8-28所示。

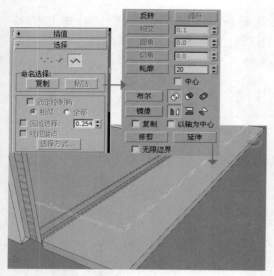

图8-28 添加轮廓修改

29 进入修改面板，在修改器列表的下拉菜单中选中 "挤出" 修改器，进入挤出修改器的 "参数" 卷展栏，输入挤出的数量为20，如图8-29所示。

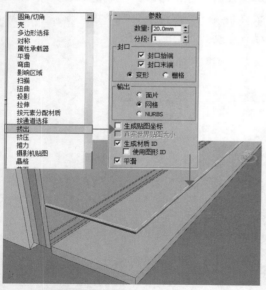

图8-29 添加挤出修改

30 将栏杆模型复制两组。在弹出的 "克隆选项" 对话框中，勾选 "对象" 组中的 "实例" 选项，如图8-30所示。

31 创建栏杆模型。单击图形创建面板中的 线 按钮，在视图中绘制一段如图8-31所示的样条线图形。

242

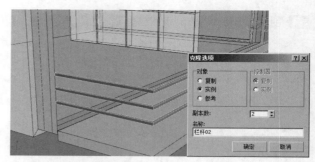

图8-30 复制栏杆模型

图8-31 绘制样条线图形

32 进入修改面板，在修改器列表的下拉菜单中选中 "编辑样条线" 修改器，为样条线图形添加 "编辑样条线" 修改，如图8-32所示。

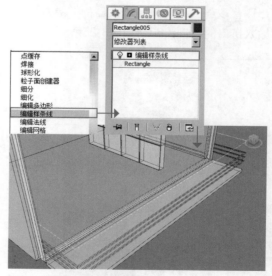

图8-32 添加编辑样条线修改

33 进入修改面板，单击 "选择" 卷展栏中的 按钮，激活 "样条线" 选择工具，配合键盘上的 【Ctrl+A】组合键，选择所有样条线，为其添加30个单位的 "轮廓" 修改，如图8-33所示。

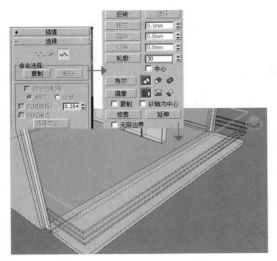

图8-33 添加轮廓修改

34 进入修改面板，在修改器列表的下拉菜单中选中"挤出"修改器，进入挤出修改器的"参数"卷展栏，输入挤出的数量为20，如图8-34所示。

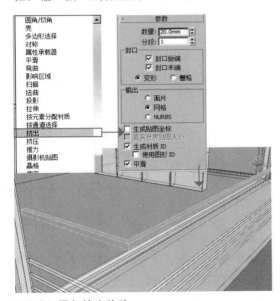

图8-34 添加挤出修改

35 单击图形创建面板中的 矩形 按钮，在视图中创建一个长度为660、宽度为20、角半径值为0的矩形图形，如图8-35所示。

36 进入修改面板，在修改器列表的下拉菜单中选中"挤出"修改器，进入挤出修改器的"参数"卷展栏，输入挤出的数量为20，如图8-36所示。

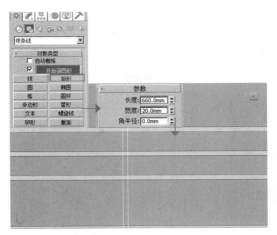

图8-35 创建矩形图形

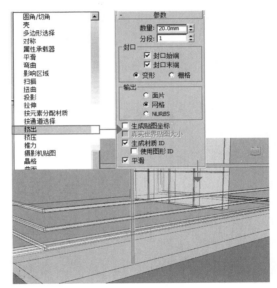

图8-36 添加挤出修改

37 将上一步骤中挤出的模型复制5组。在弹出的"克隆选项"对话框中，勾选"对象"组中的"实例"选项，如图8-37所示。

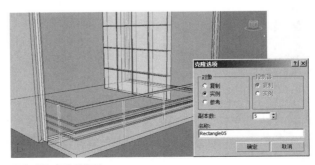

图8-37 复制模型

38 创建地毯模型。单击图形创建面板中的 矩形 按钮，在视图中创建一个长度为2 600、宽度为1 500、角半径值为0的矩形图形，如图8-38所示。

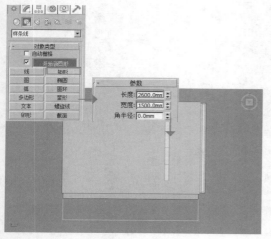

图8-38 创建矩形图形

39 进入修改面板，在修改器列表的下拉菜单中选中"挤出"修改器，进入挤出修改器的"参数"卷展栏，输入挤出的数量为10，如图8-39所示。

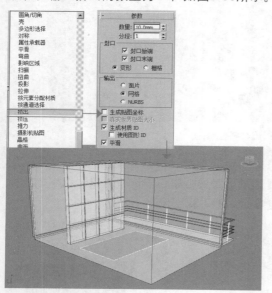

图8-39 添加挤出修改

40 单击"选择"卷展栏中的■按钮，在视图中选中蓝色部分的多边形，单击"编辑几何体"卷展栏中的 分离 按钮，在弹出的"分离"对话框中将分离的对象命名为"顶面"，如图8-40所示。

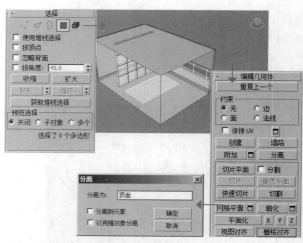

图8-40 分离出顶面部分的多边形

41 在视图中选中"顶面"模型，按下键盘上的【Alt+Q】组合键，将选中的模型孤立出来。按下【2】键，进入修改面板，单击"编辑几何体"卷展栏中的 切割 按钮，在顶面上切割出灯槽的轮廓（图中绿色显示部分），如图8-41所示。

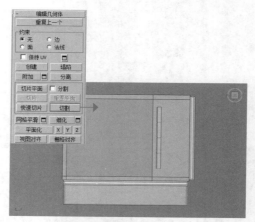

图8-41 切割出灯槽的轮廓

42 前面已经利用切割工具切割出了灯槽的轮廓。下面将要为灯槽生成三维效果。单击"选择"卷展栏中的■按钮，在视图中选中灯槽部分的多边形，单击"编辑多边形"卷展栏中的 挤出 按钮，在弹出的"挤出多边形"面板中输入"挤出高度"的值为-200，如图8-42所示。

43 单击"编辑几何体"卷展栏中的 倒角 按钮，在弹出的"倒角多边形"对话框中设置"高度"的值为0，"轮廓量"的值为-300，如图8-43所示。

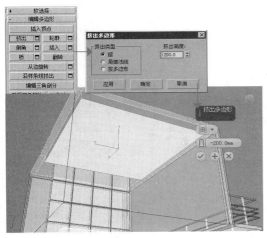

图8-42 挤出多边形

图8-43 添加倒角修改

44 再次单击"编辑多边形"卷展栏中的 挤出 按钮，在弹出的"挤出多边形"对话框中输入"挤出高度"的值为100，如图8-44所示。

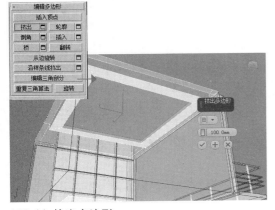

图8-44 挤出多边形

45 单击"选择"卷展栏中的 按钮，框选吊顶部分所有的边，单击"编辑边"卷展栏中的 切角 按钮，在弹出的"切角边"对话框中设置"切角量"的值为20，分段的值为20，如图8-45所示。

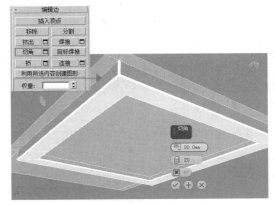

图8-45 为边添加切角修改

46 创建筒灯模型。选择几何体创建面板中的"圆环"创建工具，在视图中创建一个半径1为30、半径2为5、分段为50、边数为20的圆环模型，如图8-46所示。

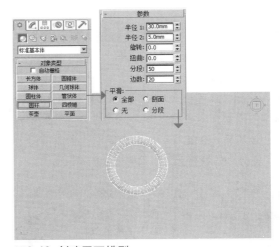

图8-46 创建圆环模型

47 选择几何体创建面板中的"球体"创建工具，在视图中创建一个半径为25、分段为40、半球为0.5的球体模型，如图8-47所示。

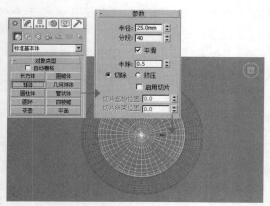

图8-47 创建球体模型

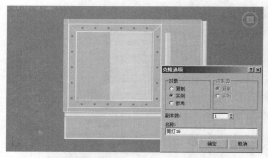

图8-48 复制模型

48 ▶ 将步骤46和步骤47中创建的模型成组，复制若干组模型。在弹出的"克隆选项"对话框中选中"对象"组中的"实例"单选按钮，如图8-48所示。

49 ▶ 通过上面的操作，书房空间的主要造型已经制作完毕了。接下来需要将配套光盘中提供的模型依次合并到场景中，并根据空间的大小比例适当地调整模型的大小。完整的场景如图8-49所示。

图8-49 完整的场景效果

8.2 制作地面材质

50 ▶ 制作地砖材质。打开材质编辑器面板，选择一个新的材质球，将其命名为"地砖"，为"漫反射"通道指定一张配套光盘中提供的"水泥板"纹理贴图。进入贴图坐标面板，将U向的平铺值设置为5，V向的平铺值设置为5；设置模糊值为0.5；将"高光光泽度"的值设置为0.95，"反射光泽度"的值设置为0.98，"细分"值设置为20。如图8-50所示。

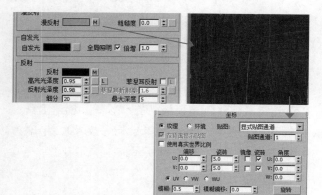

图8-50 设置反射和漫反射

51 ▶ 为反射通道指定一张衰减贴图，设置贴图的方式为"Fresnel"，设置"折射率"的值为1.6。将漫反射通道中的纹理贴图复制给凹凸贴图通道，将凹凸数量设置为10。如图8-51所示。

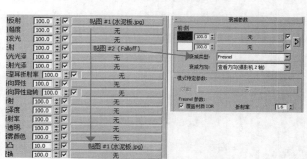

图8-51 设置衰减和凹凸

52 ▶ 将制作好的"地砖"材质指定给地面模型，如图8-52所示。

图8-52 指定地砖材质

53 制作地毯材质。打开材质编辑器面板，选择一个新的材质球，将其命名为"地毯"，为"漫反射"通道指定一张配套光盘中提供的"地毯纹理"纹理贴图。进入贴图坐标面板，将U向的平铺值设置为5，V向的平铺值设置为5；设置模糊值为0.1；将"高光光泽度"的值设置为0.3，"反射光泽度"的值设置为0.35，"细分"值设置为20。如图8-53所示。

图8-53 设置反射和漫反射

54 为反射通道指定一张衰减贴图，设置贴图的方式为"Fresnel"，设置"折射率"的值为1.6。为"凹凸"通道指定一张配套光盘中提供的"地毯纹理-凹凸"纹理贴图，将凹凸数量设置为30。图8-54所示。

图8-54 设置衰减和凹凸

55 将制作好的"地毯"材质指定给地毯模型，如图8-55所示。

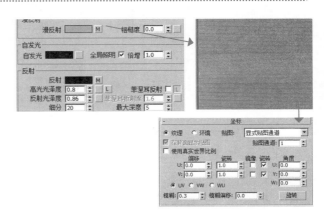

图8-55 指定地毯材质

8.3 制作墙面材质

56 制作墙面木纹材质。打开材质编辑器面板，选择一个新的材质球，将其命名为"墙面木纹"，为"漫反射"通道指定一张配套光盘中提供的"大纹木36"纹理贴图（路径：08章/材质贴图/大纹木36）。进入贴图坐标面板，设置模糊值为0.3；将"高光光泽度"的值设置为0.8，"反射光泽度"的值设置为0.86，"细分"值设置为20。如图8-56所示。

57 为反射通道指定一张衰减贴图，设置贴图的方式为"Fresnel"，设置"折射率"的值为1.6。将漫反射通道中的纹理贴图复制给凹凸贴图通道，将凹凸数量设置为5。如图8-57所示。

图8-56 设置反射和漫反射

图8-57 设置衰减和凹凸

58 将制作好的"墙面木纹"材质指定给隔墙模型,如图8-58所示。

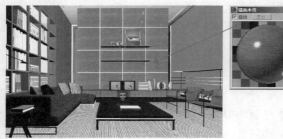

图8-58 指定墙面木纹材质

59 制作栏杆金属材质。打开材质编辑器面板,选择一个新的材质球,将其命名为"栏杆金属",为"漫反射"通道指定一张配套光盘中提供的"拉丝钢"纹理贴图。进入贴图坐标面板,将U向的平铺值设置为1,V向的平铺值设置为2;设置模糊值为0.1;将"高光光泽度"的值设置为0.85,"反射光泽度"的值设置为0.6,"细分"值设置为20。如图8-59所示。

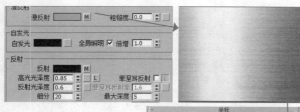

图8-59 设置反射和漫反射

60 为反射通道指定一张衰减贴图,设置贴图的方式为"Fresnel",设置"折射率"的值为1.6。将漫反射通道中的纹理贴图复制给凹凸贴图通道,将凹凸数量设置为40。如图8-60所示。

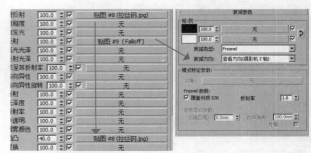

图8-60 设置衰减和凹凸

61 将制作好的"栏杆金属"材质指定给栏杆模型,如图8-61所示。

图8-61 指定栏杆金属材质

62 制作白乳胶材质。打开材质编辑器面板,选择一个新的材质球,将其命名为"白乳胶"。将漫反射颜色的RGB值设置为248、248、248,将反射颜色的RGB值设置为30、30、30,将"高光光泽度"的值设置为0.6,将"反射光泽度"的值设置为0.4,"细分"值设置为20。如图8-62所示。

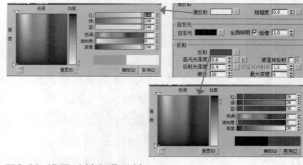

图8-62 设置反射和漫反射

63 将制作好的"白乳胶"材质指定给墙体模型,如图8-63所示。

图8-63 指定白乳胶材质

64 制作玻璃材质。打开材质编辑器面板，选择一个新的材质球，将其命名为"玻璃"。将漫反射颜色的RGB值设置为255、255、255，将折射颜色的RGB值设置为255、255、255，将"反射光泽度"的值设置为1，"折射率"的值设置为1.517。如图8-64所示。

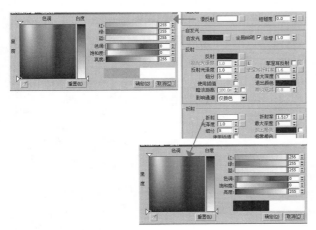

图8-64 设置反射和漫反射

65 将制作好的"玻璃"材质指定给窗户玻璃模型，如图8-65所示。

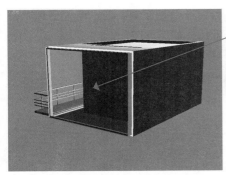

图8-65 指定玻璃材质

66 制作壁纸材质。打开材质编辑器面板，选择一个新的材质球，将其命名为"壁纸"，为"漫反射"通道指定一张配套光盘中提供的"帆布"纹理贴图。进入贴图坐标面板，将U向的平铺值设置为5，V向的平铺值设置为5；设置模糊值为0.1；将"高光光泽度"的值设置为0.3，"反射光泽度"的值设置为0.35，"细分"值设置为20。如图8-66所示。

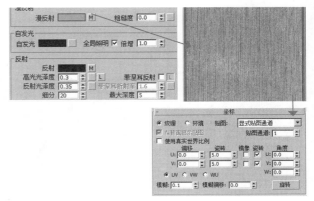

图8-66 设置反射和漫反射

67 为反射通道指定一张衰减贴图，设置贴图的方式为"Fresnel"，设置"折射率"的值为1.1。为"凹凸"通道指定一张配套光盘中提供的"布纹-凹凸"纹理贴图，将凹凸数量设置为30。如图8-67所示。

图8-67 设置衰减和凹凸

68 将制作好的"壁纸"材质指定给背景墙模型，如图8-68所示。

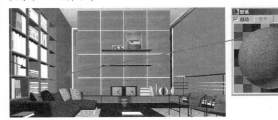

图8-68 指定壁纸材质

69▶制作木纹材质。打开材质编辑器面板，选择一个新的材质球，将其命名为"木纹"，为"漫反射"通道指定一张配套光盘中提供的"斑马木"纹理贴图。进入贴图坐标面板，将U向的平铺值设置为1，V向的平铺值设置为2；设置模糊值为0.5；将"高光光泽度"的值设置为0.85，"反射光泽度"的值设置为0.88，"细分"值设置为20。如图8-69所示。

图8-71 指定木纹材质

72▶制作书柜木纹材质。打开材质编辑器面板，选择一个新的材质球，将其命名为"书柜木纹"，为"漫反射"通道指定一张配套光盘中提供的"木纹01"纹理贴图（路径：08章/材质贴图/木纹01）。进入贴图坐标面板，将U向的平铺值设置为1，V向的平铺值设置为2；设置模糊值为0.5；将"高光光泽度"的值设置为0.6，"反射光泽度"的值设置为0.85，"细分"值设置为20。如图8-72所示。

图8-69 设置反射和漫反射

70▶为反射通道指定一张衰减贴图，设置贴图的方式为"Fresnel"，设置"折射率"的值为1.6。将漫反射通道中的纹理贴图复制给凹凸贴图通道，将凹凸数量设置为5。如图8-70所示。

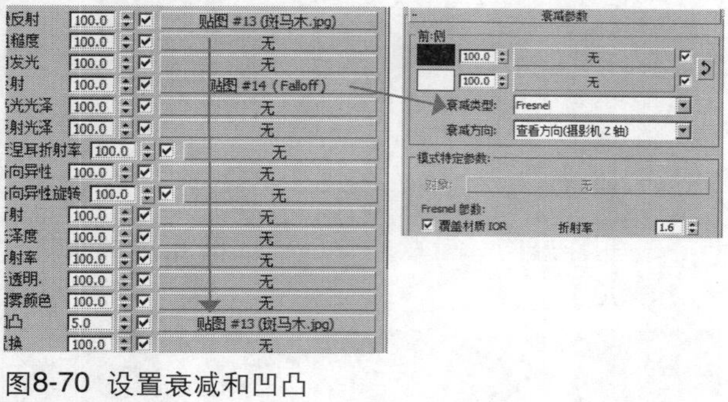

图8-72 设置反射和漫反射

73▶为反射通道指定一张衰减贴图，设置贴图的方式为"Fresnel"，设置"折射率"的值为1.6。将漫反射通道中的纹理贴图复制给凹凸贴图通道，将凹凸数量设置为15。如图8-73所示。

图8-70 设置衰减和凹凸

71▶将制作好的"木纹"材质指定给茶几模型，如图8-71所示。

图8-73 设置衰减和凹凸

74 将制作好的"书柜木纹"材质指定给书柜模型，如图8-74所示。

图8-74 指定书柜木纹材质

75 制作沙发布材质。打开材质编辑器面板，选择一个新的材质球，将其命名为"沙发布"，为"漫反射"通道指定一张配套光盘中提供的"布纹"纹理贴图。进入贴图坐标面板，将U向的平铺值设置为5，V向的平铺值设置为5；设置模糊值为0.1；将"高光光泽度"的值设置为0.3，"反射光泽度"的值设置为0.35，"细分"值设置为20，如图8-75所示。

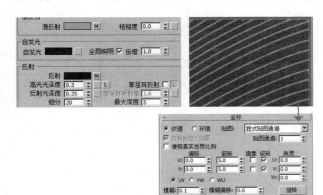

图8-75 设置反射和漫反射

76 为反射通道指定一张衰减贴图，设置贴图的方式为"Fresnel"，设置"折射率"的值为1.6。为"凹凸"通道指定一张配套光盘中提供的"布纹-凹凸"纹理贴图，将凹凸数量设置为10。如图8-76所示。

77 将制作好的"沙发布"材质指定给沙发模型，如图8-77所示。

图8-76 设置衰减和凹凸

图8-77 指定沙发布材质

78 制作枕头材质。打开材质编辑器面板，选择一个新的材质球，将其命名为"枕头"，为"漫反射"通道指定一张配套光盘中提供的"咖啡布"纹理贴图。进入贴图坐标面板，设置模糊值为0.1；将"高光光泽度"的值设置为0.3，"反射光泽度"的值设置为0.3，"细分"值设置为20。如图8-78所示。

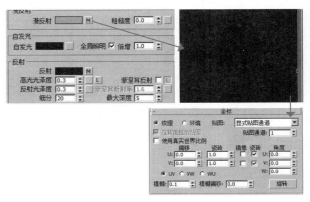

图8-78 设置反射和漫反射

79 为反射通道指定一张衰减贴图，设置贴图的方式为"Fresnel"，设置"折射率"的值为1.1。将漫反射通道中的纹理贴图复制给凹凸贴图通道，将凹凸数量设置为15。如图8-79所示。

图8-79 设置衰减和凹凸

80 将制作好的"枕头"材质指定给枕头模型，如图8-80所示。

图8-80 指定枕头材质

81 制作皮革材质。打开材质编辑器面板，选择一个新的材质球，将其命名为"皮革"，为"漫反射"通道指定一张配套光盘中提供的"皮料"纹理贴图（路径：08章/材质贴图/皮料）。进入贴图坐标面板，设置模糊值为0.1；将"高光光泽度"的值设置为0.6，"反射光泽度"的值设置为0.75，"细分"值设置为20。如图8-81所示。

图8-81 设置反射和漫反射

82 为反射通道指定一张衰减贴图，设置贴图的方式为"Fresnel"，设置"折射率"的值为1.6。将漫反射通道中的纹理贴图复制给凹凸贴图通道，将凹凸数量设置为15。如图8-82所示。

图8-82 设置衰减和凹凸

83 将制作好的"皮革"材质指定给椅子布面模型，如图8-83所示。

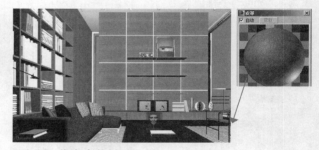

图8-83 指定皮革材质

84 制作白色钢材质。打开材质编辑器面板，选择一个新的材质球，将其命名为"白色钢"。将漫反射颜色的RGB值设置为255、255、255，将反射颜色的RGB值设置为255、255、255，将"高光光泽度"的值设置为0.9，将"反射光泽度"的值设置为0.6，"细分"值设置为20。如图8-84所示。

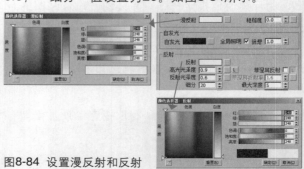

图8-84 设置漫反射和反射

85 将制作好的"白色钢"材质指定给椅子、沙发和茶几的支架模型，如图8-85所示。

图8-85 指定白色钢材质

86 制作不锈钢材质。打开材质编辑器面板，选择一个新的材质球，将其命名为"不锈钢"。将漫反射颜色的RGB值设置为0、0、0，将反射颜色的RGB值设置为255、255、255，将"高光光泽度"的值设置为0.73，将"反射光泽度"的值设置为0.83，"细分"值设置为20。如图8-86所示。

87 将制作好的"不锈钢"材质指定给桌子和台灯支架模型，如图8-87所示。

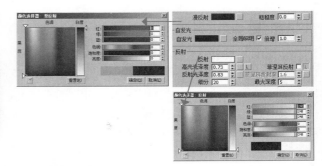

图8-86 设置漫反射和反射

图8-87 指定不锈钢材质

8.5 制作装饰画材质

88 制作画框木纹材质。打开材质编辑器面板，选择一个新的材质球，将其命名为"画框木纹"，为"漫反射"通道指定一张配套光盘中提供的"胡桃木"纹理贴图。进入贴图坐标面板，将U向的平铺值设置为3，V向的平铺值设置为1；设置模糊值为0.3；将"高光光泽度"的值设置为0.65，"反射光泽度"的值设置为0.7，"细分"值设置为20。如图8-88所示。

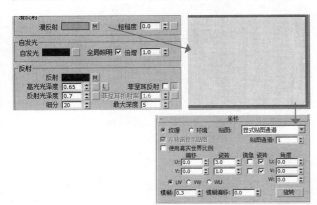

图8-88 设置反射和漫反射

89 为反射通道指定一张衰减贴图，设置贴图的方式为"Fresnel"，为"凹凸"通道指定一张配套光盘中提供的"樱桃木-凹凸"纹理贴图，将凹凸数量设置为5。如图8-89所示。

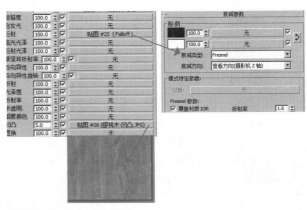

图8-89 设置衰减和凹凸

90 将制作好的"画框木纹"材质指定给画框模型，如图8-90所示。

图8-90 指定画框木纹材质

91 制作画材质。打开材质编辑器面板，选择一个新的材质球，将其命名为"画"，为"漫反射"通道指定一张配套光盘中提供的"风景画"纹理贴图。进入贴图坐标面板，设置模糊值为0.5；将"高光光泽度"的值设置为0.85，"反射光泽度"的值设置为0.9，"细分"值设置为20。如图8-91所示。

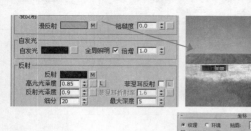

图8-91 设置反射和漫反射

92 为反射通道指定一张衰减贴图，设置贴图的方式为"Fresnel"，设置"折射率"的值为1.6。将漫反射通道中的纹理贴图复制给凹凸贴图通道，将凹凸数量设置为30。如图8-92所示。

图8-92 设置衰减和凹凸

93 将制作好的"画"材质指定给装饰画模型，如图8-93所示。

图8-93 指定画材质

8.6 制作其他材质

94 制作黑色塑料材质。打开材质编辑器面板，选择一个新的材质球，将其命名为"黑色塑料"。将漫反射颜色的RGB值设置为20、20、20，将反射颜色的RGB值设置为40、40、40，将"高光光泽度"的值设置为0.8，将"反射光泽度"的值设置为0.86，"细分"值设置为20。如图8-94所示。

95 将制作好的"黑色塑料"材质指定给电视机外壳模型，如图8-95所示。

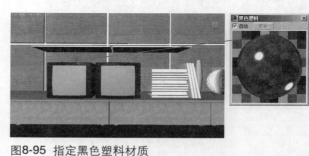

图8-95 指定黑色塑料材质

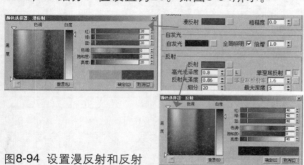

图8-94 设置漫反射和反射

96 制作屏幕材质。打开材质编辑器面板，选择一个新的材质球，将其命名为"屏幕"。将漫反射颜色的RGB值设置为81、130、92，将反射颜色的RGB值设置为12、12、12，将"高光光泽度"的值设置为0.85，将"反射光泽度"的值设置为0.95，"细分"值设置为20。如图8-96所示。

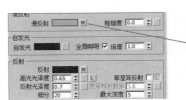

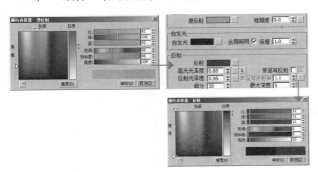

图8-96 设置漫反射和反射

97 将制作好的"屏幕"材质指定给电视屏幕模型。如图8-97所示。

图8-98 设置反射和漫反射

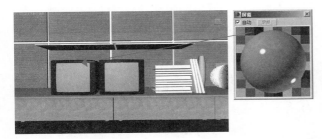

图8-97 指定屏幕材质

98 制作图书材质。打开材质编辑器面板，选择一个新的材质球，将其命名为"图书"，为"漫反射"通道指定一张配套光盘中提供的"书皮"纹理贴图。进入贴图坐标面板，设置W方向上的旋转值为-90°；将"高光光泽度"的值设置为0.65，"反射光泽度"的值设置为0.7，"细分"值设置为20。如图8-98所示。

99 为反射通道指定一张衰减贴图，设置贴图的方式为"Fresnel"，设置"折射率"的值为1.6。将漫反射通道中的纹理贴图复制给凹凸贴图通道，将凹凸数量设置为5。如图8-99所示。

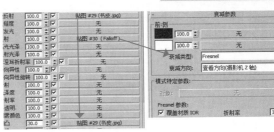

图8-99 设置衰减和凹凸

100 将制作好的"图书"材质指定给图书模型。如图8-100所示。

图8-100 指定图书材质

101 制作白瓷材质。打开材质编辑器面板，选择一个新的材质球，将其命名为"白瓷"。将漫反射颜色的RGB值设置为255、255、255，将反射颜色的RGB值设置为255、255、255，将"高光光泽度"的值设置为0.8，将"反射光泽度"的值设置为0.98，"细分"值设置为20，勾选"菲涅耳反射"复选框。如图8-101所示。

102 将制作好的"白瓷"材质指定给白瓷瓶模型。如图8-102所示。

图8-101 设置漫反射和反射

图8-102 指定白瓷材质

103 制作抓捕球材质。打开材质编辑器面板，选择一个新的材质球，将其命名为"抓捕球"。将漫反射颜色的RGB值设置为240、240、240，将反射颜色的RGB值设置为10、10、10，将"高光光泽度"的值设置为0.1，将"反射光泽度"的值设置为0.3，"细分"值设置为20。如图8-103所示。

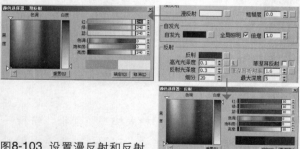

图8-103 设置漫反射和反射

104 将制作好的"抓捕球"材质指定给抓捕球模型。如图8-104所示。

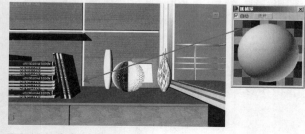

图8-104 指定抓捕球材质

105 制作花瓷材质。打开材质编辑器面板，选择一个新的材质球，将其命名为"花瓷"，为"漫反射"通道指定一张配套光盘中提供的"条纹"纹理贴图。进入贴图坐标面板，将U向的平铺值设置为2，V向的平铺值设置为1；设置模糊值为0.5；将"高光光泽度"的值设置为0.95，"反射光泽度"的值设置为0.98，"细分"值设置为20。如图8-105所示。

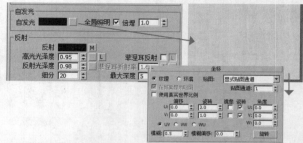

图8-105 设置反射和漫反射

106 为反射通道指定一张衰减贴图，设置贴图的方式为"Fresnel"，设置"折射率"的值为100。将漫反射通道中的纹理贴图复制给凹凸贴图通道，将凹凸数量设置为20。如图8-106所示。

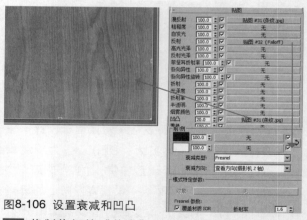

图8-106 设置衰减和凹凸

107 将制作好的"花瓷"材质指定给对应的花瓷瓶模型，如图8-107所示。

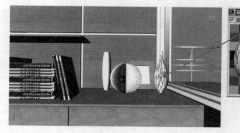

图8-107 指定花瓷材质

3ds Max 2014/VRay 室内外效果图从新手到高手

108▶ 创建摄影机。单击创建面板中的█按钮，进入摄影机创建面板，在摄影机类型下拉列表中选择"标准"选项，单击"对象类型"卷展栏中的 **目标** 按钮，在视图中拖动鼠标左键，创建一架"目标摄影机"。按下键盘上的【2】键，进入修改面板，将"镜头"的值设置为20，如图8-108所示。

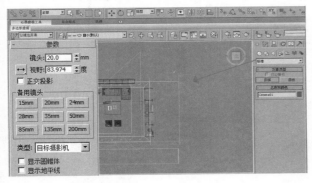

图8-108 创建目标摄影机

109▶ 布置太阳光。单击创建面板中的█按钮，进入灯光创建面板，在灯光类型下拉列表中选择"标准"选项，单击"对象类型"卷展栏中的 **目标平行光** 按钮，在视图中拖动鼠标左键，创建一盏"目标平行光"。按下键盘上的【2】键，进入修改面板，将阴影类型设置为"VRay阴影"，设置"倍增"值为0.6，设置"聚光区/光束"的值为50 000，设置"衰减区/区域"的值为50 002，如图8-109所示。

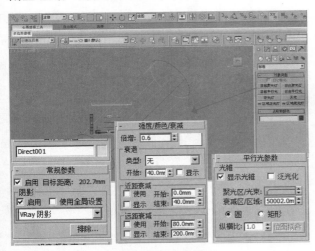

图8-109 创建太阳光并设置灯光参数

110▶ 布置主光源。单击创建面板中的█按钮，进入灯光创建面板，在灯光类型下拉列表中选择"VRay"选项，单击"对象类型"卷展栏中的VR-光源按钮，在视图中拖动鼠标左键，创建一盏"VR-灯光"。按下键盘上的【2】键，进入修改面板，将"倍增器"的值设置为0.3，勾选"不可见"和"存储发光图"复选框，将采样的"细分"值设置为25，如图8-110所示。

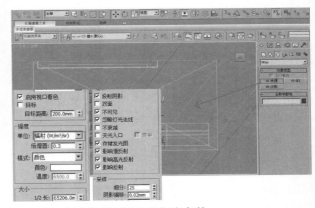

图8-110 创建主光源并设置灯光参数

111▶ 布置补充光源。单击创建面板中的█按钮，进入灯光创建面板，在灯光类型下拉列表中选择"VRay"选项，单击"对象类型"卷展栏中V-R光源按钮，在视图中拖动鼠标左键，创建一盏"VR-灯光"。按下键盘上的【2】键，进入修改面板，将"倍增器"的值设置为0.05，勾选"不可见"和"存储发光图"复选框，将采样的"细分"值设置为25，如图8-111所示。

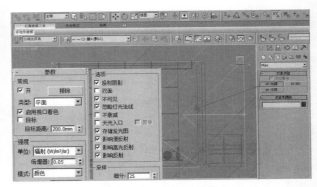

图8-111 创建补充光源并设置灯光参数

112 布置灯槽光。单击创建面板中的 ⬛ 按钮，进入灯光创建面板，在灯光类型下拉列表中选择"VRay"选项，单击"对象类型"卷展栏中的 VR-光源按钮，在视图中拖动鼠标左键，创建一盏"VR-灯光"。将灯光复制3组。按下键盘上的【2】键，进入修改面板，将"倍增器"的值设置为0.8，勾选"不可见"和"存储发光图"复选框，将采样的"细分"值设置为25，如图8-112所示。

图8-112 创建灯槽光并设置灯光参数

8.8 设置光子图渲染参数

113 打开渲染设置面板，进入"输出大小"选项组，将宽度的值设置为600，高度的值设置为500，单击 🔒 按钮，锁定"图像纵横比"，如图8-113所示。

图8-113 设置光子图的宽度和高度值

114 打开"V-Ray::图像采样器（反锯齿）"卷展栏，设置图像采样器的类型为"自适应确定性蒙特卡洛"；抗锯齿过滤器的类型为"Catmnull-Rom"，如图8-114所示。

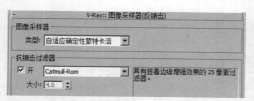

图8-114 设置"V-Ray::图像采样器（反锯齿）"参数

115 打开渲染设置面板，进入"VRay::全局开关"卷展栏，勾选"最大深度"复选框和"不渲染最终的图像"复选框，如图8-115所示。

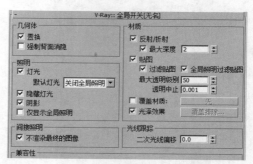

图8-115 设置"VRay::全局开关"参数

116 打开"V-Ray::间接照明（GI）"卷展栏，勾选"开"复选框，启用间接照明功能。设置"首次反弹"的全局照明引擎为"发光图"模式，设置"二次反弹"的全局照明引擎为"灯光缓存"模式，如图8-116所示。

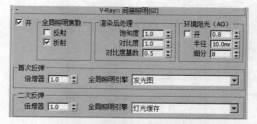

图8-116 设置"V-Ray::间接照明（全局照明）"参数

117 打开"V-Ray::发光图（无名）"卷展栏，设置"当前预置"的模式为"低"，设置"半球细分"的值为30，勾选"显示计算相位"和"显示直接光"复选框，在"渲染结束后"选项组中勾选"自动保存"复选框，并指定一个渲染输出路径，将渲染得到的光子图进行保存，如图8-117所示。

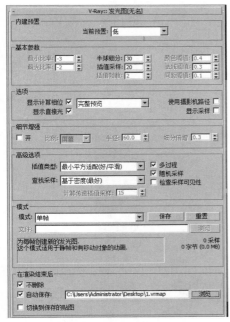

图8-117 设置"V-Ray::发光图"参数

118 打开"V-Ray::灯光缓存"卷展栏，设置"细分"为500，勾选"显示计算相位"和"存储直接光"复选框，勾选"在渲染结束后"选项组中的"自动保存"复选框，并指定一个渲染输出路径，将渲染得到的光子图进行保存，如图8-118所示。

图8-118 设置"V-Ray::灯光缓存"参数

119 将当前视图切换到"目标摄影机"视图，按下键盘上的【F9】键，对光子图进行渲染保存，光子图效果如图8-119所示。

图8-119 光子图效果

8.9 成品渲染输出设置

120 打开渲染设置面板，进入"输出大小"选项组，将宽度的值设置为3000，高度的值设置为2500，如图8-120所示。

图8-120 设置成品图像的宽度和高度值

121 打开"V-Ray::DMC采样器"卷展栏，设置"适应数量"为0.75，"最小采样值"为20，"噪波阈值"为0.001，如图8-121所示。

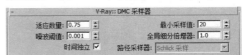

图8-121 设置"V-Ray::DMC采样器"参数

122 打开"V-Ray::发光图（无名）"卷展栏，设置"当前预置"的模式为"自定义"，将"最小比率"的值设置为-4，"最大比率"的值设置为-3，"半球细分"的值设置为50，"颜色阈值"的值设置为0.3，"法线阈值"的值设置为0.1。启用"细节增强"设置，设置"细分倍增"的值为0.1，如图8-122所示。

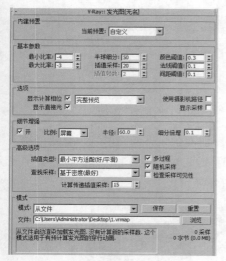

图8-122 设置"V-Ray::发光图"参数

123 打开"V-Ray::灯光缓存"卷展栏，设置"细分"值为1 500，"进程数"为2，如图8-123所示。

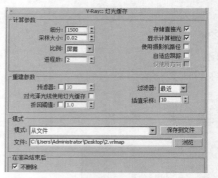

图8-123 设置"V-Ray::灯光缓存"参数

124 将当前视图切换到"目标摄影机"视图，按下键盘上的【F9】键，进行渲染保存，最终的成品如图8-124所示。

图8-124 成品图像渲染效果

8.10 Photoshop后期处理

125 启动Photoshop，打开配套光盘中提供的"雅致书房效果表现"图像文件（路径：配套光盘/08章/效果图/雅致书房效果表现），将当前的图层复制一个，在"图层混合模式"下拉列表中选择"滤色"，设置"不透明度"为50%，如图8-125所示。

图8-125 调整整体图像的亮度

126 选中地砖部分，按下键盘上的【Ctrl+J】组合键，将地砖复制一份。执行"图像"→"调整"→"亮度/对比度"修改命令，设置"亮度"的值为-21，设置"对比度"的值为9。按下键盘上的【Ctrl+B】组合键，打开"色彩平衡"对话框，设置"阴影"的色阶值为-11、0、1，"高光"的色阶值为-3、-6、8。得到的效果如图8-126所示。

127 选中地毯部分，按下键盘上的【Ctrl+J】组合键，将地毯复制一份。执行"图像"→"调整"→"亮度/对比度"修改命令，设置"亮度"的值为35，设置"对比度"的值为13。按下键盘上的【Ctrl+B】组合键，打开"色彩平衡"对话框，设置"中间调"的色阶值为-5、0、11，"高光"的色阶值为-10、0、6。得到的效果如图8-127所示。

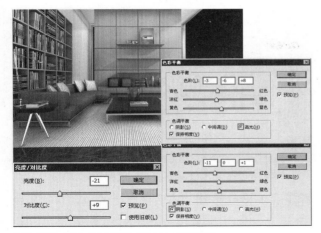

图8-126 修改地砖部分的对比度和颜色

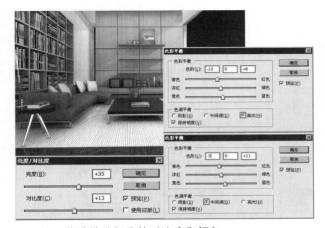

图8-127 修改地毯部分的对比度和颜色

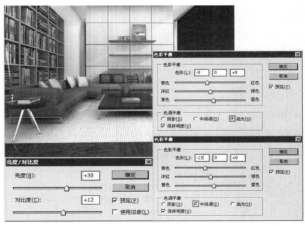

图8-128 修改装饰木纹部分的对比度和颜色

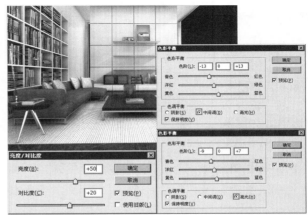

图8-129 修改书柜部分的对比度和颜色

128 选中装饰木纹部分，按下键盘上的【Ctrl+J】组合键，将装饰木纹复制一份。执行"图像"→"调整"→"亮度/对比度"修改命令，设置"亮度"的值为30，设置"对比度"的值为12。按下键盘上的【Ctrl+B】组合键，打开"色彩平衡"对话框，设置"中间调"的色阶值为-15、0、9，"高光"的色阶值为-9、0、9。得到的效果如图8-128所示。

129 选中书柜部分，按下键盘上的【Ctrl+J】组合键，将书柜复制一份。执行"图像"→"调整"→"亮度/对比度"修改命令，设置"亮度"的值为50，设置"对比度"的值为20。按下键盘上的【Ctrl+B】组合键，打开"色彩平衡"对话框，设置"中间调"的色阶值为-13、0、13，"高光"的色阶值为-9、0、7。得到的效果如图8-129所示。

130 选中图书部分，按下键盘上的【Ctrl+J】组合键，将图书复制一份。执行"图像"→"调整"→"亮度/对比度"修改命令，设置"亮度"的值为40，设置"对比度"的值为15。按下键盘上的【Ctrl+U】组合键，打开"色相/饱和度"对话框，设置"色相"的值为-76，"饱和度"的值为27。得到的效果如图8-130所示。

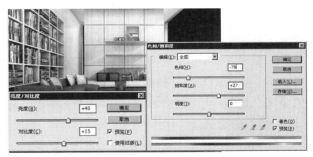

图8-130 修改图书部分的对比度和颜色

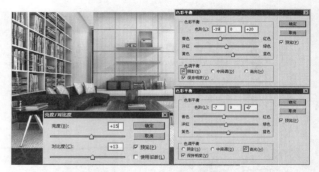

图8-133 修改茶几木纹部分的对比度和颜色

131 选中乳胶漆部分，按下键盘上的【Ctrl+J】组合键，将乳胶漆复制一份。执行"图像"→"调整"→"亮度/对比度"修改命令，设置"亮度"的值为30，设置"对比度"的值为10。按下键盘上的组合键【Ctrl+U】组合键，打开"色相/饱和度"对话框，设置"色相"的值为2，"饱和度"的值为−100，"明度"的值为22。得到的效果如图8-131所示。

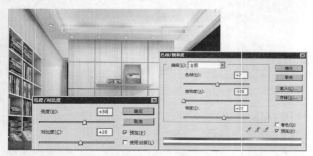

图8-131 修改乳胶漆部分的对比度和颜色

132 选中沙发布部分，按下键盘上的【Ctrl+J】组合键，将沙发布复制一份。执行"图像"→"调整"→"亮度/对比度"修改命令，设置"亮度"的值为-83，设置"对比度"的值为53。按下键盘上的【Ctrl+B】组合键，打开"色彩平衡"对话框，设置"阴影"的色阶值为4、0、−22，"高光"的色阶值为−16、−8、12。得到的效果如图8-132所示。

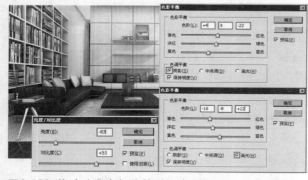

图8-132 修改沙发布部分的对比度和颜色

133 选中茶几木纹部分，按下键盘上的【Ctrl+J】组合键，将茶几木纹复制一份。执行"图像"→"调整"→"亮度/对比度"修改命令，设置"亮度"的值为15，设置"对比度"的值为13。按下键盘上的【Ctrl+B】组合键，打开"色彩平衡"对话框，设置"阴影"的色阶值为−19、0、20，"高光"的色阶值为−7、0、7。得到的效果如图8-133所示。

134 选中皮革部分，按下键盘上的【Ctrl+J】组合键，将皮革复制一份。执行"图像"→"调整"→"亮度/对比度"修改命令，设置"亮度"的值为55，设置"对比度"的值为30。按下键盘上的【Ctrl+B】组合键，打开"色彩平衡"对话框，设置"阴影"的色阶值为17、0、-17，"高光"的色阶值为−16、9、0。得到的效果如图8-134所示。

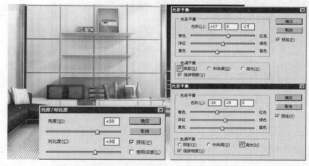

图8-134 修改皮革部分的对比度和颜色

135 选中不锈钢部分，按下键盘上的【Ctrl+J】组合键，将不锈钢复制一份。执行"图像"→"调整"→"亮度/对比度"修改命令，设置"亮度"的值为30，设置"对比度"的值为15。按下键盘上的【Ctrl+B】组合键，打开"色彩平衡"对话框，设置"阴影"的色阶值为−26、0、18，"高光"的色阶值为0、0、13。得到的效果如图8-135所示。

136 选中雕塑部分，按下键盘上的【Ctrl+J】组合键，将雕塑复制一份。执行"图像"→"调整"→"亮度/对比度"修改命令，设置"亮度"的值为100，设置"对比度"的值为75。按下键盘上的【Ctrl+B】组合键，打开"色彩平衡"对话框，设置"阴影"的色阶值为8、0、-9，"高光"的色阶值为−14、0、9。得到的效果如图8-136所示。

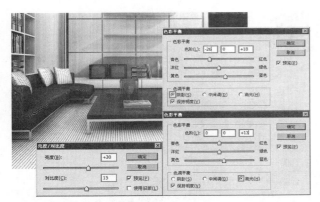

图8-135 修改不锈钢部分的对比度和颜色

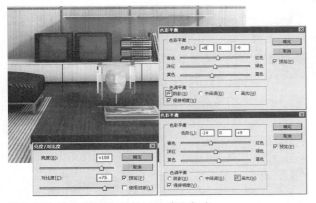

图8-136 修改雕塑部分的对比度和颜色

137►选中白瓷部分，按下键盘上的【Ctrl+J】组合键，将白瓷复制一份。执行"图像"→"调整"→"亮度/对比度"修改命令，设置"亮度"的值为62，设置"对比度"的值为15。按下键盘上的【Ctrl+U】组合键，打开"色相/饱和度"对话框，设置"色相"的值为11，"饱和度"的值为–54，"明度"的值为11。得到的效果如图8-137所示。

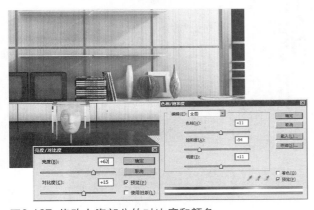

图8-137 修改白瓷部分的对比度和颜色

138►选中抓捕球部分，按下键盘上的【Ctrl+J】组合键，将抓捕球复制一份。执行"图像"→"调整"→"亮度/对比度"修改命令，设置"亮度"的值为68，设置"对比度"的值为20。按下键盘上的【Ctrl+U】组合键，打开"色相/饱和度"对话框，设置"色相"的值为15，"饱和度"的值为–60，"明度"的值为15。得到的效果如图8-138所示。

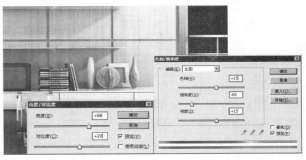

图8-138 修改抓捕球部分的对比度和颜色

139►选中花瓷部分，按下键盘上的【Ctrl+J】组合键，将花瓷复制一份。执行"图像"→"调整"→"亮度/对比度"修改命令，设置"亮度"的值为30，设置"对比度"的值为22。按下键盘上的【Ctrl+U】组合键，打开"色相/饱和度"对话框，设置"色相"的值为39，"饱和度"的值为–71，"明度"的值为9。得到的效果如图8-139所示。

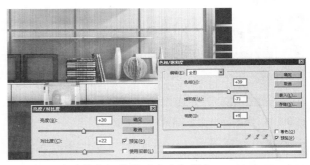

图8-139 修改花瓷部分的对比度和颜色

140►选中装饰画部分，按下键盘上的【Ctrl+J】组合键，将装饰画复制一份。执行"图像"→"调整"→"亮度/对比度"修改命令，设置"亮度"的值为32，设置"对比度"的值为11。按下键盘上的【Ctrl+B】组合键，打开"色彩平衡"对话框，设置"阴影"的色阶值为–7、4、15，"高光"的色阶值为0、–8、2。得到的效果如图8-140所示。

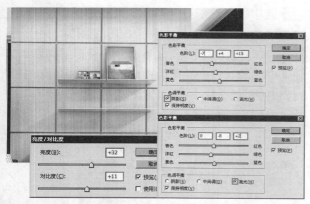

图8-140 修改装饰画部分的对比度和颜色

141 选中栏杆金属部分，按下键盘上的【Ctrl+J】组合键，将栏杆金属复制一份。执行"图像"→"调整"→"亮度/对比度"修改命令，设置"亮度"的值为27，设置"对比度"的值为25。按下键盘上的【Ctrl+U】组合键，打开"色相/饱和度"对话框，设置"色相"的值为-54，"饱和度"的值为-52，"明度"的值为16。得到的效果如图8-141所示。

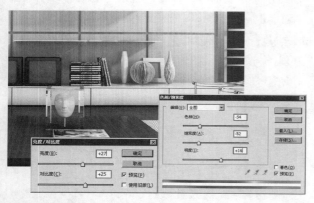

图8-141 修改栏杆金属部分的对比度和颜色

142 选中背景图像，将其删除，然后将配套光盘中提供的海景图像置于效果图的下方，利用"自由变换"工具适当修改图像的大小。执行"图像"→"调整"→"亮度/对比度"修改命令，设置"亮度"的值为25，设置"对比度"的值为20。得到的效果如图8-142所示。

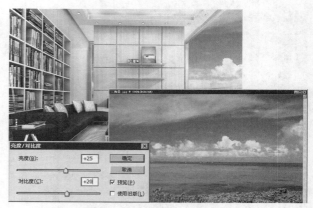

图8-142 添加并修改背景图像

143 将所有的图层合并。单击主工具栏中的"滤镜"下拉菜单，在弹出的下拉列表中选择"锐化"选项，然后选择"USM锐化"选项，在打开的"USM锐化"对话框中设置"数量"的值为50，设置"半径"的值为1，得到的效果如图8-143所示。

图8-143 添加"USM锐化"修改

144 至此，雅致书房效果图已经全部制作完毕。将处理好的图像进行保存，最终效果如图8-144所示。

图8-144 最终效果

第 *9* 章　敞开式厨房

敞开式厨房使厨房空间更加有活力。红白搭配使整个空间洁净、清爽，又不失氛围。

01 打开3ds Max 2014，在制作效果图之前首先要先检查单位，将单位统一设置为毫米，在自定义菜单栏下，选择单位设置，在显示的对话框中将公制单位的单位设置为毫米，单击确定按钮，然后单击系统单位设置按钮，在出现的对话框中将系统单位比例的单位也设置为毫米，如图9-1所示。

图9-1 设置单位

02 将单位设置好以后，选择前视图，在前视图创建长度为2 600，宽度为9 200，高度为6 500的长方体，如图9-2所示。

图9-2 创建长方体

03 在创建面板中找到摄影机面板，打开摄影机面板，选择目标相机，在视图中创建目标相机如图9-3所示。

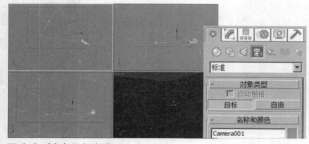

图9-3 创建目标相机

04 选中创建的长方体，在修改面板添加"法线"修改器，选择翻转法线，此时摄像机视图如图9-4所示。

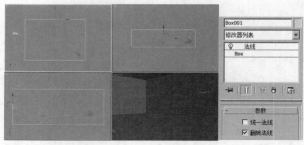

图9-4 翻转法线

05 保持长方体被选中状态，单击鼠标右键，在出现的四元菜单中，将长方体"转换为""可编辑多边形"，如图9-5所示。

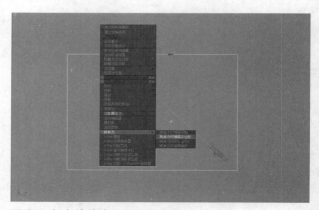

图9-5 长方体转换可编辑多边形

06 单击键盘快捷键数字【2】键，即可进入线子对象层级，如图9-6所示。

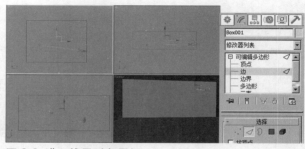

图9-6 进入线子对象层级

07 下面开始制作窗洞，首先了解一下窗子的尺寸，窗子距地是300，距顶是200，窗宽是1000，两窗子之间的距离是300。在左视图中，选择两边两条高度线段，如图9-7所示。

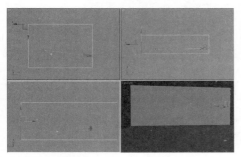

图 9-7 选择线

08 选择两条高度线段后，在修改面板中单击"连接"命令后面的图标，将连接边分段数设置为2，然后单击确定按钮，如图9-8所示。

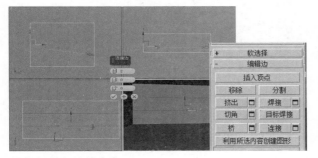

图 9-8 执行连接命令

09 由于窗洞离顶面的距离为200，所以在左视图中，选择上面一条刚分出来的线段，将选中的线段捕捉到顶面并锁定轴向，在Y轴中输入-200（此命令在视图下面可以找到），如图9-9所示。

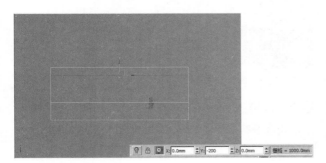

图 9-9 移动距顶距离

10 由于窗洞距离地面的距离是300，所以接着选中上面一条分出来的线段，将线段捕捉到地面，锁定Y轴，输入300，这样窗洞的高度就切割出来了，如图9-10所示。

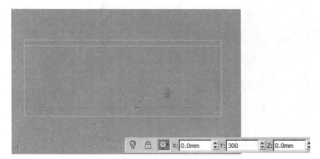

图 9-10 移动距地距离

11 下面将窗洞的宽度切割出来，在左视图中选择切割出来的上下两条线段，执行"连接"命令，并将分段数设置为4，如图9-11所示。

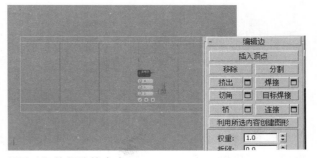

图 9-11 执行连接命令

12 在左视图中，选择分割出来的左面一条线，将它捕捉到左墙，锁定X轴，距离为1 400，如图9-12所示。

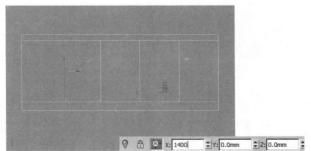

图 9-12 锁定X轴移动线

13 由于窗子的宽度为1 000，所以选择第二条边，将它捕捉到刚才编辑的边并锁定X轴，输入1 000，如图9-13所示。

图 9-13 锁定X轴

14 由于窗子之间的距离为300，所以选中第三条线，锁定X轴，输入300，如图9-14所示。

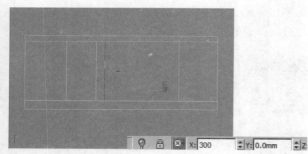

图 9-14 设定窗子距离

15 第二个窗子的宽度和第一个的一样，制作方法也相同，如图9-15所示。

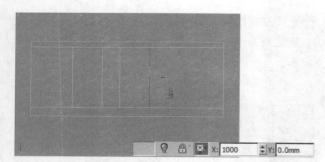

图 9-15 制作第二个窗洞

16 单击键盘快捷键【4】键，进入面子对象层级，在左视图中将刚才分割好的面选中，如图9-16所示。

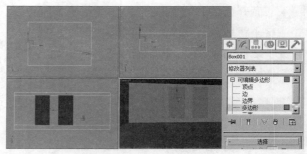

图 9-16 选中面

17 下面要制作窗洞周围墙面的厚度，将选中的两个面删除，并按键盘快捷键【2】键进入线子对象层级，选中两个窗口的线段，如图9-17所示。

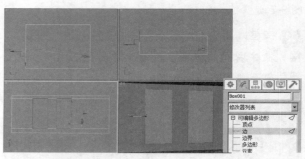

图 9-17 删除面

18 由于墙面的厚度为240，所以在修改面板中，选择挤出命令，将选中的线段挤出，并设置挤出高度为-200，这样窗口的墙面就制作好了，如图9-18所示。

图 9-18 挤出窗口墙面

19 这时窗洞制作好了，接下来开始制作窗格。首先在左视图中的窗洞处捕捉创建一个矩形，并在该矩形中右击选择"转换为可编辑样条线"，如图9-19所示。

20 单击键盘数字【3】键，进入可编辑样条线的样条线子对象层级，选中刚才创建的矩形，在修改面板中，选择轮廓命令，并将轮廓数设置为40作为窗格的宽度，如图9-20所示。

图 9-19 创建矩形

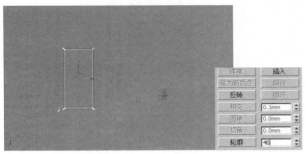

图 9-20 执行轮廓命令

21 在创建面板中，选择线，打开2.5维捕捉，选择中心和端点。在刚创建的窗框中捕捉中心点创建线，如图9-21所示。

图 9-21 创建线

22 保持线被选择状态，单击键盘【3】键进入线的样条线子对象层级，在修改面板中，执行轮廓命令，将轮廓设置为40并勾选中心复选框。如图9-22所示。

23 将刚才创建的窗子的栅格条一次复制4个，并与窗框中心对齐，将窗框选中，单击鼠标右键将其

转换为可编辑样条线，并选择附加命令，将所有栅格条和窗框附加到一起，如图9-23所示。

图 9-22 执行轮廓命令

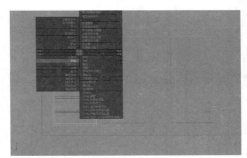

图 9-23 执行附加命令

24 由于窗框的厚度是40，因此选择修改面板，将附加好的窗框执行挤出命令，并将挤出数量设置为40，如图9-24所示。

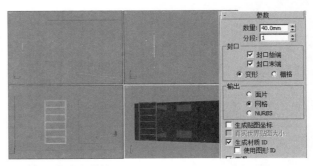

图 9-24 将窗框挤出

25 在左视图中，选择制作好的窗框，按快捷键键盘【Shift】键，向右捕捉拖动到另一个窗洞，复制一个窗框，如图9-25所示。

26 上面把两个窗洞和窗框制作完成了，接着选中可编辑多边形墙体，按【2】键进入线段子对象层级，选中正墙的上下两条边如图9-26所示。

图 9-25 复制窗框

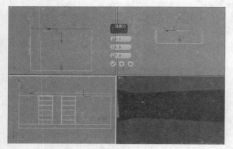

图 9-26 选中线段

27 在前视图中，进入修改面板，在修改面板中将选中的两条线执行连接命令，将连接边的分段数设置为1，此时就会在可编辑多边形上出现一条新的切割线，打开捕捉，将新切割的线捕捉到左墙的边上，锁定X轴，输入2 300，如图9-27所示。

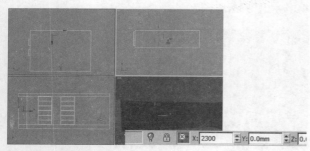

图 9-27 锁定x轴向

28 按键盘数字【4】键，即可进入可编辑多边形的面子对象层级，选中正墙的右边的面，在修改面板中，选择挤出命令，并执行挤出命令，设置挤出高度值为710，如图9-28所示。

29 在线子对象层级中，选择正墙左半面墙的左右两条线，执行修改面板中的连接命令，并将连接边的分段数设置为这时有分割处一条新的线，如图9-29所示。

图 9-28 挤出面

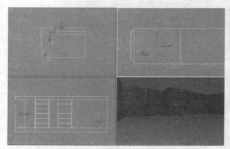

图 9-29 执行连接命令

30 在前视图中，保持刚才分割出来的线为选中状态，打开2.5维捕捉，将线捕捉到正墙的左边，锁定X轴，并输入偏移距离为950，如图9-30所示。

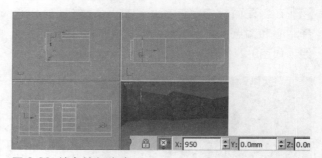

图 9-30 锁定轴向移动

31 按键盘【4】键，进入可编辑多边形的面子对象层级，将分割出来的正墙左边的面选中，在修改面板中执行挤出命令，并设置挤出高度值为710，如图9-31所示。

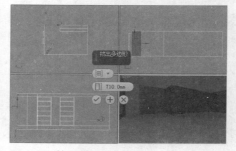

图 9-31 挤出墙面

32 保持面子对象层级状态，将正墙中间的面选中，在修改面板中执行挤出命令，并设置挤出高度为400，如图9-32所示。

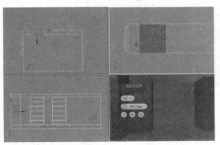

图 9-32 挤出命令

33 进入线段子对象层级，在视图中选中两条线段，如图9-33所示。

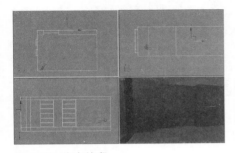

图 9-33 选中线段

34 在这里要做一个墙的凹槽，是用来做灯带用的，所以要切割出一条线来制作凹槽，将线捕捉到墙角，锁定y轴，输入墙厚150，如图9-34所示。

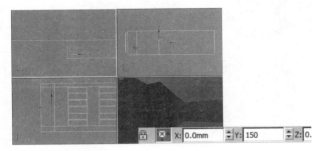

图 9-34 设置墙厚

35 进入面子对象层级，选中里面的面，作为凹槽凹进去的部分，所以执行修改面板中的挤出命令，将挤出高度设置为-150，如图9-35所示。

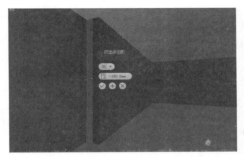

图 9-35 挤出凹槽

36 正墙左面的灯带凹槽和右面的制作方法是一样的。在线段子对象层级中，将上下两条线选中，如图9-36所示。

图 9-36 选中线段

37 选中线段以后，进入修改面板，在修改面板中执行连接命令，并设置连接边的变数为1，如图9-37所示。

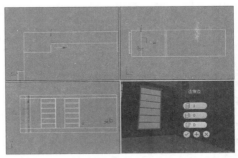

图 9-37 连接命令

38 进入面子对象层级中，左面的选择面作为凹槽凹进去的部分，在透视图中将面选中，如图9-38所示。

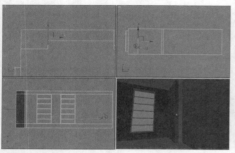

图 9-38 选择凹面

39 将面选中后，在修改面板中执行挤出命令，由于凹进去的距离为150，所以设置挤出高度值为-150，挤出后的效果如图9-39所示。

图 9-39 凹面挤出

40 接下来在正墙的右侧开始制作橱柜墙造型，它是从墙体中凹进去的。首先了解一下橱柜的尺寸：柜深是600，柜高是2 000，柜宽是1 800。首先要从正墙的右侧将橱柜的宽和高用线段切割出来。在线段子对象层级中，选中正墙的右侧墙体的上下两条线段，如图9-40所示。

图 9-40 选中正墙线段

41 保持线段被选择状态，在修改面板中，执行连接命令，并将连接边的分段数设置为2，效果如图9-41所示。

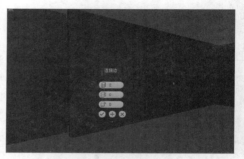

图 9-41 连接橱柜线

42 打开2.5维捕捉，将分割的线段捕捉到左边的边上，锁定X轴，由于墙面到橱柜的距离为1 650，所以在X轴右侧输入1 650，如图9-42所示。

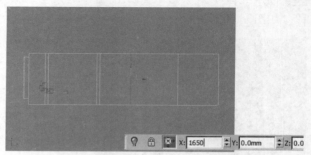

图 9-42 锁定轴向

43 由于橱柜的宽度为2 000，所以在前视图中，将分割的第二条线捕捉到第一条线上，锁定X轴，在X轴右侧输入2 000，如图9-43所示。

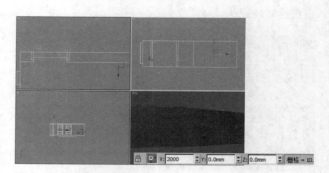

图 9-43 设置橱柜宽度

44 在线段子对象层级中，将刚才调整好的两条线段选中，如图9-44所示。

45 选中线段以后，在修改命令面板中，执行连接命令，并设置连接边的分段数为1，这是要切割出一条线段来作为橱柜的高度，如图9-45所示。

图 9-44 选择线段

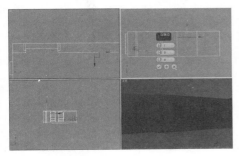

图9-45 连接命令

46 打开2.5维捕捉，将刚才切割的线捕捉到地面，由于橱柜的高度为2 000，所以在前视图中，锁定Y轴，在Y轴的右侧输入2 000，如图9-46所示。

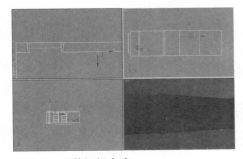

图 9-46 调整橱柜高度

47 按键盘数字键【4】键，进入可编辑多边形的面子对象层级，选中橱柜的面，如图9-47所示。

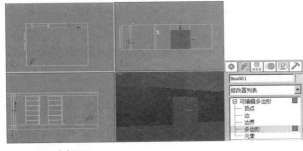

图 9-47 选择面

48 保持面被选中状态，由于橱柜的深度为600，所以在修改命令面板中，选择挤出命令，将挤出高度值设置为−600，效果如图9-48所示。

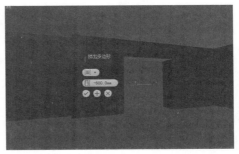

图 9-48 挤出柜深

49 接着，在橱柜墙的左面墙上，利用和做橱柜一样的方法来制作造型，到这里，敞开式厨房的模型就制作完成了，效果如图9-49所示。

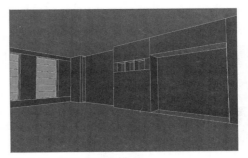

图 9-49 敞开式厨房模型

50 将厨房模型合并到场景中，并进行调整，效果如图9-50所示。

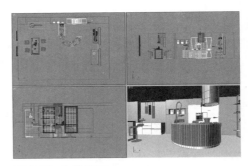

图 9-50 合并模型

51 在顶视图中创建3ds中的目标相机，调整好相机的位置，修改相机参数，并将镜头设置为23，如图9-51所示。

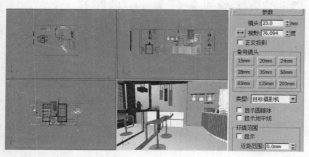

图 9-51 添加目标相机

52 在透视图中，按键盘上【C】键，机壳进入摄像机视图，在摄像机视图的左上方单击鼠标右键，打开安全框，效果如图9-52所示。

图 9-52 打开安全框

53 在摄像机视图中会发现，由于摄像机的缘故，物体有些倾斜，这时在视图中选中摄像机，但不要选择目标点，单击鼠标右键，在出现的菜单中选择"应用摄影机校正修改器"，如图9-53所示。

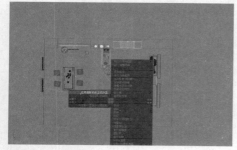

图 9-53 相机校正

54 这时摄像机视图中的物体就不会有倾斜现象，效果如图9-54所示。

图 9-54 校正效果

55 到这里，敞开式厨房的模型就制作完成了，下面要检查模型是否有问题，比如破面、漏光和重面等问题。

56 首先设定一个通用的材质球，来代替场景中的所有物体的材质。把漫反射通道中的颜色设置为R：230，G：230，B：230，给它一个230的灰度主要是因为让物体对光线的反弹更充分，如图9-55所示。

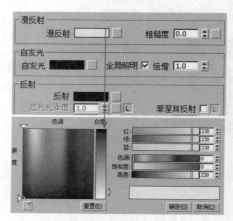

图 9-55 设置测试材质

57 按快捷键【F10】键将渲染面板打开，在通用面板中设置渲染图像的尺寸，图像高度为320，宽度为240，由于这里是测试材质渲染效果图的尺寸，所以不要把尺寸设置大了，如图9-56所示。

图 9-56 设置大小

58 用VRay渲染器渲染图像，所以将默认的渲染窗口关闭，勾选"渲染帧窗口"复选框，如图9-57所示。

图 9-57 关闭默认渲染窗口

59 设置帧缓冲区卷展栏。勾选"启用内置帧缓冲区"复选框，如图9-58所示。

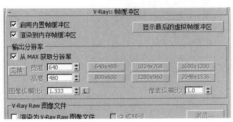

图 9-58 设置帧缓冲区

60 设置全局开关卷展栏。取消灯光复选框，勾选"覆盖材质"复选框，并将设置好的测试材质复制到覆盖材质右侧的按钮上，这样场景中的材质就会被测试材质所覆盖，如图9-59所示。

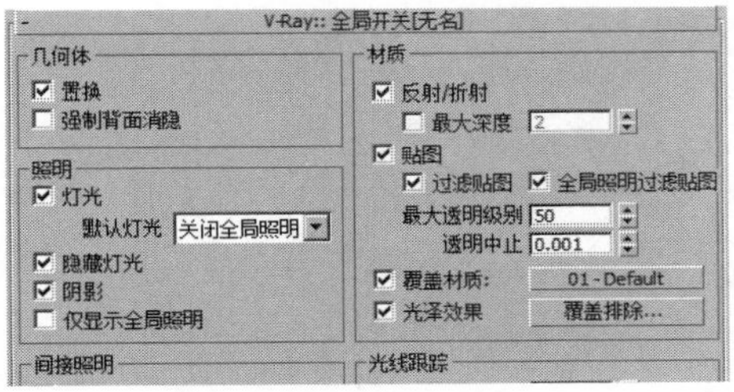

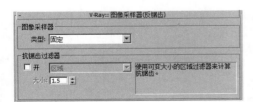

图 9-59 设置全局开关

61 设置图像采样器卷展栏。将图像采样器的类型设置为固定，并将抗锯齿过滤器关闭，如图9-60所示。

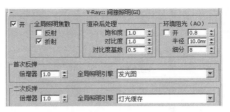

图 9-60 设置图像采样器

62 设置间接照明卷展栏。将首次反弹全局照明引擎设置为发光图，将二次反弹全局照明引擎设置为灯光缓存，如图9-61所示。

图 9-61 设置间接照明

63 设置发光图卷展栏。为了加快测试渲染速度，将当前预置设置为自定义，最小比率和最大比率都设置为-4，将半球细分设置为30，如图9-62所示。

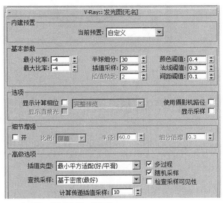

图 9-62 设置发光图

64 设置灯光缓存卷展栏。同样也是为了加快测试渲染速度，将细分设置为300，如图9-63所示。

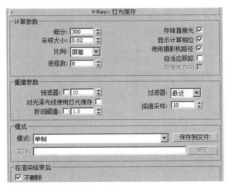

图 9-63 设置灯光缓冲

65 设置颜色贴图卷展栏。将颜色贴图类型设置为线性倍增，并将伽马值设置为2.2，如图9-64所示。

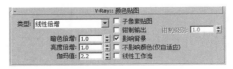

图 9-64 设置颜色贴图

66 到这里测试渲染参数已经设置完毕了。接着在顶视图中创建VRay穹顶灯，并设置它的单位为默认，倍增器为12，将灯光的颜色设置为淡蓝色，如图9-65所示。

67 上面把测试渲染的参数都调节好了，灯光也调整好了，下面开始渲染测试效果图，观察模型是否有问题，渲染效果如图9-66所示。

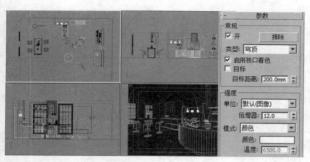

图 9-65 创建穹顶灯光

图 9-66 测试渲染图像

9.3 制作主体材质

68 通过对渲染图像的观察，可以发现模型没有出现什么问题，接下来开始制作场景中的材质。

首先是墙面材质，墙面是由两种材质构成，白色乳胶漆和红色乳胶漆。按快捷键【M】键打开材质编辑器。选择多维/子对象基本参数，将设置数量设置为2，如图9-67所示。

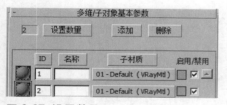

图 9-67 设置数量

69 选择第一个材质球，在这里用VRay材质制作墙面材质，将漫反射颜色的RGB值设置为248、248、248，如图9-68所示。

70 由于墙面带有很大的高光，所以将高光光泽度设置为0.6，将反射光泽度设置为0.7，将细分值设置为10，如图9-69所示。

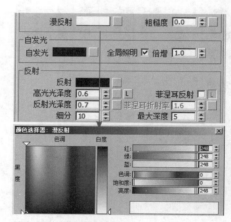

图9-68 设置漫反射值

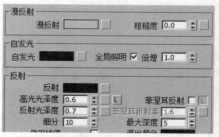

图 9-69 设置高光

71 由于墙面的表面不是绝对光滑的，所以，在凹凸通道中添加一张凹凸贴图，并将凹凸值设置为30，如图9-70所示。

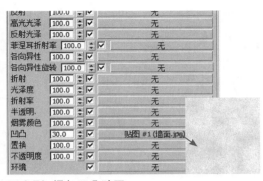

图 9-70 添加凹凸贴图

72 白色乳胶漆墙面材质设置完成，它的材质球效果如图9-71所示。

图 9-71 白色乳胶漆材质球

73 接着开始制作红色乳胶漆墙面材质。红色墙面材质的制作和白色墙面材质制作的方法相同，将漫反射颜色的值设置为R：145，G：0，B：0，如图9-72所示。

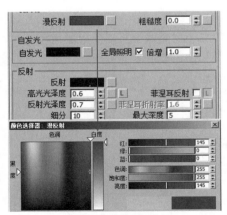

图 9-72 设置墙面材质颜色

74 由于墙面带有很大的高光，所以将高光光泽度设置为0.6，将光泽度设置为0.7，将细分值设置为10，如图9-73所示。

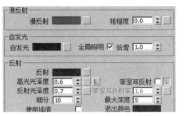

图 9-73 设置墙面高光

75 由于墙面的表面不是绝对光滑的，所以，在凹凸通道中添加一张凹凸贴图，并将凹凸值设置为30，如图9-74所示。

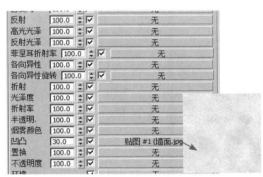

图 9-74 添加凹凸贴图

76 红色乳胶漆墙面材质设置完成，它的材质球效果如图9-75所示。

图 9-75 红色乳胶漆材质球

77 到这里，墙面材质就制作完成了，墙面材质球效果如图9-76所示。

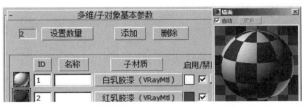

图 9-76 墙面材质球效果

第9章　敞开式厨房

78 下面开始制作地面材质。选择多维/子对象基本材质，将设置数量设置为3，如图9-77所示。

图 9-77 设置数量

79 选择第一个材质球，在这里用VRay材质制作墙面材质，将漫反射颜色的RGB值设置为181、181、181，如图9-78所示。

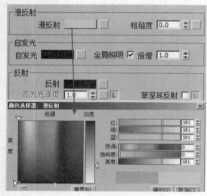

图 9-78 设置漫反射颜色

80 在漫反射通道中添加"躁波"贴图，把反射值设置为25，如图9-79所示。

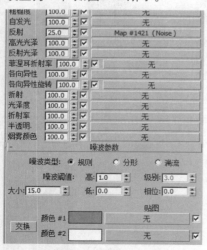

图 9-79 设置反射颜色

81 将躁波大小设置为15，并设置"颜色1"颜色的RGB值都为99，如图9-80所示。"

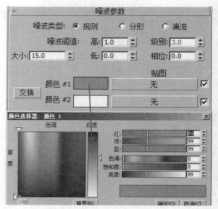

图 9-80 添加噪波

82 将反射通道中的噪啵复制到凹凸通道中，并将凹凸值设置为15，如图9-81所示。

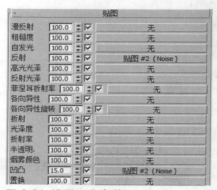

图 9-81 设置凹凸参数

83 接着选择第二个材质球，将漫反射颜色RGB的值都设置为60，如图9-82所示。

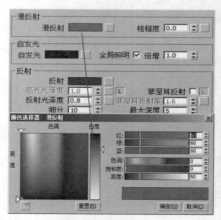

图 9-82 设置漫反射颜色

84 接着将反射颜色的RGB值都设置为150，并将光泽度设置为0.8，将细分设置为10，如图9-83所示。

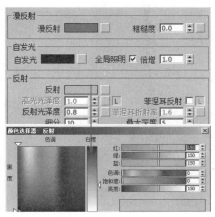

图 9-83 设置反射参数

85 第二个材质球制作完成，接着制作第三个材质球，将漫反射RGB颜色值都设置为8，如图9-84所示。

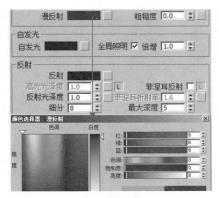

图 9-84 设置漫反射颜色值

86 将反射颜色RGB值为都设置为45，并将光泽度设置为0.75，将细分设置为12，如图9-85所示。

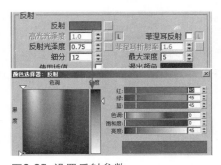

图9-85 设置反射参数

87 设置反射通道中的反射值为25，并添加噪啵，将反射通道的设置复制到凹凸通道中，如图9-86所示。

图9-86 设置贴图卷展栏

88 到这里，地面材质制作完成，地面材质的材质球效果如图9-87所示。

图 9-87 地面材质球效果

89 制作完地面材质之后，开始制作红陶瓷材质。将漫反射颜色值设置为R：145，G：0，B：0，如图9-88所示。

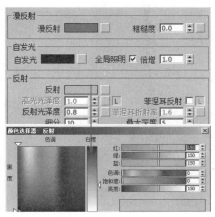

图 9-88 设置漫反射颜色值

90 将反射通道中的颜色值设置为R：35，G：35，B：35，由于红陶瓷材质表面相对平滑，它的高光较小，所以将反射光泽度设置为0.9，细分值设置为8，如图9-89所示。

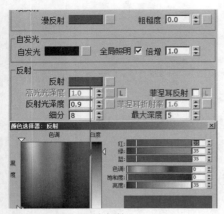

图 9-89 设置反射参数

91 到这里红陶瓷材质设置完成，它的材质球效果如图9-90所示。

图9-90 红陶瓷材质球效果

92 接下来制作白陶瓷材质。白陶瓷材质的制作和红陶瓷材质的制作是一样的。将漫反射颜色值设置为R：250，G：250，B：250，如图9-91所示。

图 9-91 设置白陶瓷漫反射

93 接下来制作白陶瓷材质。将反射通道中的颜色值设置为R：35，G：35，B：35，由于红陶瓷材质表面相对平滑，它的高光较小，所以将反射光泽度设置为0.9，细分值设置为8，如图9-92所示。

图 9-92 设置反射参数

94 到这里白陶瓷材质设置完成，它的材质球效果如图9-93所示。

图 9-93 白陶瓷材质球效果

95 接着开始制作金属材质。将漫反射通道总的颜色的RGB值都设置为60，如图9-94所示。

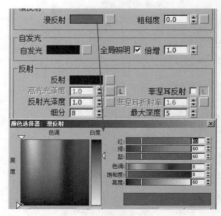

图 9-94 设置金属漫反射

96 设置金属的反射参数。将反射通道中颜色RGB值都设置为50，并将光泽度设置为0.8，将细分值设置为11，如图9-95所示。

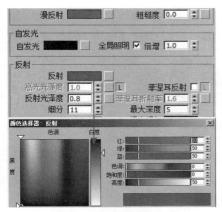

图 9-95 设置金属反射参数

97 在双向反射分布函数卷展栏中，将各向异性设置为0.7，旋转设置为90，如图9-96所示。

98 到这里，金属材质制作完成了，金属材质球效果如图9-97所示。

图 9-96 设置双向反射分布函数卷展栏

图 9-97 金属材质球效果

99 下面开始制作餐椅布纹材质，首先将漫反射通道中的颜色设置为R：160，G：0，B：0，如图9-98所示。

100 设置完漫反射颜色，再在漫反射通道中添加衰减，并设置衰减中的颜色值，如图9-99所示。

101 由于餐椅布纹材质存在一定的凹凸现象，因此在贴图卷展栏中的凹凸通道中，添加位图，并设置凹凸值为45，参数设置如图9-100所示。

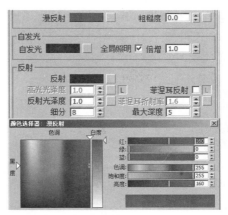

图 9-98 设置漫反射颜色

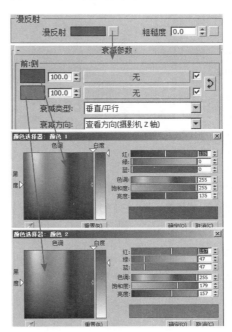

图 9-99 添加衰减并设置颜色值

图 9-100 添加凹凸贴图

102 到这里，餐椅布纹材质制作完成，它的材质球效果如图9-101所示。

图 9-101 餐椅布纹材质球效果

103 接着制作黑塑料材质。由于塑料的颜色是黑色，因此将漫反射中的颜色设置为R：4，G：4，B：4，如图9-102所示。

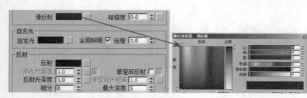

图 9-102 设置塑料颜色

104 将反射通道中的颜色的RGB值都设置为25值，由于塑料有较大的高光，所以将高光光泽度设置为0.7，将反射光泽度设置为0.8，将细分值设置为10，如图9-103所示。

图 9-103 设置反射参数

105 黑塑料材质已经制作好了，它的材质球效果如图9-104所示。

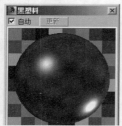

图 9-104 黑塑料材质球效果

106 下面开始制作场景中的玻璃材质。在这里，制作玻璃材质用VRay包裹材质，如图9-105所示。

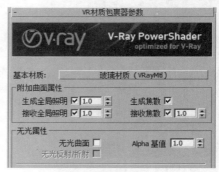

图 9-105 VRay包裹材质

107 单击基本材质右侧的按钮，设置玻璃材质的漫反射通道中颜色的RGB值都为0，如图9-106所示。

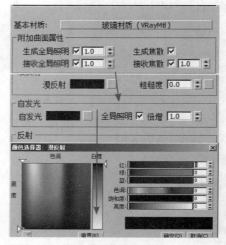

图 9-106 设置漫反射颜色值

108 设置漫反射颜色。将反射通道中的颜色设置为R：254，G：254，B：254，如图9-107所示。

图 9-107 设置反射颜色

109 接着设置衰减参数。由于玻璃的特性，它是透明而且带有一定的菲涅耳反射的，所以在反射通道中添加衰减，并设置衰减颜色，还要将衰减方式设置为菲涅耳方式，如图9-108所示。

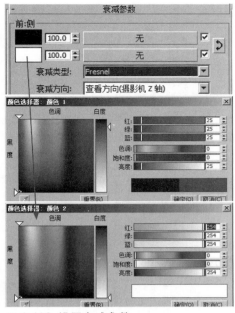

图 9-108 设置衰减参数

110 继续设置反射参数。由于玻璃的高光相对较小，所以在这里将它的反射光泽度设置为0.98，玻璃的细分值设置为3，并不会影响它的效果，如图9-109所示。

图 9-109 设置高光

111 将折射通道中的颜色设置为RGB都为254的值，细分值为50，为了让光穿过玻璃，勾选影响阴影复选框，玻璃折射率设置为1.517，烟雾倍增设置为1，如图9-110所示。

图 9-110 设置折射参数

112 到这里玻璃材质制作完成，它的材质球效果如图9-111所示。

图 9-111 玻璃材质球效果

9.4 制作食物材质

113 下面制作水果材质。在漫反射通道中，将颜色设置为R：144，G：31，B：0，作为水果的颜色，如图9-112所示。

图 9-112 设置漫反射颜色

114 由于水果的高光范围相对较大，所以将光泽度设置为0.75，将细分设置为5，如图9-113所示。

115 到这里水果材质就制作完成了，它的材质球效果如图9-114所示。

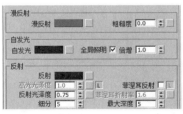

图 9-113 设置反射值

图 9-114 水果材质球效果

283

116 下面开始制作蔬菜材质，在漫反射添加"衰减"参数，在"前"面的颜色通道添加"混合"贴图，在混合贴图"颜色1"的通道中添加"大理石"贴图，在"混合量"通道中添加"躁波"贴图，如图9-115所示。

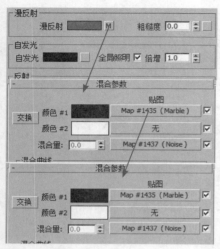

图 9-115 添加衰减和混合

117 设置"大理石"贴图的大小为70，"颜色1"的RGB颜色值为R：67、G:113、B:2，"颜色2"的RGB颜色值为R:87、G:143、B:50，如图9-116所示。

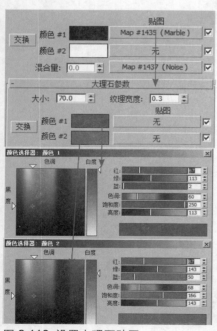

图 9-116 设置大理石贴图

118 设置躁波的大小为50，躁波类型为"湍流"，如图9-117所示。

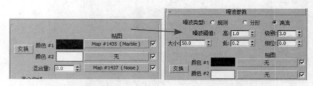

图 9-117 设置躁波

119 把混合贴图中"颜色1"通道中的"大理石"复制给"颜色2"并把大理石大小改为50。如图9-118所示。

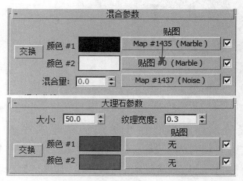

图 9-118 设置大理石大小

120 把衰减贴图中第一个颜色通道复制给第二个，并把第二个颜色的衰减值设置为40，图9-119所示。

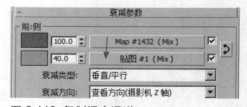

图 9-119 复制混合通道

121 设置折射中的烟雾颜色的RGB值为R:126 G:171 B:87，勾选影响阴影复选框。设置半透明类型为"硬（蜡）模型"，设置背面颜色的RGB值为R:170 G:209 B:119。如图9-120所示。

122 给凹凸通道中添加一张细胞贴图，"颜色变化"为7.4，大小为3，如图9-121所示。

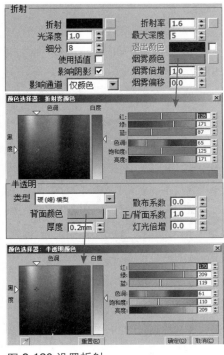

图 9-120 设置折射

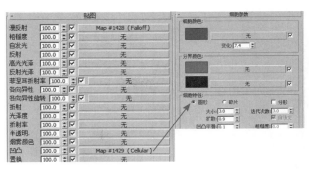

图 9-121 设置凹凸

123 这时候蔬菜材质完成，它的材质球效果如图9-122所示。

图 9-122 蔬菜材质球效果

9.5 创建灯光

124 到这里，场景中的材质已经全部设置完成了。接下来，在场景中添加灯光，首先添加太阳光。

选择目标平行灯光，在视图中创建平行灯光，勾选启用复选框，选择VRay阴影类型，将平行灯光的倍增设置为5.2，将太阳光颜色设置为淡黄色，如图9-123所示。

图 9-123 添加阳光

125 将场景的材质覆盖，调整好阳光位置，渲染观察阳光表现效果，如图9-124所示。

图 9-124 阳光表现效果

126 在视图中创建一个平面，添加弯曲命令，调整它的位置，作为室外光贴图，如图9-125所示。

127 设置VR灯光材质，在颜色右侧的通道按钮指定一张贴图，勾选背面发光复选框，如图9-126所示。

285

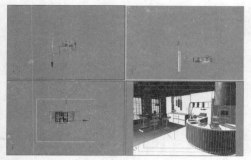

图 9-125　创建室外贴图

图 9-126　设置VR灯光材质

128 VR灯光材质参数设置完成了，VR灯光材质的材质球效果如图9-127所示。

图9-127　VR灯光材质球效果

129 在全局开关卷展栏中，取消覆盖材质复选框，将上面设置好的场景材质赋予场景物体，渲染观察室外VR灯光材质贴图效果，效果如图9-128所示。

图 9-128　渲染效果

130 下面接着添加灯光。在视图中，用VRay片光源作为灯带光源，设置单位为默认，倍增器值为8.0，将设置好的片光源镜像复制，对齐到另一边的灯曹内，如图9-129所示

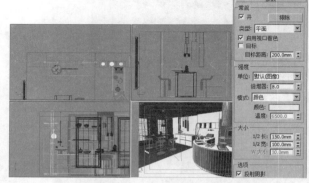

图9-129　添加灯带片光源

131 打开2.5维捕捉，在顶视图中创建VRay片光灯作为射灯，将单位设置为默认，片光灯的倍增器值设置为5.0，并将它复制两个，调增好位置，如图9-130所示。

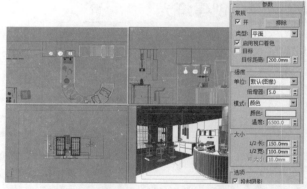

图 9-130　添加片光源

132 渲染图像，观察刚才创建的片光灯光源效果，效果如图9-131所示。

133 在场景中添加目标聚光灯，设置阴影类型为VRay阴影，将倍增值设置为8.0，把设置好的射灯复制一个，调整好位置，如图9-132所示。

图 9-131 渲染片光灯效果

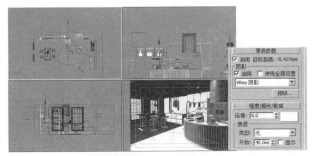

图 9-132 添加聚光灯

134 将图像渲染，观察聚光灯的效果，会发现整个场景在添加灯光的过程中，图像表现越来越丰富，效果如图9-133所示。

图 9-133 渲染聚光灯效果

135 在场景物体吸油烟机的下方添加一盏聚光灯，启用VRay阴影，并将倍增值设置为2.5，如图15-134所示。

136 添加灯光后，图像的效果就更加丰富了，渲染效果如图9-135所示。

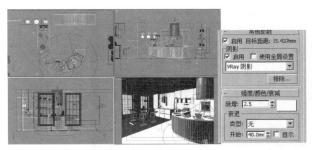

图 9-134 添加聚光灯

图 9-135 渲染效果

137 虽然图像越来越丰富，但是场景渲染效果还是有些暗，这就要在视图中添加辅助光，选择VRay穹顶光作为辅助光源。设置穹顶光的单位为辐射，颜色为淡蓝色，倍增器值为0.16，如图9-136所示。

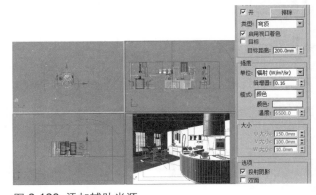

图 9-136 添加辅助光源

138 将图像渲染，观察添加的辅助光效果，如图9-137所示。

139 模型、材质和灯光都已经设置好了，下面开始设置最终渲染参数。为了让渲染出来的灯光没有杂点，表现得更细腻，首先将片光源的灯光细分设置为20，如图9-138所示。

287

图 9-137 添加辅助光效果

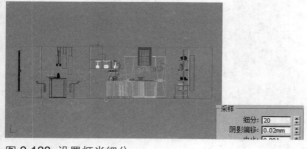

图 9-138 设置灯光细分

140 选择VRay穹顶光辅助灯光，将灯光细分设置为20，如图9-139所示。

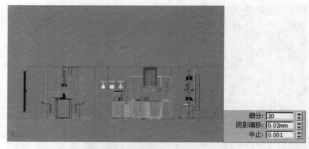

图 9-139 设置辅助灯光细分

141 将灯带的片光灯的细分值设置为15，由于它离摄影机的距离相对较远，把它的细分值设置为15既不影响效果，又可以在一定程度上加快渲染速度，如图9-140所示。

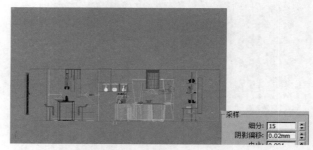

图 9-140 设置灯带片光灯细分

9.6 成品渲染输出设置

142 在公共渲染设置面板中，将最终渲染图像的输出大小设置为宽度为2 500，高度为1 560，如图9-141所示。

图 9-141 设置最终渲染尺寸

143 设置全局开关卷展栏。勾选光泽效果复选框，为了减少渲染图像时出现重面现象，将二级光线偏移设置为0.001，如图9-142所示。

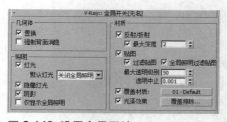

图 9-142 设置全局开关

144 为了得到一个比较好的锯齿效果，将图像采样器类型设置为"自适应确定性蒙特卡洛"，将最小细分设置为1，最大细分设置为5。在抗锯齿过滤器里选择Mitcell-Netravali，也是为了得到一个更好的抗锯齿效果，如图9-143所示。

图 9-143 设置图像采样器

145 在间接照明卷展栏中，将首次反弹全局照明引擎设置为"发光图"，将二次反弹全局照明引擎设置为"灯光缓存"，如图9-144所示。

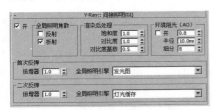

图 9-144 设置间接照明

146 设置发光图卷展栏。将当前预置设置为非常高，将半球细分设置为50，如图9-145所示。

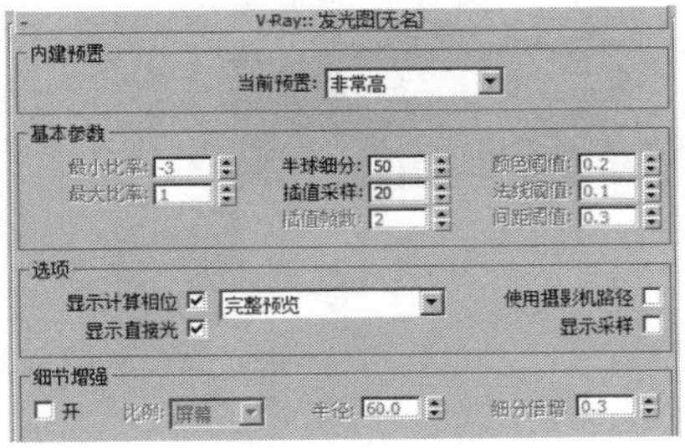

图 9-145 设置发光图

147 设置灯光缓存。将细分值设置为1 200，为了加快渲染速度，取消存储直接光复选框，如图9-146所示。

图 9-146 设置灯光缓存

148 将DMC采样器卷展栏中适应数量的值设置为0.75，将最小采样值设置为20，如图-147所示。

图 9-147 设置DMC采样器

到这里，最终渲染参数就设置好了，下面开始渲染效果图。

149 经个几个小时的渲染，效果图的最终渲染效果如图9-148所示。

图 9-148 最终渲染效果

9.7 Photoshop后期处理

通过观察会发现渲染出来的最终效果图整体较暗，为了让它效果更好，接下来要在Photoshop CS4中对它进行修改

150 将渲染的最终效果图用Photoshop CS4打开，为了不破坏原图效果，所以将背景层复制一个，如图9-149所示。

图 9-149 用Photoshop CS4打开图像

151 由于图像整体效果比较暗，所以按快捷键【Ctrl+L】键将色阶对话框打开进行调整，将输出色阶设置为10，如图9-150所示。

154 为了让图像更加的清晰，在滤镜菜单栏下选择锐化中的智能锐化，设置锐化数量为百分之90，半径为1像素，如图9-153所示。

图 9-150 调整色阶

图9-153 设置智能锐化

152 调整好明暗以后，观察图像效果，发现图像的亮处有些曝光，打开曝光度对话框，调整它的曝光度参数，如图9-151所示。

155 到这里，敞开式厨房效果图全部制作完成，它的最终效果如图9-154所示。

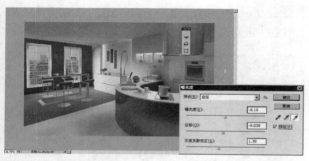

图 9-151 设置曝光度

图 9-154 最终效果

153 图像的亮度和曝光度调整好以后，接着按键盘快捷键【Ctrt+B】将色彩平衡对话框打开，并进行调整，效果如图9-152所示。

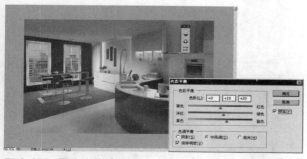

图 9-152 最终渲染效果

第10章 商店空间

商店内部采用后现代极繁主义装饰风格，在原本简单的空间中添加了许多装饰元素，色彩的处理上采用高纯度、高对比的方法，给人以视觉上的强烈冲击，为商品的展示提供了一个高质量的平台。制作本例时要注意模型创建的先后顺序和局部灯光的表现手法。

10.1 创建主体模型

01 在顶视图中绘制一个长为9 000、宽为5 000的矩形，如图10-1所示。

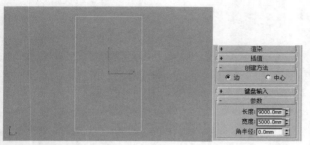

图10-1 绘制矩形

02 将图形转换成可编辑的样条线，选中图10-2所示的顶点，为其添加圆角修改，设置圆角的数量为1 500。

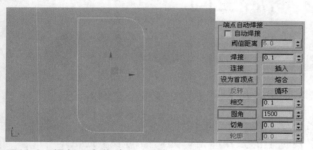

图10-2 添加圆角修改

03 继续在顶视图中绘制矩形，设置矩形的长和宽都为2 500，将图形复制一份，分别移动到图10-3所示的位置。

图10-3 绘制及复制图形

04 在视图中选择任意一个图形，利用"附加"修改将剩余的两个图形合并在一起，如图10-4所示。

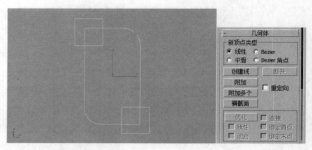

图10-4 添加附加修改

05 激活顶点选项，利用"优化"修改依次在图10-5所示的位置添加顶点。

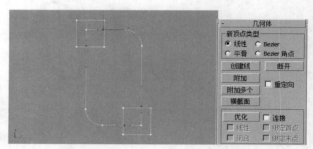

图10-5 添加顶点

06 激活边选项，将图形上多余的线段删除，得到的图形形状如图10-6所示。

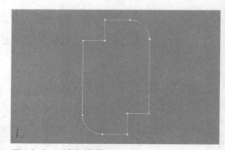

图10-6 删除线段

07 利用焊接修改，将相连的两个顶点合并为一个顶点，如图10-7所示。

08 进入"修改"面板，在修改器列表中选择"挤出"选项，设置挤出的"数量"为3 000，如图10-8所示。

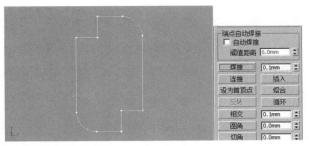

图10-7 焊接顶点

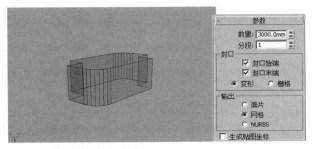

图10-8 添加挤出修改

09 将顶面模型转换成可编辑的多边形，进入多边形选择模式，依次选择各个面，并将所选的面分离成单独的多边形，如图10-9所示。

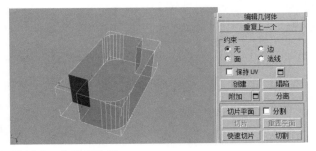

图10-9 分离多边形

10 创建地面造型，在顶视图中绘制图10-10所示的图形。

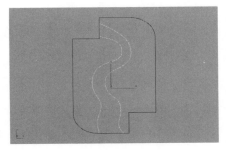

图 10-10 绘制图形轮廓

11 进入"修改"面板，在修改器列表中选择"挤出"选项，设置挤出的"数量"为55，如图10-11所示。

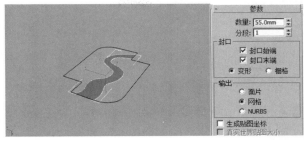

图10-11 添加挤出修改

12 将地面模型转换成可编辑的多边形，进入边选择模式，选中图10-12所示的边，为其添加多次的倒角修改，使其有一个圆滑的过渡效果。

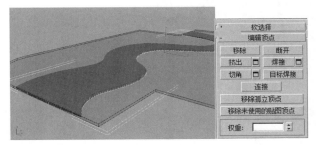

图10-12 挤出多边形

13 创建临时摄影机，在视图中创建一盏VR物理摄影机，设置摄影机的"焦距"为25，如图10-13所示。

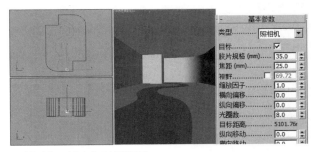

图10-13 创建临时摄影机

14 将顶面模型孤立出来，进入多边形选择模式，选择顶部的多边形，并为其添加挤出修改，设置"挤出高度"为600，如图10-14所示。

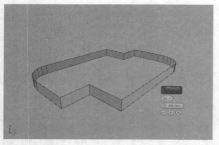

图10-14　添加挤出修改

15 利用长方体创建工具创建出横梁模型，将模型复制4组，适当修改模型的大小，移动到图10-15所示的位置。

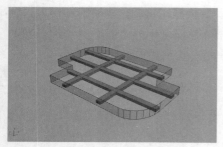

图10-15　创建横梁模型

16 创建通风口模型，在视图中创建一个半径1为500、半径2为270、高度为-120，边数为24的锥体模型，如图10-16所示。

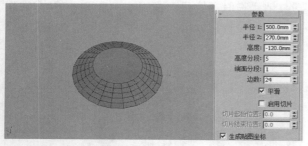

图 10-16　创建锥体模型

17 将锥体模型转换成可编辑的多边形，利用挤出和倒角修改对模型的造型进行细致地修改，得到的效果如图10-17所示。

18 在视图中创建一个半径为200、高度为600、边数为18的圆柱体模型，移动到图10-18所示的位置。

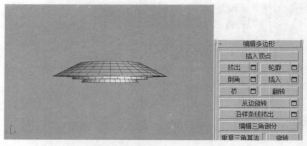

图10-17　修改通风口的造型

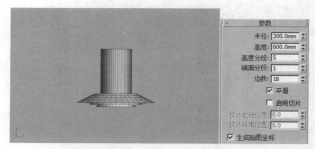

图10-18　创建圆柱体模型

19 将通风口模型以实例的方式复制8组，分别移动到图10-19所示的位置。

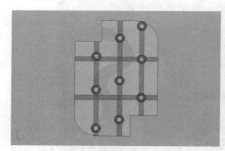

图10-19　复制通风口模型

20 再次孤立出顶面模型，激活多边形选择模式，选中模型侧面的面，将其分离为单独的多边形，移动到如图10-20所示的位置。

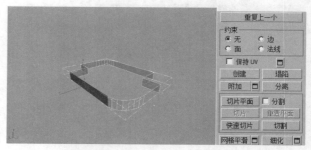

图10-20　分离多边形

21 为分离出的多边形添加切割修改，效果如图10-21所示。

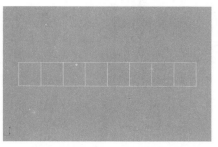

图10-21　切割多边形

22 为上一步骤中切割出的多边形添加倒角修改，设置倒角的"高度"为-10，"轮廓量"为-5，如图10-22所示。

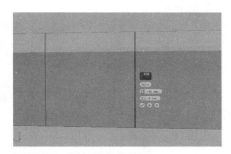

图10-22　添加倒角修改

23 创建展架模型，在顶视图中绘制出展架模型的截面轮廓，如图10-23所示。

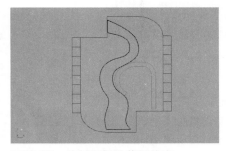

图10-23　绘制展架的截面轮廓

24 进入"修改"面板，在修改器列表中选择"挤出"选项，设置挤出的"数量"为3 000，如图10-24所示。

25 利用矩形绘制工具在视图中绘制出橱窗的截面轮廓，如图10-25所示。

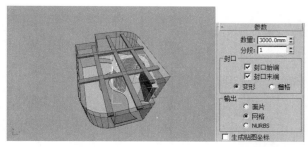

图10-24　添加挤出修改

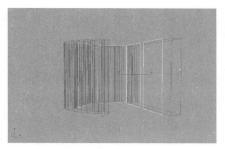

图10-25　绘制橱窗的截面轮廓

26 选择展架模型，进入"复合对象"面板，单击 图形合并 按钮，激活图形合并修改。在"拾取操作对象"卷展栏中单击 拾取图形 按钮，然后在视图中单击橱窗轮廓图形，如图10-26所示。

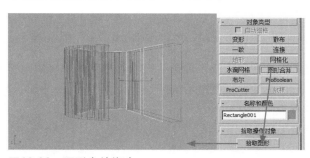

图10-26　图形合并修改

27 创建装置模型，先在视图中绘制出模型的截面轮廓，如图10-27所示。

图10-27　绘制装置模型的截面轮廓

28 进入"修改"面板,在修改器列表中选择"车削"选项,设置车削的"度数"为360,"分段"为84,如图10-28所示。

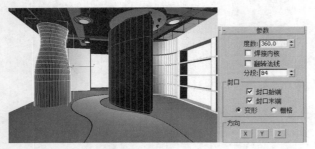

图10-28　添加车削修改

29 创建展台模型,在顶视图中绘制一个长为1200、宽为1100、角半径为80的圆角矩形,如图10-29所示。

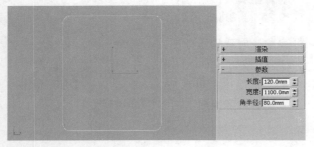

图10-29　绘制圆角矩形

30 进入"修改"面板,在修改器列表中选择"挤出"选项,设置挤出的"数量"为100,如图10-30所示。

图10-30　添加挤出修改

31 将模型转换成可编辑的多边形,为模型添加倒角修改,设置倒角的"高度"为0,"轮廓量"为-20,如图10-31所示。

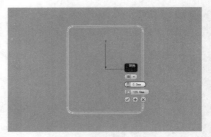

图10-31　添加倒角修改

32 选择添加倒角修改后的多边形,为其添加挤出修改,设置"挤出高度"为600,如图10-32所示。

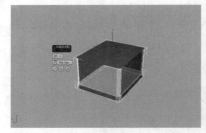

图10-32　添加挤出修改

33 在视图中创建一个切角长方体模型,移动到图10-33所示的位置。

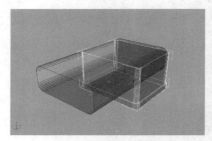

图10-33　创建切角长方体模型

34 选择展台模型,进入"复合对象"面板,单击 布尔 按钮,激活布尔运算修改。在"拾取布尔"卷展栏中单击 拾取操作对象 B 按钮,然后在视图中单击切角长方体模型,如图10-34所示。

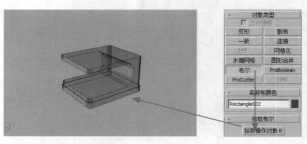

图10-34　添加布尔修改

35 创建左面墙上的橱窗模型，在视图中绘制图10-35所示圆角矩形。

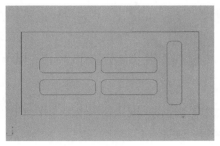

图10-35 绘制圆角矩形

36 进入"修改"面板，在修改器列表中选择"挤出"选项，设置挤出的"数量"为300，如图10-36所示。

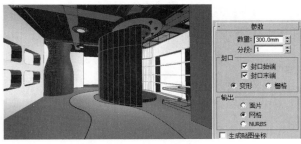

图10-36 添加挤出修改

37 利用圆柱体绘制工具，创建出圆形沙发模型，如图10-37所示。

图10-37 创建圆形沙发模型

38 参照上面的方法创建出弧形沙发模型，移动到图10-38所示的位置。

图10-38 创建出弧形沙发模型

10.2　合并模型

39 将配套光盘中提供的"展柜"模型合并到场景中，复制一组模型，移动到图10-39所示的位置。

图10-39 合并并复制展柜模型

40 将配套光盘中提供的"展柜01"模型合并到场景中，移动到图10-40所示的位置。

图10-40 合并展台01模型

41 将配套光盘中提供的"吊灯"模型合并到场景中，复制若干组模型，移动到图10-41所示的位置。

42 将配套光盘中提供的"椅子"模型合并到场景中，复制一组模型，移动到图10-42所示的位置。

图10-41 合并并复制吊灯模型

图10-42 合并并复制椅子模型

43 将配套光盘中提供的商品模型依次合并到场景中，分别移动到图10-43所示的位置。

图10-43 合并商品模型

44 将配套光盘中剩余的模型都合并到场景中，移动到各自对应的位置，完整的场景模型如图10-44所示。

图10-44 完整的场景模型

10.3 设置主体材质

45 设置大理石地面材质，为漫反射通道指定一张配套光盘中提供的"混泥土"纹理贴图，将反射颜色的RGB值都设置为45，将"反射光泽度"的值设置为0.6，将"细分"的值设置为15，如图10-45所示。

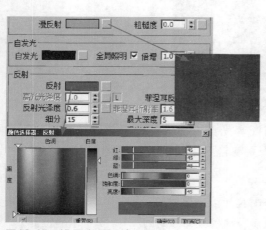

图10-45 设置大理石地面材质

46 进入"贴图"卷展栏，为凹凸通道指定一张配套光盘中提供的"混泥土-凹凸"纹理贴图，设置"凹凸"的数量为30，如图10-46所示。

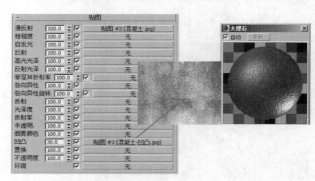

图10-46 指定凹凸纹理贴图

47 设置黄色地面材质，将漫反射颜色的RGB值设置为253，191，24；设置反射颜色的RGB值为84，63，8；将"反射光泽度"的值设置为0.62，将"细分"的值设置为20，如图10-47所示。

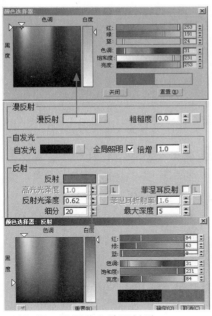

图10-47 设置黄色地面材质

48 为凹凸通道指定一张噪波贴图，设置噪波的类型为"分形"，"大小"为5，如图10-48所示。

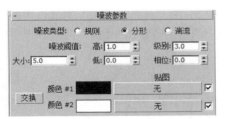

图10-48 设置噪波贴图参数

49 进入"双向反射分布函数"卷展栏，设置反射的方式为沃德，"各向异性"的值为0.6，"旋转"的角度为90，如图10-49所示。

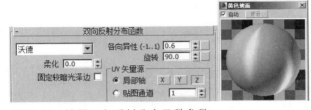

图10-49 设置双向反射分布函数参数

50 设置横梁材质，为漫反射通道指定一张配套光盘中提供的"金属板"纹理贴图，将反射颜色的RGB值都设置为30，将"反射光泽度"的值设置为0.35，将"细分"的值设置为20，如图10-50所示。

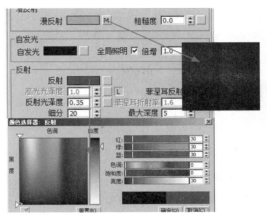

图10-50 设置横梁材质

51 进入"贴图"卷展栏，将漫反射通道中的纹理贴图复制到凹凸通道中，设置"凹凸"的数量为45，如图10-51所示。

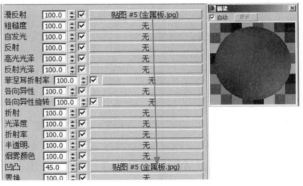

图10-51 复制纹理贴图

52 设置墙体材质，为漫反射通道指定一张配套光盘中提供的"白色墙面"纹理贴图，将"高光光泽度"的值设置为0.41，将"反射光泽度"的值设置为0.5，将"细分"的值设置为20，如图10-52所示。

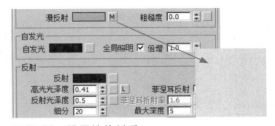

图10-52 设置墙体材质

53 进入"坐标"卷展栏，设置U向的平铺值和V向的平铺值都为10，"模糊"值为0.5，如图10-53所示。

图10-53　设置坐标参数

54 为反射通道指定一张衰减贴图，设置衰减的类型为Fresnel，"折射率"为1.6，如图10-54所示。

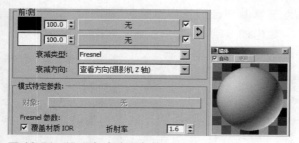

图10-54　设置衰减贴图参数

55 设置红色亚克力材质，设置反射颜色的RGB值为132，0，0，将"高光光泽度"的值设置为0.65，将"反射光泽度"的值设置为0.7，设置"细分"的值为20，如图10-55所示。

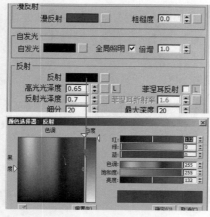

图10-55　修改红色亚克力材质

56 为凹凸通道指定一张噪波贴图，设置噪波的类型为"分形"，"大小"为5，如图10-56所示。

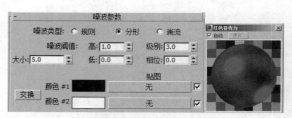

图10-56　设置噪波贴图参数

57 进入"双向反射分布函数"卷展栏，设置反射的方式为沃德，"各向异性"的值为0.6，设置"旋转"的角度为90，如图10-57所示。

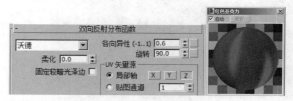

图10-57　设置双向反射分布函数参数

58 设置墙体01材质，为漫反射通道指定一张配套光盘中提供的"墙面"纹理贴图，将"高光光泽度"的值设置为0.3，将"反射光泽度"的值设置为0.35，将"细分"的值设置为15，如图10-58所示。

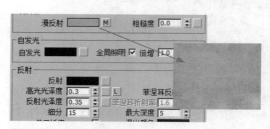

图10-58　设置墙体01材质

59 进入"坐标"卷展栏，设置U向的平铺值为1，V向的平铺值为5，"模糊"值为0.1，如图10-59所示。

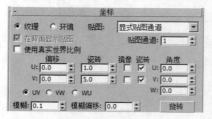

图10-59　设置坐标参数

60 进入"贴图"卷展栏，将漫反射通道中的纹理贴图复制到凹凸通道中，设置"凹凸"的数量为25，如图10-60所示。

3ds Max 2014/VRay 室内外效果图从新手到高手

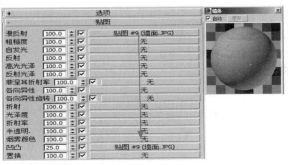

图10-60 复制纹理贴图

61 设置凹凸墙面材质，为漫反射通道指定一张配套光盘中提供的"直纹壁纸"纹理贴图，将"高光光泽度"的值设置为0.6，将"反射光泽度"的值设置为0.65，将"细分"的值设置为20，如图10-61所示。

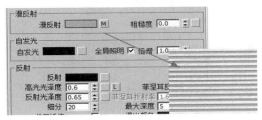

图10-61 设置凹凸墙面材质

62 进入"坐标"面板，设置U向的平铺值为1，V向的平铺值为8，"模糊"值为0.2，设置W方向上的旋转角度为90，如图10-62所示。

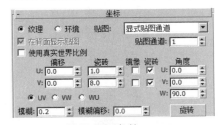

图10-62 设置坐标参数

63 为反射通道指定一张衰减贴图，设置衰减的类型为Fresnel，"折射率"为1.6，如图10-63所示。

图10-63 设置衰减贴图参数

64 进入"贴图"卷展栏，为凹凸通道指定一张配套光盘中提供的"直纹壁纸-凹凸"纹理贴图，设置"凹凸"的数量为100，如图10-64所示。

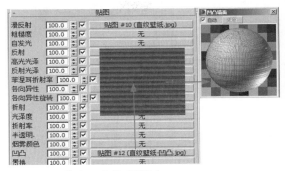

图10-64 指定凹凸纹理贴图

65 设置灯罩材质，为漫反射通道指定一张配套光盘中提供的"拉丝钢板"纹理贴图，将"高光光泽度"的值设置为0.6，将"反射光泽度"的值设置为0.65，将"细分"的值设置为20，如图10-65所示。

图10-65 设置灯罩材质

66 为反射通道指定一张衰减贴图，设置衰减的类型为Fresnel，"折射率"为1.6，如图10-66所示。

图10-66 设置衰减贴图参数

67 进入"贴图"卷展栏，将漫反射通道中的纹理贴图复制到凹凸通道中，设置"凹凸"的数量为15，如图10-67所示。

图10-67 复制纹理贴图

68 设置半透明板材质,设置漫反射颜色的RGB值为247,99,0,将"反射光泽度"的值设置为0.9,如图10-68所示。

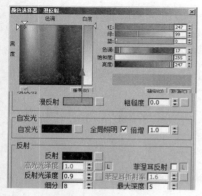

图10-68 设置半透明板材质

69 在"折射"组中,设置折射颜色的RGB值为73,29,0,将"光泽度"的值设置为0.9,将"细分"的值设置为15,勾选"影响阴影"复选框,如图10-69所示。

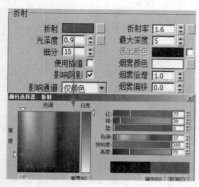

图10-69 设置折射面板参数

70 进入"双向反射分布函数"卷展栏,设置反射的方式为沃德,"各向异性"的值为0.6,"旋转"的角度为90,如图10-70所示。

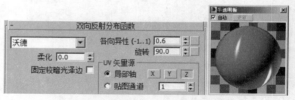

图10-70 设置BRDF参数

71 设置灯光材质,启用"自发光"选项,将自发光颜色的RGB值设置为250,253,253;设置"高光级别"的值为50,如图10-71所示。

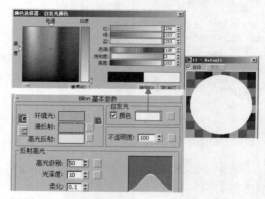

图10-71 设置灯光材质

72 设置不锈钢材质,将漫反射颜色的RGB值都设置为220,将"反射光泽度"的值设置为0.8,将"细分"的值设置为15,如图10-72所示。

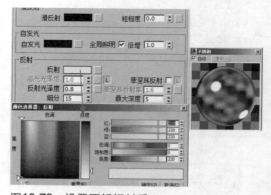

图10-72 设置不锈钢材质

73 设置白色亚克力材质，将漫反射颜色设置为纯白色，将"高光光泽度"的值设置为0.95，将"反射光泽度"的值设置为0.98，将"细分"的值设置为15，如图10-73所示。

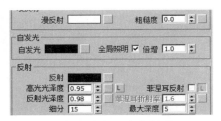

图10-73 设置白色亚克力材质

74 为反射通道指定一张衰减贴图，设置衰减的类型为Fresnel，"折射率"为1.6，如图10-74所示。

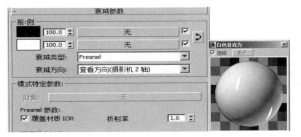

图10-74 设置衰减贴图参数

75 设置沙发布材质，为漫反射通道指定一张配套光盘中提供的"沙发布料"纹理贴图，设置"高光光泽度"的值为0.3，"反射光泽度"的值为0.35，"细分"的值为20，如图10-75所示。

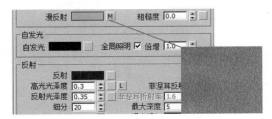

图10-75 设置沙发布材质

76 为反射通道指定一张衰减贴图，设置衰减的类型为Fresnel，"折射率"为1.1，如图10-76所示。

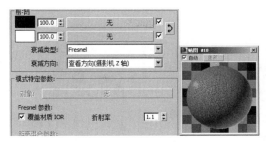

图10-76 设置沙发布材质

77 进入"贴图"卷展栏，为凹凸通道指定一张配套光盘中提供的"沙发布料-凹凸"纹理贴图，设置"凹凸"的数量为45，如图10-77所示。

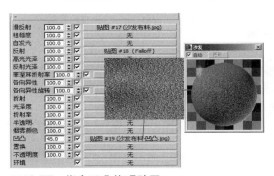

图10-77 指定凹凸纹理贴图

78 设置展台塑料材质，设置漫反射颜色的RGB值为42，8，80，将"反射光泽度"的值设置为0.6，将"细分"的值设置为15，如图10-78所示。

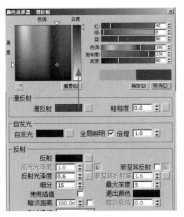

图10-78 设置展台塑料材质

79 进入"双向反射分布函数"卷展栏，设置反射的方式为沃德，"各向异性"的值为0.6，"旋转"的角度为90，如图10-79所示。

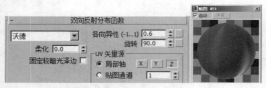

图10-79　设置双向反射分布函数参数

80 设置展台布纹材质，为漫反射通道指定一张配套光盘中提供的"墙纸"纹理贴图，设置"高光光泽度"的值为0.4，"反射光泽度"的值为0.45，"细分"的值为15，如图10-80所示。

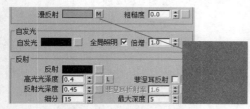

图10-80　设置展台布纹材质

81 为反射通道指定一张衰减贴图，设置衰减的类型为Fresnel，"折射率"为1.6，如图10-81所示。

图10-81　设置衰减贴图参数

82 设置展台木纹材质，为漫反射通道指定一张配套光盘中提供的"紫檀木"纹理贴图，设置"高光光泽度"的值为0.65，"反射光泽度"的值为0.75，"细分"的值为15，如图10-82所示。

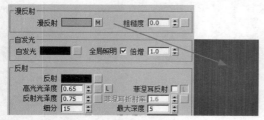

图10-82　设置展台木纹材质

304

83 进入"坐标"卷展栏，设置U向的平铺值为5，V向的平铺值为1，"模糊"值为0.8，如图10-83所示。

图10-83　设置坐标参数

84 将设置好的展台木纹材质指定给展台模型，并为模型添加一个衰减贴图，设置"衰减类型"为Fresnel，"折射率"为1.6，如图10-84所示。

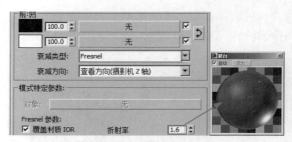

图10-84　指定展台木纹材质

85 进入"贴图"卷展栏，将漫反射通道中的纹理贴图复制到凹凸通道中，设置"凹凸"的数量为25，如图10-85所示。

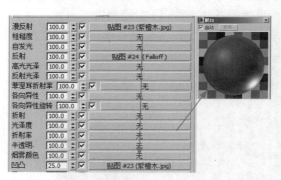

图10-85　复制纹理贴图

86 设置反射颜色的RGB值都为40，将"反射光泽度"的值设置为0.6，为漫反射通道指定一张衰减贴图，设置贴图的方式为"垂直/平行"，勾选"影响阴影"选项，如图10-86所示。

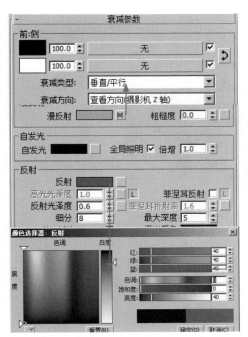

图10-86　设置模具材质

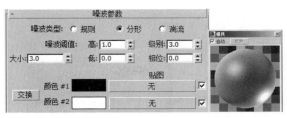

图10-87　设置噪波贴图参数

87 为凹凸通道指定一张噪波贴图，设置噪波的类型为"分形"，"大小"为3，如图10-87所示。

88 将步骤75中设置好的沙发布材质复制一份，重新命名为"沙发布料01"材质，将漫反射通道和凹凸通道中的纹理贴图进行替换，其他参数保持不变，如图10-88所示。

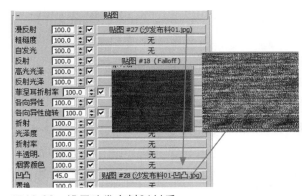

图10-88　设置沙发布料01材质

10.5　设置商品材质

89 设置女士皮包材质，为漫反射通道指定一张配套光盘中提供的"皮革01"纹理贴图，将"高光光泽度"的值设置为0.8，将"反射光泽度"的值设置为0.83，将"细分"的值设置为16，如图10-89所示。

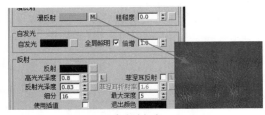

图10-89　设置女士皮包材质

90 为反射通道指定一张衰减贴图，设置衰减的类型为Fresnel，"折射率"为1.6，如图10-90所示。

图10-90　设置衰减贴图参数

91 进入"贴图"卷展栏，为凹凸通道指定一张配套光盘中提供的"皮革01-凹凸"纹理贴图，设置"凹凸"的数量为35，如图10-91所示。

92 为反射通道指定一张衰减贴图，设置衰减的类型为Fresnel，"折射率"为2，如图10-92所示。

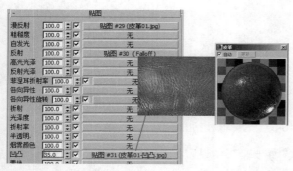

图10-91　指定凹凸纹理贴图

图10-92　设置衰减贴图参数

93 设置凉鞋材质，为漫反射通道指定一张配套光盘中提供的"皮革02"纹理贴图，将"高光光泽度"的值设置为0.88，将"反射光泽度"的值设置为0.9，将"细分"的值设置为20，如图10-93所示。

图10-93　设置凉鞋材质

94 为凹凸通道指定一张配套光盘中提供的"皮革01凹凸"贴图，如图10-94所示。

图10-94　设置凹凸贴图参数

95 对女士皮包材质和凉鞋材质进行测试渲染，得到的效果如图10-95所示。

图10-95　女士包和凉鞋的渲染效果

96 设置帽子材质，为漫反射通道指定一张配套光盘中提供的"格子布纹"纹理贴图，将漫反射颜色的RGB值都设置为128，将"反射光泽度"的值设置为0.3，将"细分"的值设置为15，如图10-96所示。

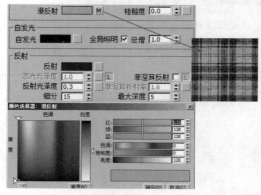

图10-96　设置帽子材质

97 进入"贴图"卷展栏，为凹凸通道指定一张配套光盘中提供的"布纹-凹凸"纹理贴图，设置"凹凸"的数量为55，如图10-97所示。

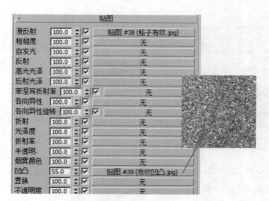

图10-97　指定凹凸纹理贴图

98 对帽子材质进行测试渲染，得到的效果如图10-98所示。

图10-98　帽子的渲染效果

99 设置钻石项链材质，将漫反射颜色和折射颜色都设置为紫色，设置"反射光泽度"的值为0.9，勾选"影响阴影"选项，反射通道指定衰减贴图如图10-99所示。

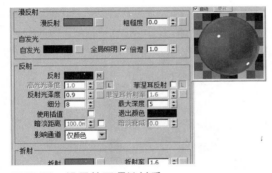

图10-99　设置钻石项链材质

100 设置衣服材质，为漫反射通道指定一张配套光盘中提供的"衣服"纹理贴图，将反射颜色的RGB值都设置为30，将"反射光泽度"的值设置为0.6，将"细分"的值设置为12，如图10-100所示。

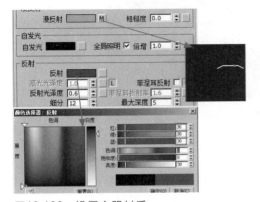

图10-100　设置衣服材质

101 为凹凸通道指定一张噪波贴图，设置噪波的类型为"分形"，"大小"为2，如图10-101所示。

图 10-101　设置噪波贴图参数

102 参照上面介绍的方法，设置出其他商品的材质，图10-102所示的是其他商品的渲染效果。

（a）钱包渲染效果　　　　（b）公文包渲染效果

（c）皮靴渲染效果　　　　（d）旅行包渲染效果

图10-102　其他商品渲染效果

103 模拟吊灯灯光，进入灯光创建面板，在"光度学"灯光类型面板中单击"目标灯光"按钮，在视图中创建一盏目标灯光，如图10-103所示。

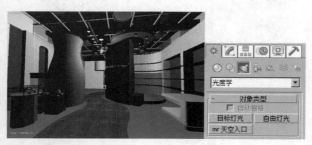

图10-103 创建目标灯光

104 进入"修改"面板，启用"阴影"选项，将阴影类型更改为"VRay阴影"。将分布的方式设置为Web，设置灯光颜色为浅黄色，如图10-104所示。

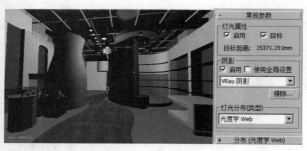

图10-104 修改灯光参数

105 进入"Web参数"卷展栏，为其指定一张光域网文件，设置"强度"的值为3 000cd，如图10-105所示。

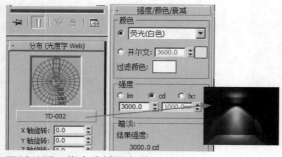

图10-105 指定光域网文件

106 对添加了吊灯灯光的场景进行测试渲染，得到的效果如图10-106所示。

图10-106 测试渲染效果

107 将灯光复制若干组，分别移动到图10-107所示的位置。

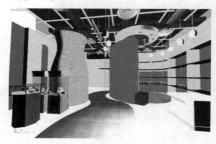

图10-107 复制灯光

108 对当前的摄影机视图进行测试渲染，得到的效果如图10-108所示。

图10-108 测试渲染效果

109 模拟橱窗灯光，进入"灯光创建"面板，在"光度学"灯光类型面板中，单击"目标灯光"按钮，在视图中创建一盏目标灯光，复制若干盏灯光，移动到图10-109所示的位置。

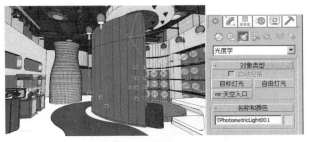

图10-109　创建并复制目标点光源

110 选择任意一盏灯光，进入"修改"面板，启用"阴影"选项，将阴影类型更改为"VRay阴影"。将分布的方式设置为Web，设置灯光颜色为浅黄色，如图10-110所示。

图10-110　设置灯光参数

111 进入"Web参数"卷展栏，为其指定一张光域网文件，设置"结果强度"的值为5 000cd，如图10-111所示。

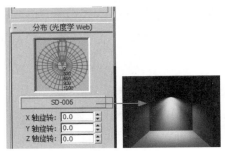

图10-111　指定光域网文件

112 对添加了橱窗灯光的场景进行测试渲染，得到的效果如图10-112所示。

图10-112　测试渲染效果

113 将灯光复制若干组，移动到左面墙橱窗的位置，对当前的灯光场景进行渲染，得到的效果如图10-113所示。

图10-113　测试渲染效果

114 创建展台灯光，在各个展台的位置分别创建一盏VR面光源，如图10-114所示。

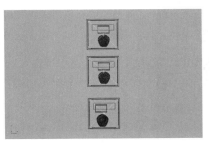

图10-114　创建展台灯光

115 进入"修改"面板，将"单位"更改为"辐射/（W/m2/sr）"，设置"倍增器"的值为0.02，勾选"不可见"和"存储发光贴图"复选框。设置"细分"的值为25，如图10-115所示。

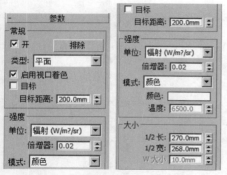

图10-115 设置VR面光源参数

116 最后将设置好的吊灯灯光复制几组，移动到暗部作为补光源，如图10-116所示。

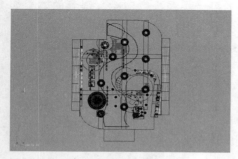

图10-116 复制灯光

117 对最终的灯光场景进行测试渲染，得到的效果如图10-117所示。

图10-117 最终灯光效果

10.7 设置光子图渲染参数

118 打开"渲染设置"窗口，在"输出大小"组中，设置"宽度"的值为800，"高度"的值为950，并将图像的纵横比锁定，如图10-118所示。

图10-118 设置图像输出大小

119 打开"VRay::全局开关"卷展栏，勾选"最大深度"和"不渲染最终的图像"复选框，如图10-119所示。

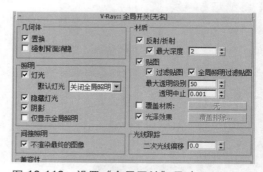

图 10-119 设置"全局开关"尺寸

120 进入"V-Ray::间接照明（GI）"卷展栏，首先勾选"开"复选框，将"首次反弹"的"全局照明引擎"设置为"发光图"模式，将"二次反弹"的"全局照明引擎"设置为"BF算法"模式，如图10-120所示。

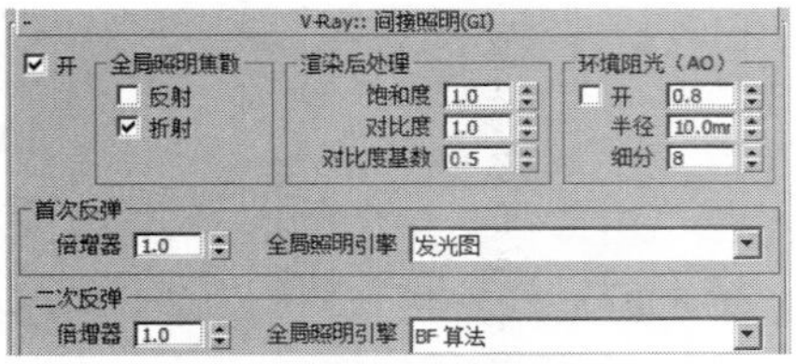

图 10-120 设置"间接照明"参数

● 发光图：发光图的计算方法是基于发光缓存技术的，它仅仅是计算场景中某些特定点的间接照明，然后对剩余的点进行插值计算。发光图在最终图像品质相同的情况下要快于其他几个渲染引擎，而且噪波比较少。发光图可以被保存，可以重复使用，特别是在渲染相同的场景中不同方向的图像或动画的过程中可以有效地加快渲染速度。由于"发光图"渲染引擎采用的是差值运算，所以在表面细节或者运动模糊时会不够精确，在渲染动画的过程中也会产生闪烁。

● BF算法：它是一种非常优秀的计算全局光照的渲染引擎。它会计算每个材质点的全局光照信息，所以渲染速度非常慢，但是效果非常好，特别是在具有大量细节的场景中，对于运动模糊的计算也非常准确，不过需要和其他引擎搭配使用，而且参数设置过低的话，画面中会产生很明显的颗粒。

121 打开"V-Ray::发光图"卷展栏，设置"当前预置"的模式为"低"，"半球细分"的值为30，勾选"显示计算相位"和"显示直接光"选项，勾选"渲染后"组中的"自动保存"复选框，并指定一个渲染输出路径，将渲染得到的光子图进行保存，如图10-121所示。

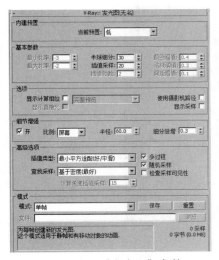

图 10-121 设置"发光图"参数

122 打开"V-Ray::图像采样器（反锯齿）"卷展栏，设置"图像采样器"的类型为"自适应确定性蒙特卡洛"，"抗锯齿过滤器"的模式为Blackman，如图10-122所示。

图 10-122 设置"图像采样器"参数

123 进入"V-Ray::颜色贴图"卷展栏，将"类型"设置为"HSV指数"，将"倍增器"的值设置为1，勾选"影响背景"复选框，如图10-123所示。

图 10-123 设置"颜色映射"参数

124 将当前视图切换到VR物理摄影机视图，按【F9】键，对光子图进行渲染保存，光子图效果如图10-124所示。

图 10-124 光子图渲染效果

技巧提示

锁定图像的纵横比例后，不管改变宽度和高度两项中的任何一项，另外一项也会按照特定的比例进行改变。一般情况下，在输出光子图的时候，图像尺寸设置得小一些，等最终渲染的时候再将尺寸设置为实际需要的尺寸。需要注意的是，如果光子图的尺寸比例和实际渲染图像的尺寸比例不符，则最终渲染输出的图像就会出现错位。

125 打开"V-Ray::发光图（无名）"卷展栏，设置"当前预置"为"自定义"，"最小比率"为-4，"最大比率"为-3，"半球细分"为50，"颜色阈值"为0.3，"法线阈值"为0.2，启用"细节增强"选项，将"细分倍增"的值设置为0.1，如图10-125所示。

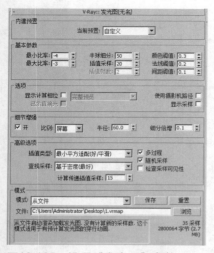

图10-125 设置"发光图"参数

126 打开"V-Ray::DMC采样器"卷展栏，设置"适应数量"为0.75，"最小采样值"为20，"噪波阈值"为0.01，如图10-126所示。

图10-126 设置"DMC采样器"参数

127 打开"V-Ray::图像采样器（反锯齿）"卷展栏，设置"最大细分"的值为20，如图10-127所示。

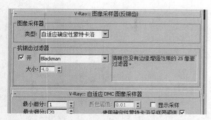

图10-127 设置"图像采样器（反锯齿）"参数

128 打开"渲染设置"窗口，在"输出大小"组中，设置"宽度"的值为2 500，"高度"的值为2 960，并将图像的纵横比锁定，如图10-128所示。

图10-128 设置输出大小参数

129 在"渲染输出"组中，勾选"保存文件"选项，为最终渲染图像指定一个输出路径，如图10-129所示。

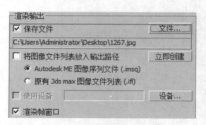

图10-129 设置渲染输出参数

130 最后对摄影机视图进行渲染，图像的最终渲染效果如图10-130所示。

图10-130 最终渲染效果

131 启动Photoshop，打开渲染输出效果图，将当前的图层复制一个，在"图层混合模式"下拉列表中选择"滤色"，设置"不透明度"为30%，如图10-131所示。

图10-131　设置图层的混合模式

132 选中场景中的"黄色地面"部分，按【Ctrl+B】组合键，打开"色彩平衡"参对话框，设置"色阶"的值为18、17、-30，如图10-132所示。

图10-132　设置黄色地面的颜色

133 选中场景中的"深色地面"部分，按【Ctrl+B】组合键，打开"色彩平衡"对话框，设置"色阶"的值为-26、-20、-15，如图10-133所示。

134 选中场景中的"红色亚克力"部分，按【Ctrl+B】组合键，打开"色彩平衡"对话框，设置"色阶"的值为25、-18、-31，如图10-134所示。

图10-133　设置深色地面的颜色

图10-134　设置红色亚克力的颜色

135 选中场景中的"装置模型"部分，按【Ctrl+B】组合键，打开"色彩平衡"对话框，设置"色阶"的值为14、18、-13，如图10-135所示。

图10-135　设置装置模型的颜色

313

136 选中场景中的"白色墙体"部分，按【Ctrl+B】组合键，打开"色彩平衡"对话框，设置"色阶"的值为30、-2、-22，如图10-136所示。

图10-136 设置白色墙体的颜色

137 将所有图层合并，选择"滤镜"→"锐化"→"USM锐化"命令，弹出"USM锐化"对话框，设置"数量"的值为50，"半径"的值为0.5，如图10-137所示。

图10-137 USM锐化修改

138 将当前的图层复制一个，在"图层混合模式"下拉列表中选择"滤色"选项，设置"不透明度"为50%，如图10-138所示。

图10-138 设置图层的混合模式

139 到此为止，效果图的后期处理工作已经全部完成，最终效果如图10-139所示。

图10-139 最终效果

第11章 商业楼群

　　本章主要通过一个商业楼群效果图的制作向读者朋友详细介绍室外效果图的制作程序。在本章的学习中利用Photoshop对效果图进行后期处理是一个重要的知识点。Photoshop的调色功能在室外效果图设计中有着非常重要的作用。

01 创建侧面墙体模型，在左视图中绘制图11-1所示的图形轮廓。

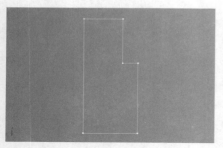

图 11-1　绘制图形

02 利用矩形绘制工具在视图中绘制4个矩形，如图11-2所示。

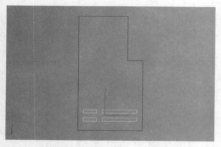

图 11-2　绘制矩形

03 将图形转换成可编辑的样条线，利用"附加"修改将所有的图形合并在一起，如图11-3所示。

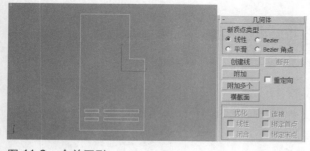

图 11-3　合并图形

04 选中第2步中绘制的矩形，进入"修改"面板，在修改器列表中选择"挤出"选项，设置挤出的"数量"为300，如图11-4所示。

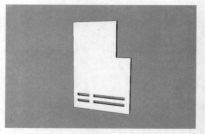
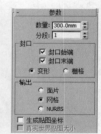

图 11-4　添加挤出修改

05 将侧面墙模型复制一组，移动到图11-5所示的位置。

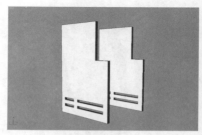

图 11-5　复制模型

06 创建正面墙体模型，在左视图中绘制图11-6所示的图形轮廓。

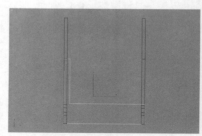

图 11-6　绘制图形

07 利用矩形绘制工具在视图中绘制一个矩形，如图11-7所示。

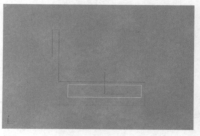

图 11-7　绘制矩形

08 将图形转换成可编辑的样条线，利用"附加"修改将所有的图形合并在一起，如图11-8所示。

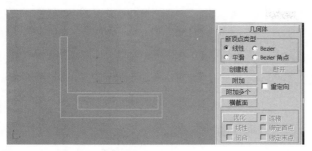

图 11-8　合并图形

09 选中上一步骤中绘制的矩形，进入"修改"面板，在修改器列表中选择"挤出"选项，设置挤出的"数量"为300，如图11-9所示。

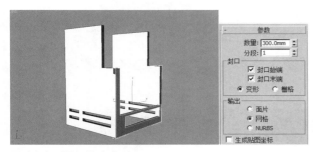

图 11-9　添加挤出修改

10 在前视图中绘制一个图11-10所示的样条线。

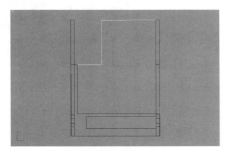

图 11-10　绘制样条线

11 选中上一步骤中绘制的矩形，进入"修改"面板，在修改器列表中选择"挤出"选项，设置挤出的"数量"为300，如图11-11所示。

12 在视图中创建一个长方体模型，将模型移动到图11-12所示的位置。

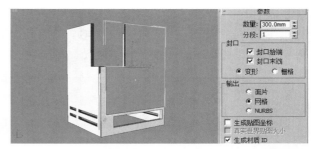

图 11-11　添加挤出修改

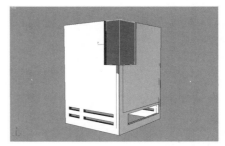

图 11-12　创建长方体模型

13 利用长方体创建工具，创建出顶面和背面墙体模型，如图11-13所示。

图 11-13　创建顶面和背面模型

14 在前视图中创建一个"长度分段"为20、"宽度分段"为15的平面模型，如图11-14所示。

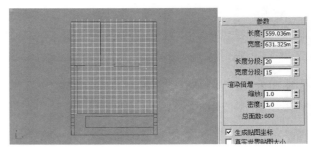

图 11-14　创建平面模型

15 选中上一步骤中绘制的图形，进入"修改"面板，在修改器列表中选择"晶格"选项，设置"半径"为20，"边数"为6，如图11-15所示。

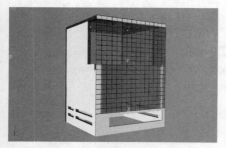

图 11-15 添加晶格修改

16 利用"布尔运算"修改剪去模型上多余的部分，得到的效果如图11-16所示。

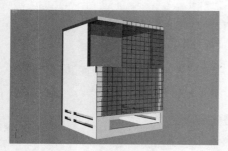

图 11-16 布尔运算修改

17 利用长方体创建工具创建楼板模型，将模型复制20组，分别移动到图11-17所示的位置。

图 11-17 创建并复制楼板模型

18 在视图中创建一个"长度分段"为5的长方体模型，如图11-18所示。

19 将上一步骤中创建的长方体模型转换成可编辑的多边形，为中间的4组边添加切角修改，如图11-19所示。

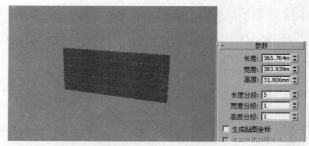

图11-18 创建长方体模型

图11-19 添加切角修改

20 选择切角修改产生的多边形，为其添加挤出修改，如图11-20所示。

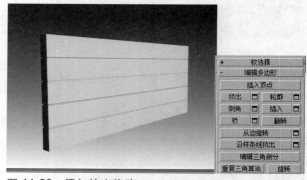

图 11-20 添加挤出修改

21 将添加挤出修改后的模型关联复制若干组，移动到图11-21所示的位置。

图11-21 复制模型

22 创建底层楼体模型，在顶视图中绘制一个图11-22所示的矩形。

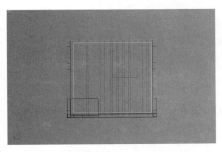

图11-22　绘制矩形

23 将图形转换成可编辑的样条线，为图形添加200个单位的轮廓修改，如图11-23所示。

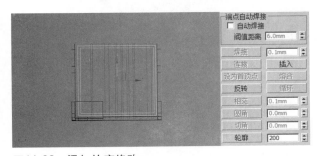

图11-23　添加轮廓修改

24 选中上一步骤中添加了轮廓修改的矩形，进入"修改"面板，在修改器列表中选择"挤出"选项，设置挤出的"数量"为1 500，如图11-24所示。

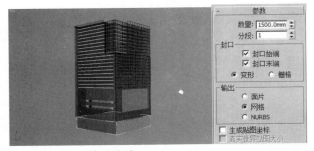

图11-24　添加挤出修改

25 利用长方体创建工具创建立柱模型，将模型复制若干组，分别移动到图11-25所示的位置。

26 在前视图中创建"宽度分段"为16的平面模型，如图11-26所示的位置。

图11-25　创建并复制立柱模型

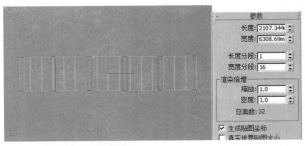

图11-26　创建平面模型

27 选中上一步骤中绘制的图形，进入"修改"面板，在修改器列表中选择"晶格"选项，设置"半径"为15，"边数"为6，如图11-27所示。

图11-27　添加晶格修改

28 框选整个楼体模型，将模型复制两组，排列成图11-28所示的形状。

图 11-28　复制楼体模型

29 创建楼体02模型，利用矩形创建工具在顶视图中绘制一个矩形，移动到图11-29所示的位置。

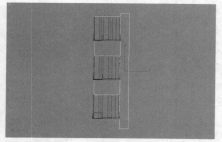

图 11-29　绘制矩形

30 将图形转换成可编辑的样条线，为顶点添加圆角修改，如图11-30所示。

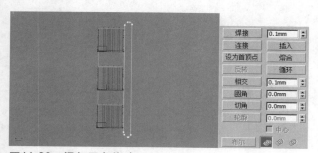

图11-30　添加圆角修改

31 为图形添加200个单位的轮廓修改，如图11-31所示。

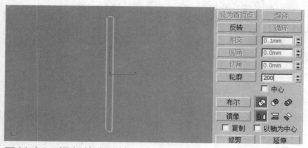

图11-31　添加轮廓修改

32 选中上一步骤中添加了轮廓修改的图形，进入"修改"面板，在修改器列表中选择"挤出"选项，设置挤出的"数量"为15 000，如图11-32所示。

33 利用长方体创建工具创建楼板模型，将模型复制若干组，分别移动到图11-33所示的位置。

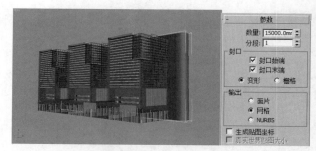

图11-32　添加挤出修改

图 11-33　创建楼板模型

34 将楼体模型复制一组，进入"修改"面板，删除挤出修改，进入样条线选择模式，删除外围的样条线，如图11-34所示。

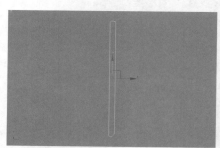

图 11-34　复制并修改模型

35 为图形添加-200个单位的轮廓修改，如图11-35所示。

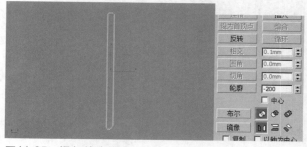

图11-35　添加轮廓修改

36▶选中上一步骤中添加了轮廓修改的图形，进入"修改"面板，在修改器列表中选择"挤出"选项，设置挤出的"数量"为1 500，如图11-36所示。

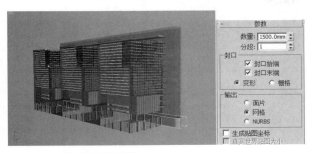

图11-36 添加挤出修改

37▶再次复制楼体模型，进入"修改"面板，删除挤出修改，进入样条线选择模式，删除外围的样条线，利用"优化"修改，为图形添加若干顶点，如图11-37所示。

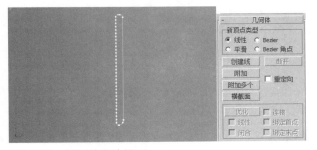

图11-37 复制并修改模型

38▶选中上一步骤中添加了顶点的图形，进入"修改"面板，在修改器列表中选择"挤出"选项，设置挤出的"数量"为15 000，如图11-38所示。

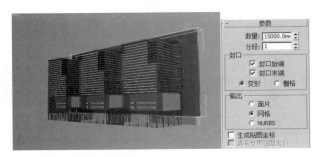

图11-38 添加挤出修改

39▶绘制一个矩形图形，进入"修改"面板，在修改器列表中选择"晶格"选项，设置"半径"为20，"边数"为6，如图11-39所示。

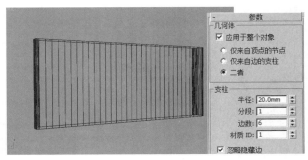

图 11-39 添加晶格修改

40▶将模型复制一组，进入"修改"面板，删除晶格修改，将"挤数量"设置为20，并将模型复制若干组，分别移动到图11-40所示的位置。

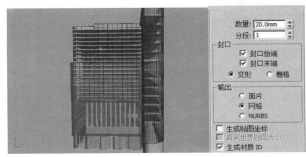

图 11-40 复制并修改模型

41▶在视图中创建一个楼梯模型，设置"类型"为封闭式，设置"长度1"的值为1 000，"总高"的值也为1 000，"宽度"的值为800，如图11-41所示。

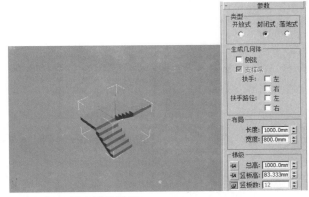

图 11-41 创建楼梯模型

42▶将楼梯模型复制若干组，分别移动到图11-42所示的位置。

43▶创建楼体03模型，在视图中创建一个长方体模型，将模型移动到图11-43所示的位置。

图 11-42　复制楼梯模型

图11-43　创建长方体模型

44▶在顶视图中绘制一个图11-44所示的样条线。

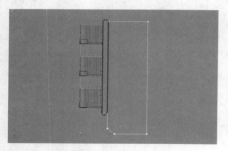

图 11-44　绘制样条线

45▶选中上一步绘制的图形，进入"修改"面板，在修改器列表中选择"挤出"选项，设置挤出的"数量"为3 000，如图11-45所示。

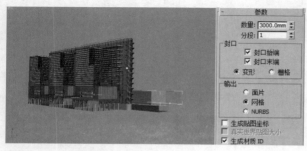

图 11-45　添加挤出修改

46▶利用长方体创建工具在视图中创建一个长方体模型，移动到图11-46所示的位置。

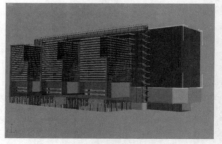

图11-46　创建长方体模型

47▶将上一步骤中创建的长方体模型转换成可编辑的多边形，为中间的几组边添加切角修改，如图11-47所示。

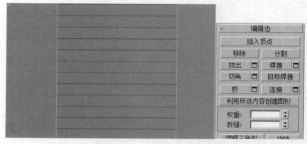

图 11-47　添加切角修改

48▶选择切角修改后的多边形，为其添加挤出修改，如图11-48所示。

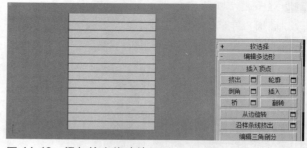

图 11-48　添加挤出修改效果

49▶利用"布尔运算"修改将模型修改成图11-49所示的造型。

50▶利用长方体创建工具在视图中创建一个长方体模型，移动到图11-50所示的位置。

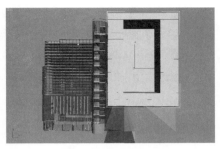

图 11-49　布尔运算修改

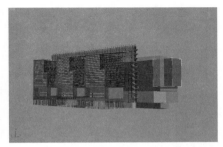

图11-50　创建长方体模型

51 为模型添加一个FFD坐标修改，利用缩放工具将控制点进行缩放，得到的效果如图11-51所示。

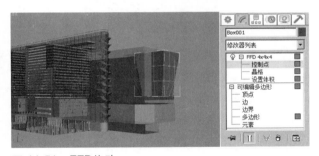

图 11-51　FFD修改

52 利用线绘制工具在顶视图中绘制一个图11-52所示的环形。

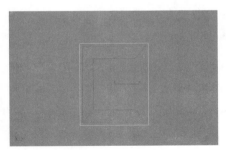

图 11-52　绘制环形

53 选中上一步绘制的图形，进入修改面板，在修改器列表中选择"挤出"选项，设置挤出的"数量"为200，如图11-53所示。

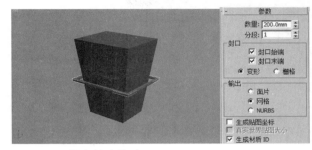

图 11-53　添加挤出修改

54 将模型关联复制若干组，分别移动到图11-54所示的位置。

图 11-54　复制模型

55 选中任意一个模型，将其转换成可编辑的多边形，进入"修改"面板，利用附加修改将其他的模型组合在一起，如图11-55所示。

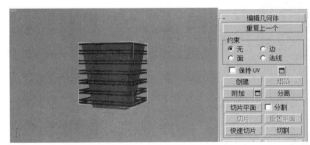

图 11-55　添加附加修改

56 为模型添加一个FFD坐标修改，利用缩放工具将控制点进行缩放，得到的效果如图11-56所示。

57 利用平面创建工具创建出地面模型，如图11-57所示。

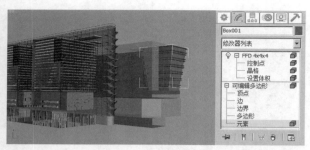

图11-56 FFD效果

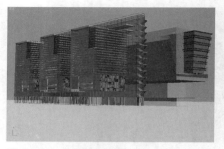

图 11-57 创建地面模型

11.2 设置楼体材质

58▶ 设置墙体01材质，为漫反射通道指定一张配套光盘中提供的"木板"纹理贴图，将"高光光泽度"的值设置为0.3，将"反射光泽度"的值设置为0.35，将"细分"的值设置为20，如图11-58所示。

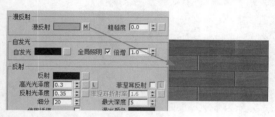

图 11-58 设置墙体01材质

59▶ 为反射通道指定一张衰减贴图，设置"衰减类型"为Fresnel，"折射率"为1.6，如图11-59所示。

图 11-59 设置衰减贴图参数

60▶ 进入"坐标"卷展栏，设置U向的平铺值为30，V向的平铺值为25，"模糊"值为0.5，如图11-60所示。

图 11-60 设置坐标参数

61▶ 进入"贴图"卷展栏，为凹凸通道指定一张配套光盘中提供的"木板-凹凸"纹理贴图，设置"凹凸"的数量为50，如图11-61所示。

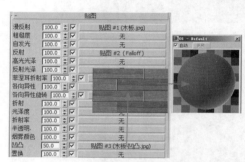

图 11-61 指定凹凸纹理贴图

62▶ 将设置好的墙体01材质指定给对应的墙体模型，并为模型添加一个UVW贴图修改，设置贴图的方式为"长方体"，如图11-62所示。

图 11-62 指定墙体01材质

63▶ 设置墙体02材质，为漫反射通道指定一张配套光盘中提供的"西班牙合成板"纹理贴图，将"高光光泽度"的值设置为0.6，将"反射光泽度"的值设置为0.65，将"细分"的值设置为15，如图11-63所示。

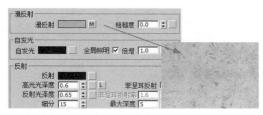

图 11-63 设置墙体02材质

64 进入"坐标"卷展栏,设置U向的平铺值为10,V向的平铺值为15,"模糊"值为0.8,如图11-64所示。

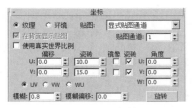

图 11-64 设置坐标参数

65 为反射通道指定一张衰减贴图,设置"衰减类型"为Fresnel,"折射率"为1.6,如图11-65所示。

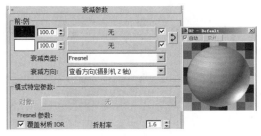

图 11-65 设置衰减贴图参数

66 进入"贴图"卷展栏,将漫射通道中的纹理贴图复制到凹凸通道中,设置"凹凸"的数量为25,如图11-66所示。

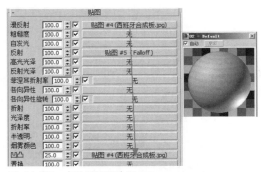

图 11-66 复制纹理贴图

67 将设置好的墙体02材质指定给对应的墙体模型,并为模型添加一个UVW贴图修改,设置贴图的方式为"长方体",如图11-67所示。

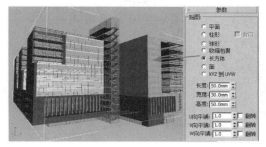

图 11-67 指定墙体02材质

68 设置玻璃材质,将漫反射颜色的RGB值设置为194、223、225,将反射颜色的RGB值设置为51、59、67,将"高光光泽度"的值设置为0.96,将"反射光泽度"的值设置为0.99,将"细分"的值设置为20,如图11-68所示。

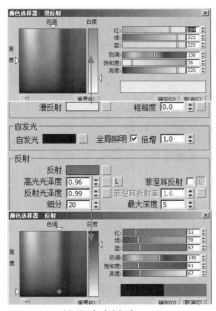

图11-68 设置玻璃材质

69 将折射颜色的RGB值设置为84、96、110,将"光泽度"的值设置为0.98,将"细分"的值设置为20,勾选"影响阴影"复选框,如图11-69所示。

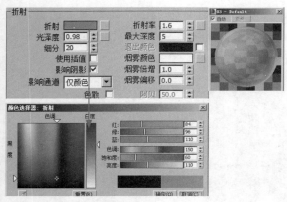

图 11-69　设置折射参数

70▶ 设置窗框材质，将漫反射颜色设置为纯白色，将反射颜色的RGB值都设置为60，将"反射光泽度"的值设置为0.75，将"细分"的值设置为20，如图11-70所示。

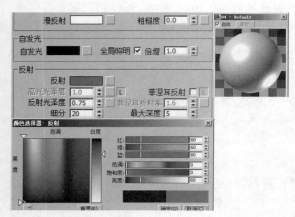

图11-70　设置窗框材质

71▶ 进入"双向反射分布函数"卷展栏，设置反射的方式为沃德，"各项异性"的值为0.5，"旋转"的角度为90，如图11-71所示。

图 11-71　设置BRDF参数

72▶ 设置墙体03材质，为漫反射通道指定一张配套光盘中提供的"细花白"纹理贴图，将"高光光泽度"的值设置为0.95，将"反射光泽度"的值设置为0.98，将"细分"的值设置为20，如图11-72所示。

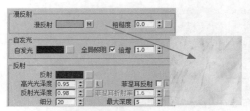

图 11-72　设置墙体03材质

73▶ 为反射通道指定一张衰减贴图，设置"衰减类型"为Fresnel，"折射率"为1.6，如图11-73所示。

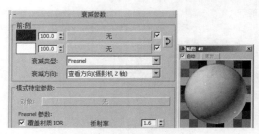

图 11-73　设置衰减贴图参数

74▶ 进入"贴图"卷展栏，将漫射通道中的纹理贴图复制到凹凸通道中，设置"凹凸"的数量为10，如图11-74所示。

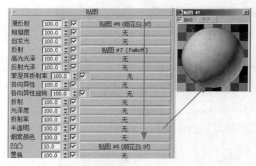

图 11-74　复制纹理贴图

75▶ 将设置好的墙体03材质指定给楼体内部的墙体模型，并为模型添加一个UVW贴图修改，设置贴图的方式为"长方体"，如图11-75所示。

图 11-75　指定墙体03材质

76 设置地板材质，为漫反射通道指定一张配套光盘中提供的"木地板"纹理贴图，将"高光光泽度"的值设置为0.7，将"反射光泽度"的值设置为0.65，将"细分"的值设置为20，如图11-76所示。

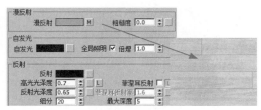

图 11-76　设置地板材质

77 为反射通道指定一张衰减贴图，设置"衰减类型"为Fresnel，"折射率"为1.6，如图11-77所示。

图 11-77　设置衰减贴图参数

78 进入"贴图"卷展栏，为凹凸通道指定一张配套光盘中提供的"木地板-凹凸"纹理贴图，设置"凹凸"的数量为10，如图11-78所示。

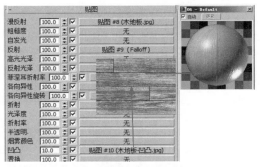

图 11-78　指定凹凸纹理贴图

79 将设置好的地板材质指定给楼体内部的地面模型，并为模型添加一个UVW贴图修改，设置贴图的方式为"长方体"，如图11-79所示。

80 将配套光盘中提供的"背景楼群"模型合并到场景中，移动到图11-80所示的位置。

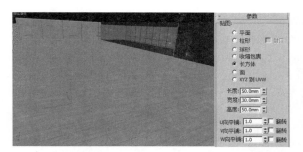

图 11-79　指定地板材质

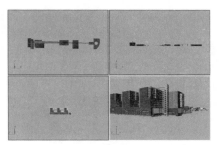

图 11-80　合并背景楼群模型

81 进入摄影机创建面板，单击"VR物理摄影机"按钮，在视图中创建一架VR物理摄影机，如图11-81所示。

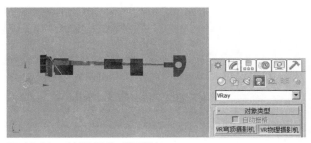

图 11-81　创建VR物理摄影机

82 在视图中选中VR物理摄影机，进入"修改"面板，将"焦距"的值设置为30，如图11-82所示。

图 11-82　设置VR物理摄影机参数

327

83 添加环境贴图，选择"视图"→"视口背景"命令，选择"配置视口背景"如图11-83所示。

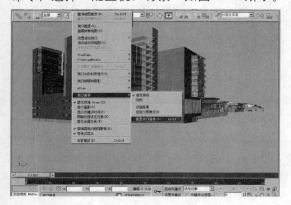

图 11-83 添加视口背景

84 打开"视口背景"对话框，选择使用文件，单击右下方的"文件"按钮，在弹出的"选择背景图像"对话框中找到配套光盘中提供的天空背景，点击右下方的"应用到活动视图"按钮如图11-84所示。

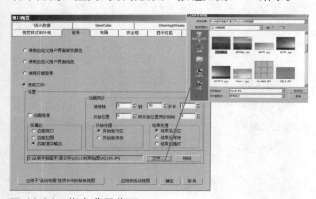

图 11-84 指定背景位图

85 单击"应用到活动视图"按钮之后，效果如图11-85所示。

图 11-85 显示背景

86 创建路面模型，在顶视图中绘制路面的轮廓，如图11-86所示。

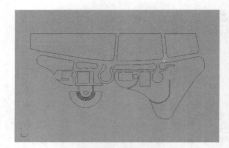

图 11-86 绘制路面轮廓

87 选中上一步绘制的图形，进入"修改"面板，在修改器列表中选择"挤出"选项，设置挤出的"数量"为20，如图11-87所示。

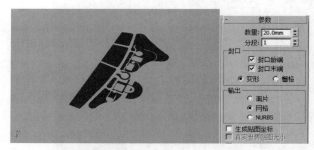

图 11-87 添加挤出修改

88 创建绿化带模型，在顶视图中绘制绿化带的轮廓，如图11-88所示。

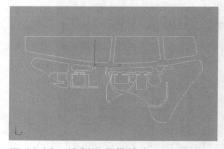

图 11-88 绘制绿化带轮廓

技巧提示

默认的环境背景是黑色的，所以渲染时，模型上一些反射较强的材质就会出现黑斑的效果，利用环境贴图和反光板，可以增加材质的反射层次和材质亮度。

3ds Max 2014/VRay 室内外效果图从新手到高手

89▶选中上一步绘制的图形，进入"修改"面板，在修改器列表中选择"挤出"选项，设置挤出的"数量"为15，如图11-89所示。

图 11-89　添加挤出修改

90▶在视图中创建一个背景模型，如图11-90所示。

图 11-90　创建背景模型

11.3　设置背景模型材质

91▶设置背景材质，为漫反射通道指定一张背景纹理贴图，如图11-91所示。

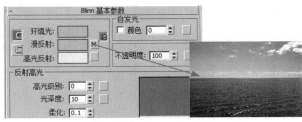

图 11-91　设置背景材质

92▶设置草地材质为漫反射混合贴图，将"反射光泽度"的值设置为0.4，将"细分"的值设置为20，如图11-92所示。

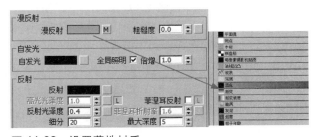

图 11-92　设置草地材质

93▶进入"混合参数"卷展栏，为"颜色#1"和"颜色#2"贴图通道指定一张配套光盘中提供的草皮纹理贴图，如图11-93所示。

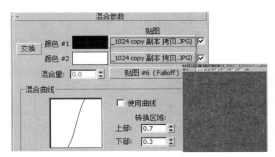

图 11-93　设置混合贴图参数

94▶进入"坐标"卷展栏，设置U向的平铺值为50，V向的平铺值为50，"模糊"值为0.1，如图11-94所示。

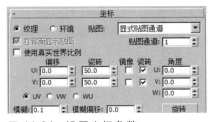

图 11-94　设置坐标参数

95▶为反射通道指定一张衰减贴图，设置"衰减类型"为Fresnel，"折射率"为1.1，如图11-95所示。

96▶进入"贴图"卷展栏，将漫射通道中的纹理贴图复制到凹凸通道中，设置凹凸的数量为80，如图11-96所示。

图 11-95　设置衰减贴图参数

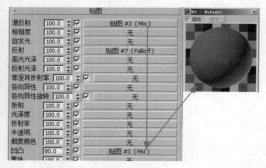

图 11-96　复制纹理贴图

97 将设置好的草地材质指定给草皮模型，并为模型添加一个UVW贴图修改，设置贴图的方式为"长方体"，如图11-97所示。

图11-97　指定草地材质

98 设置路面材质，为漫反射通道指定一张配套光盘中提供的"地面"纹理贴图，将"高光光泽度"的值设置为0.35，将"反射光泽度"的值设置为0.3，将"细分"的值设置为20，如图11-98所示。

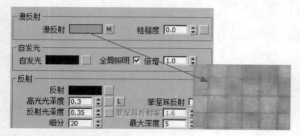

图 11-98　设置路面材质

99 进入"坐标"面板，设置U向的平铺值为40，V向的平铺值为50，"模糊"为0.1，如图11-99所示。

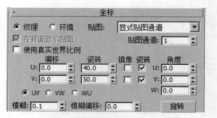

图11-99　设置坐标参数

100 进入"贴图"卷展栏，为凹凸通道指定一张配套光盘中提供的"地面-凹凸"纹理贴图，设置"凹凸"的数量为30，如图11-100所示。

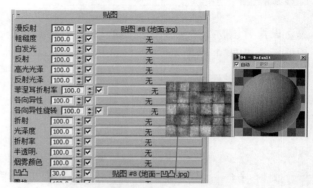

图 11-100　指定凹凸纹理贴图

101 设置铝板材质，为漫反射通道指定一张配套光盘中提供的"凹新锐板"纹理贴图，将"高光光泽度"的值设置为0.76，将"反射光泽度"的值设置为0.83，将"细分"的值设置为20，如图11-101所示。

图 11-101　设置铝板材质

102 为反射通道指定一张衰减贴图，设置"衰减类型"为Fresnel，"折射率"为1.4，如图11-102所示。

图 11-102 设置衰减贴图参数

103▶进入"贴图"卷展栏，将漫射通道中的纹理贴图以实例的方式复制到凹凸通道中，设置"凹凸"的数量为30，如图11-103所示。

图 11-103 复制纹理贴图

104▶将设置好的铝板材质指定给弧形楼顶模型，并为模型添加一个UVW贴图修改，设置贴图的方式为"长方体"，如图11-104所示。

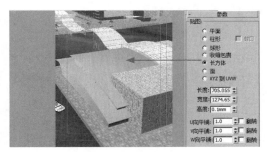

图 11-104 指定铝板材质

105▶设置石墙材质，为漫反射通道指定一张配套光盘中提供的"石材06"纹理贴图，将"高光光泽度"的值设置为0.35，将"反射光泽度"的值设置为0.3，将"细分"的值设置为20，如图11-105所示。

106▶进入"坐标"卷展栏，设置U向的平铺值为0.1，V向的平铺值为0.1，"模糊"值为0.1，如图11-106所示。

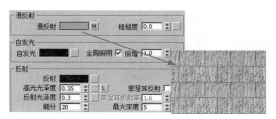

图 11-105 设置石墙材质

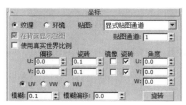

图 11-106 设置坐标参数

107▶为反射通道指定一张衰减贴图，设置"衰减类型"为Fresnel，"折射率"为1.1，如图11-107所示。

图 11-107 设置衰减贴图参数

108▶进入"贴图"卷展栏，为凹凸通道指定一张配套光盘中提供的"石材06-凹凸"纹理贴图，设置"凹凸"的数量为25，如图11-108所示。

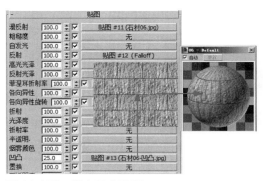

图 11-108 指定凹凸贴图

109▶将设置好的石墙材质指定给方形楼顶模型，并为模型添加一个UVW贴图修改，设置贴图的方式为"长方体"，如图11-109所示。

图 11-109　指定石墙材质

110 设置水材质，为漫反射通道指定一张纹理贴图，将反射颜色的RGB值都设置为101，将"反射光泽度"的值设置为0.9，将"细分"的值设置为15，如图11-110所示。

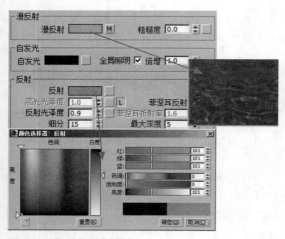

图 11-110　设置水材质

111 进入"坐标"卷展栏，设置U向的平铺值为10，V向的平铺值为15，"模糊"值为0.85，如图11-111所示。

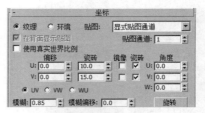

图 11-111　设置坐标参数

112 将折射颜色的RGB值设置为0、51、99，将"光泽度"的值设置为0.99，将"细分"的值设置为15，勾选"影响阴影"复选框，如图11-112所示。

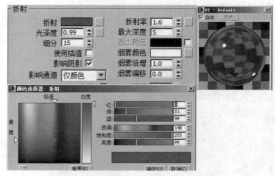

图 11-112　设置折射参数

113 到此为止，场景中的材质已经设置并指定完毕，效果如图11-113所示。

图 11-113　指定完材质的场景效果

11.4　为场景布置灯光

114 进入VRay灯光创建面板，单击"VR-太阳"按钮，在图11-114所示的位置创建一盏VR太阳光。

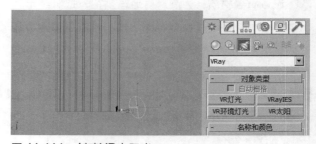

图 11-114　创建VR太阳光

115 进入"修改"面板,将"浊度"的值设置为3,将"强度倍增"的值设置为0.04,将"大小倍增"的值设置为10,如图11-115所示。

116 对添加了VR太阳光的场景进行测试渲染,得到的效果如图11-116所示。

图 11-115 设置VR   图 11-116 添加VR太阳后的效果
太阳参数

117 进入VRay灯光创建面板,单击"VR-光源"按钮,在图11-117所示的位置创建一盏VR灯光。

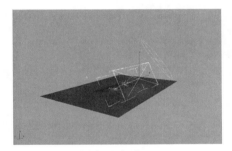

图 11-117 创建VR灯光

118 在视图中选中VR灯光,进入"修改"面板,设置"倍增器"的值为5,勾选"不可见"和"存储发光图"复选框,设置采样的"细分"值为25,如图11-118所示。

图 11-118 设置VR灯光参数

119 对添加了VR灯光的场景进行测试渲染,得到的效果如图11-119所示。

图 11-119 测试渲染

120 将VR灯光复制一盏,移动到图11-120所示的位置。

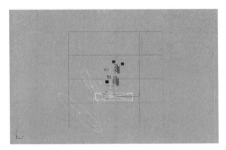

图 11-120 复制VR灯光

121 在视图中选中复制的VR灯光,进入"修改"面板,设置"倍增器"的值为30,勾选"不可见"和"存储发光图"复选框,设置采样的"细分"值为25,如图11-121所示。

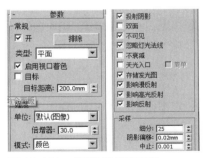

图 11-121 设置VR灯光参数

122 对当前的灯光环境进行测试渲染,得到的效果如图11-122所示。

333

图 11-122　测试渲染

123 继续复制灯光，移动到图11-123所示的位置。

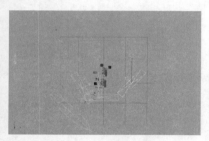

图 11-123　复制灯光

124 在视图中选中复制的VR灯光，进入"修改"面板，设置"倍增器"的值为8，勾选"不可见"和"存储发光图"复选框，设置采样的"细分"值为25，如图11-124所示。

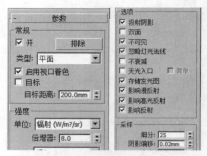

图 11-124　设置灯光参数

125 到此为止，为场景布置灯光已经基本完毕，效果如图11-125所示。

图 11-125　渲染效果

11.5　设置光子图渲染参数

126 打开"渲染设置"窗口，设置图像输出大小："宽度"为800，"高度"为450，如图11-126所示。

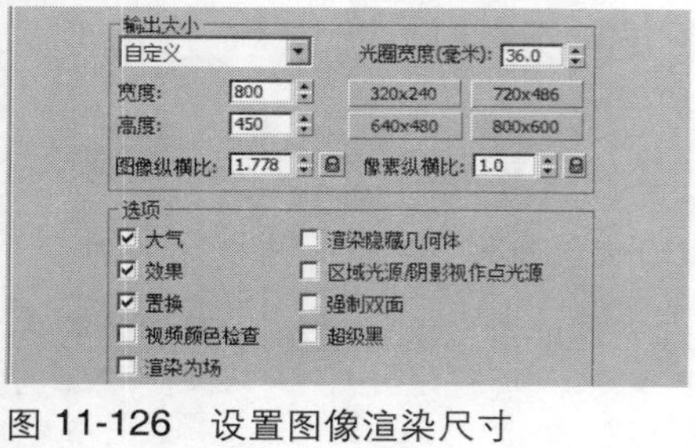

图 11-126　设置图像渲染尺寸

127 打开"V-Ray::全局开关"卷展栏，勾选"最大深度"和"不渲染最终的图像"复选框，如图11-127所示。

图 11-127　设置"全局开关"参数

128 打开 "V-Ray::图像采样器（反锯齿）" 卷展栏，设置 "图像采样器" 的类型为 "自适应细分"，设置 "抗锯齿过滤器" 的类型为Mitchell-Netravali，如图11-128所示。

图 11-128　设置 "图像采样器（反锯齿）" 参数

129 进入 "V-Ray::间接照明（GI）" 卷展栏，首先勾选 "开" 复选框，将 "首次反弹" 的 "全局照明引擎" 设置为 "发光图" 模式，将 "二次反弹" 的 "全局照明引擎" 设置为 "BF算法" 模式，如图11-129所示。

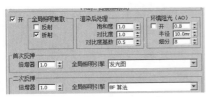

图 11-129　设置 "间接照明" 参数

130 打开 "V-Ray::DMC采样器" 卷展栏，设置 "适应数量" 为0.85，"最小采样值" 为8，"噪波阈值" 为1，如图11-130所示。

图 11-130　设置 "DMC采样器" 参数

131 打开 "V-Ray::环境" 卷展栏，启用 "全局照明环境（天光）覆盖" 选项，如图11-131所示。

图 11-131　启用环境照明

132 进入 "V-Ray::颜色贴图" 卷展栏，将 "类型" 设置为莱茵哈德，勾选 "影响背景" 复选框，如图11-132所示。

图 11-132　设置 "颜色贴图" 参数

133 打开 "V-Ray::发光图（无名）" 卷展栏，设置 "当前预置" 的模式为 "低"，"半球细分" 的值为30，勾选 "显示计算相位" 和 "显示直接光" 复选框，勾选 "在渲染结束后" 组中的 "自动保存" 复选框，并指定一个渲染输出路径，将渲染得到的光子图进行保存，如图11-133所示。

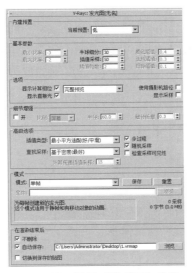

图 11-133　设置 "发光图" 参数

134 按【F9】键，对光子图进行渲染保存，光子图效果如图11-134所示。

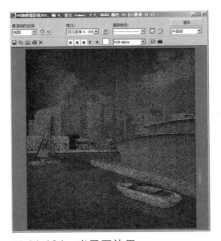

图 11-134　光子图效果

11.6 最终渲染输出

135 打开"V-Ray::全局开关"卷展栏，取消勾选"不渲染最终的图像"复选框，如图11-135所示。

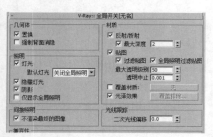

图 11-135 设置"全局开关"参数

136 打开"渲染设置"窗口，在"输出大小"组中，设置"宽度"的值为2 000，"高度"的值为1 125，并将图像的纵横比锁定，如图11-136所示。

图 11-136 设置最终渲染输出尺寸

137 打开"V-Ray::发光图"卷展栏，设置"当前预置"为"自定义"，"半球细分"为50，"颜色阈值"为0.3，"法线阈值"为0.2，启用"细节增强"选项，将"细分倍增"的值设置为0.1，如图11-137所示。

138 打开"V-Ray::DMC采样器"卷展栏，设置"适应数量"为0.5，"最小采样值"为20，"噪波阈值"为0，如图11-138所示。

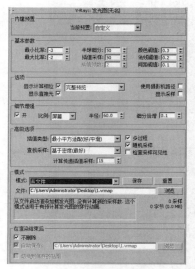

图 11-137 设置"发光图"参数

图 11-138 设置"DMC采样器"参数

139 将当前视图切换到VR物理摄影机视图，按【F9】键，对最终效果进行渲染保存，最终渲染效果如图11-139所示。

图11-139 最终效果

336

11.7 Photoshop后期处理

140 启动Photoshop，打开渲染输出效果图，将当前的图层复制一个，在"图层混合模式"下拉列表中选择"滤色"选项，设置"不透明度"为30%，效果如图11-140所示。

图11-140 设置图层的混合模式

141 选择背景图像，将当前所选的图像删除，如图11-141所示。

图11-141 删除背景

142 将配套光盘中提供的晴空图像合并到效果图图层的下面，如图11-142所示。

图11-142 合并背景图像

143 选择窗框部分，按【Ctrl+U】组合键，打开"色相/饱和度"对话框，设置"色相"的值为1，"饱和度"的值为8，"明度"的值为1，得到的效果如图11-143所示。

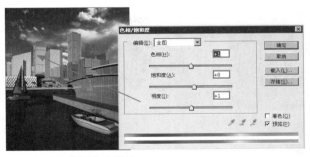

图11-143 设置窗框颜色

144 选中场景中的"玻璃"部分，按【Ctrl+B】组合键，打开"色彩平衡"对话框，设置"色阶"的值为-29、-20、41，得到的效果如图11-144所示。

图11-144 设置玻璃颜色

145 选中场景中的"金属楼体"部分，按【Ctrl+B】组合键，打开"色彩平衡"对话框，设置"色阶"的值为-89、0、73，得到的效果如图11-145所示。

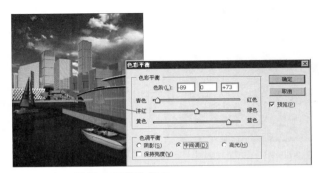

图11-145 设置金属楼体颜色

146 选择水面图像，将当前所选的图像删除，再将配套光盘中提供的水图像合并到效果图图层的下面，如图11-146所示。

图11-146 合并水图像

147 选中场景中的"地面"部分，按【Ctrl+B】组合键，打开"色彩平衡"对话框，设置"色阶"的值为-29、-12、13，得到的效果如图11-147所示。

图11-147 设置地面颜色

148 选中场景中的"汽艇"部分，按【Ctrl+U】组合键，打开"色相/饱和度"对话框，设置"色相"的值为3，"饱和度"的值为-79，"明度"的值为21，得到的效果如图11-148所示。

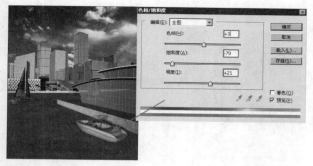

图11-148 设置汽艇颜色

149 选中场景中的"帆船"部分，按【Ctrl+B】组合键，打开"色彩平衡"对话框，设置"色阶"的值为-33、12、55，得到的效果如图11-149所示。

图11-149 设置帆船颜色

150 将所有图层合并，选择"滤镜"→"锐化"→"USM锐化"命令，弹出"USM锐化"对话框，设置"数量"的值为50%，"半径"的值为0.5，得到的效果如图11-150所示。

图11-150 USM锐化修改

151 到此为止，效果图的后期处理工作已经全部完成，最终效果如图11-151所示。

图11-151 最终效果

第12章　现代楼群

　　本章是一个综合性较强的室外效果实例。读者在制作的时候要注意把握好各个楼体之间的高低、远近关系，做到疏密有致。色彩上的处理一定要统一，可以夸张地运用某一纯色。环境气氛上要突出现代时尚的感觉，各个建筑之间既要统一于一个楼群整体，又要形成适当的对比。

12.1 创建楼体模型

01 创建楼体01模型，在视图中创建一个长度和宽度都为2 000、高度为12 000、圆角为150、圆角分段为10的长方体模型，如图12-1所示。

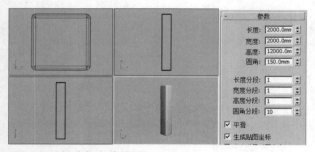

图 12-1　创建长方体模型

02 在视图中绘制一个半径为100、步数为20的圆形，如图12-2所示。

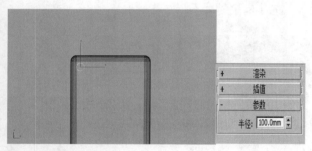

图 12-2　绘制圆形

03 将圆形图形复制若干组，排列成图12-3所示的布局。

图 12-3　复制图形

04 将图形转换成可编辑的样条线，利用附加修改将所有的图形合并在一起，如图12-4所示。

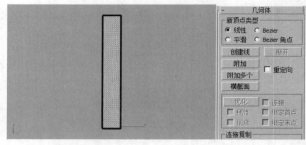

图 12-4　合并图形

05 利用图形合并修改将圆形投射到楼体模型上，如图12-5所示。

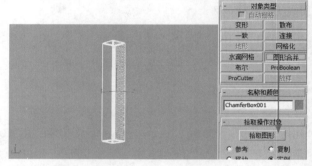

图 12-5　图形合并修改

06 将模型转换成可编辑的多边形，选择圆形多边形，为其添加挤出修改，设置"挤出高度"为-50，如图12-6所示。

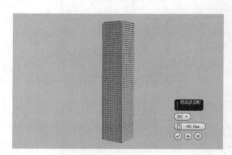

图 12-6　添加挤出修改

07 为模型添加FFD 4×4×4修改，选择中间两个控制点，利用缩放工具将所选的控制点缩小，如图12-7所示。

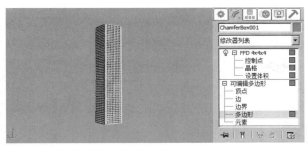

图12-7　添加FFD 4×4×4修改

08 根据上面介绍的方法，创建出楼体02模型，将楼体模型移动到图12-8所示的位置。

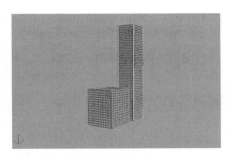

图 12-8　创建楼体02模型

09 创建楼体03模型，在视图中创建一个"长度"和"宽度"都为3 500、"高度"为15 600、"高度分段"为6的长方体模型，如图12-9所示。

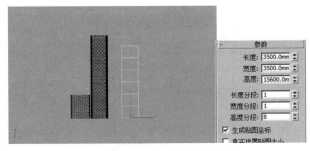

图 12-9　创建长方体模型

10 选中长方体模型，进入"修改"面板，在修改器列表中选择"晶格"选项，设置"半径"的值为50，"边数"的值为6，如图12-10所示。

11 将模型复制一组，删除晶格修改，将"长度"和"宽度"的值更改为3 400，设置"长度分段"的值和"宽度分段"的值都为15，设置"高度分段"的值为40，如图12-11所示。

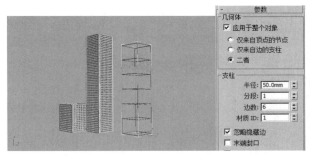

图 12-10　添加晶格修改

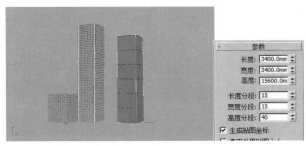

图 12-11　复制并修改模型

12 选中长方体模型，进入"修改"面板，在修改器列表中选择"晶格"选项，设置"半径"的值为10，"边数"的值为6，如图12-12所示。

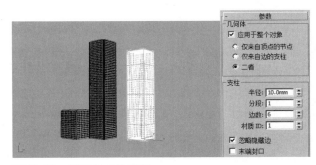

图12-12　创建长方体模型

13 在顶视图中绘制一个图12-13所示的矩形。

图 12-13　绘制矩形

14 将图形转换成可编辑的样条线，为其添加20个单位大小的轮廓修改，如图12-14所示。

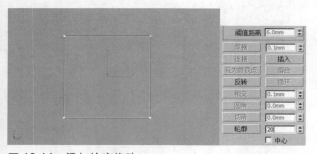

图 12-14　添加轮廓修改

15 选中图形，进入"修改"面板，在修改器列表中选择"挤出"选项，设置挤出的"数量"为15 600，如图12-15所示。

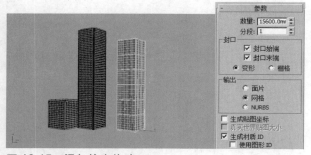

图 12-15　添加挤出修改

16 在视图中创建一个"长度"为1 000、"宽度"为1 000、"高度"为2 000的长方体模型，将模型移动到图12-16所示的位置。

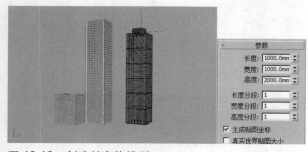

图 12-16　创建长方体模型

17 创建楼体04模型，在视图中创建一个"长度"为3 000、"宽度"为6 000、"高度"为12 000、"圆角"为162.278、"圆角分段"为3的长方体模型，如图12-17所示。

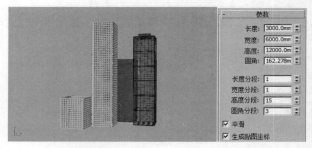

图12-17　创建长方体模型

18 选中长方体模型，进入"修改"面板，在修改器列表中选择"晶格"选项，设置"半径"的值为30，"边数"的值为20，如图12-18所示。

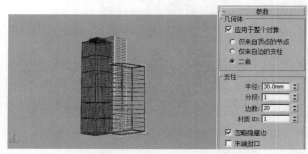

图12-18　添加晶格修改

19 将模型复制一组，进入"修改"面板，删除晶格修改，如图12-19所示。

图12-19　复制并修改模型

20 创建楼体05模型，在顶视图中创建一个"长度"为6 000、"宽度"为4 000的矩形，如图12-20所示。

21 将图形转换成可编辑的样条线，选中图12-21所示的顶点，为其添加圆角修改。

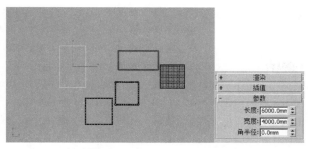

图 12-20　创建矩形

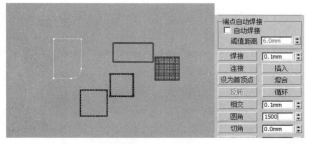

图12-21　添加圆角修改

22 进入"修改"面板，在修改器列表中选择"挤出"选项，设置挤出的"数量"为10 000，"分段"为50，如图12-22所示。

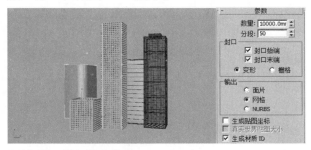

图12-22　添加挤出修改

23 选中长方体模型，进入"修改"面板，在修改器列表中选择"晶格"选项，设置"半径"的值为30，"边数"的值为10，如图12-23所示。

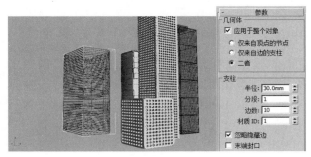

图12-23　添加晶格修改

24 将模型复制一组，进入"修改"面板，删除晶格修改，如图12-24所示。

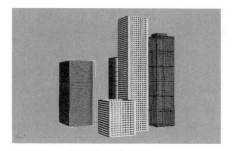

图12-24　复制并修改模型

25 创建楼体06模型，在视图中创建一个"长度"为2 500、"宽度"为5 000、"高度"为10 000、"高度分段"为20的长方体模型，如图12-25所示。

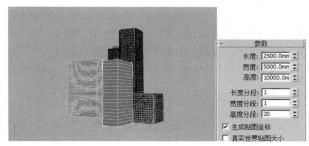

图12-25　创建长方体模型

26 为模型添加FFD 4×4×4修改，选择左上方两个控制点，利用缩放工具将所选的控制点缩小，如图12-26所示。

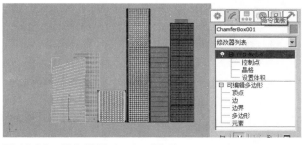

图 12-26　添加FFD 4×4×4修改

27 选中长方体模型，进入"修改"面板，在修改器列表中选择"晶格"选项，设置"半径"的值为30，"边数"的值为8，如图12-27所示。

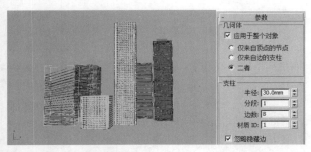

图12-27　添加晶格修改

28▶将模型复制一组，进入"修改"面板，删除晶格修改，如图12-28所示。

图12-28　复制并修改模型

29▶创建楼体07模型，在视图中创建一个"长度"为5 000、"宽度"为12 000、"高度"为4 500的长方体模型，如图12-29所示。

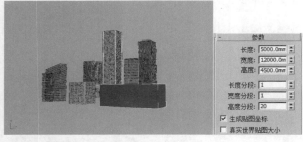

图12-29　创建长方体模型

30▶在视图中创建一个"半径"为400、"边数"为6的多边形，如图12-30所示。

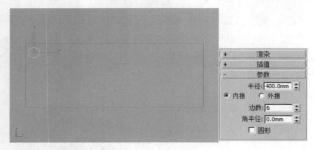

图12-30　创建多边形

31▶将多边形复制若干组，排列成图12-31所示的布局。

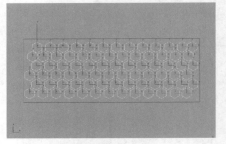

图12-31　复制图形

32▶将图形转换成可编辑的样条线，利用附加修改将所有的图形合并在一起，如图12-32所示。

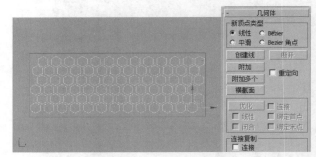

图12-32　合并图形

33▶利用图形合并修改将多边形投射到楼体模型上，如图12-33所示。

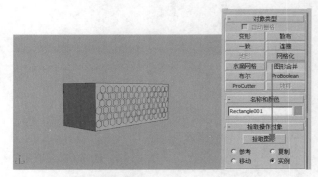

图12-33　图形合并修改

34▶将模型转换成可编辑的多边形，选择圆形多边形，为其添加挤出修改，设置"挤出高度"为200，如图12-34所示。

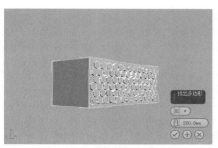

图 12-34　添加挤出修改

35▶激活边选项，选择图12-35所示的边，为其添加切角修改，使其有一个圆滑的弧度效果。

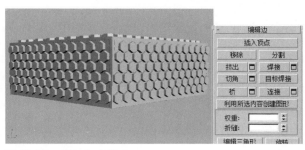

图12-35　添加切角修改

36▶继续创建楼体模型，将创建好的楼体重新排列，如图12-36所示。

图 12-36　排列楼体模型

37▶创建河堤模型，在顶视图中绘制出河堤的顶面轮廓图，如图12-37所示。

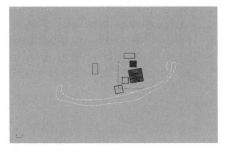

图12-37　绘制图形

38▶选中图形，进入"修改"面板，在修改器列表中选择"挤出"选项，设置挤出的"数量"为500，如图12-38所示。

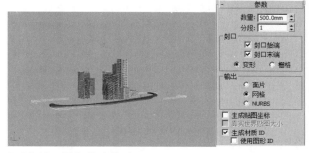

图12-38　添加挤出修改

39▶将模型转换成可编辑的多边形，对模型上部分顶点的位置进行重新调整，让模型产生一定的坡度，如图12-39所示。

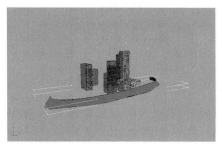

图12-39　编辑顶点的位置

40▶创建马路模型，在顶视图中绘制出马路的表面轮廓图，如图12-40所示的位置。

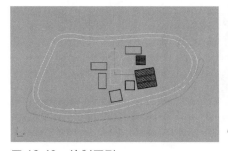

图 12-40　绘制图形

41▶选中图形，进入"修改"面板，在修改器列表中选择"挤出"选项，设置挤出的"数量"为200，如图12-41所示。

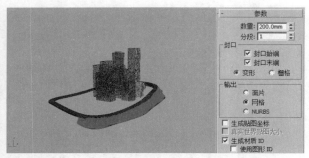

图 12-41　添加挤出修改

42 将路面复制一组，进入"修改"面板，删除挤出修改，利用优化工具为图形添加顶点，如图12-42所示。

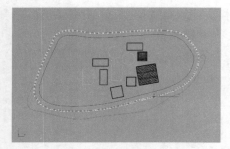

图 12-42　复制并修改模型

43 选中图形，进入"修改"面板，在修改器列表中选择"挤出"选项，设置挤出的"数量"为500，如图12-43所示。

图12-43　添加挤出修改

44 选中模型，进入"修改"面板，在修改器列表中选择"晶格"选项，设置"半径"的值为30，"边数"的值为15，如图12-44所示。

45 创建小区内部的路面模型，在顶视图中绘制两个封闭的样条线图形，如图12-45所示。

图 12-44　添加晶格修改

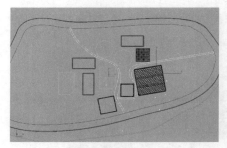

图 12-45　绘制样条线图形

46 将图形转换成可编辑的样条线，利用附加修改将两条样条线合并在一起，如图12-46所示。

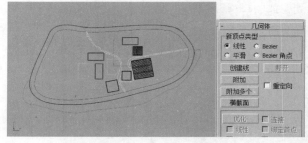

图 12-46　合并图形

47 利用优化修改，在图12-47所示的位置添加两个顶点。

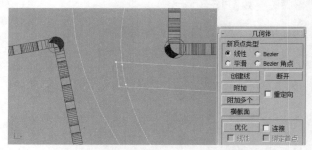

图 12-47　添加顶点

48 激活线选择模式，删除多余的线段，并将顶点焊接在一起，如图12-48所示。

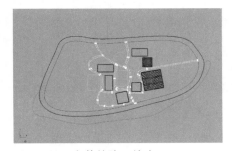

图 12-48　焊接顶点

49 利用上面的方法，将小区内部的路面模型轮廓绘制完整，如图12-49所示。

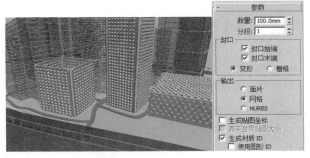

图 12-49　完整的路面轮廓

50 选中图形，进入"修改"面板，在修改器列表中选择"挤出"选项，设置挤出的"数量"为100，如图12-50所示。

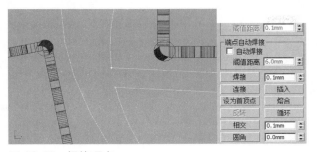

图 12-50　添加挤出修改

51 创建绿化带模型，在顶视图中绘制出绿化带的表面轮廓图，如图12-51所示。

52 选中图形，进入"修改"面板，在修改器列表中选择"挤出"选项，设置挤出的"数量"为50，如图12-52所示。

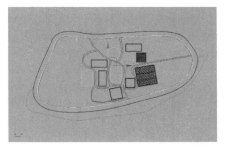

图12-51　绘制图形

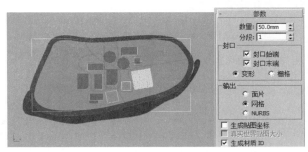

图 12-52　添加挤出修改

53 创建桥面模型，在视图中创建一个长度为25 000、宽度为6 000、高度为600的长方体模型，如图12-53所示。

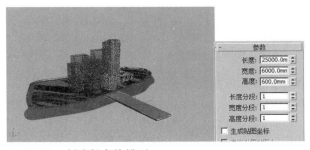

图 12-53　创建长方体模型

54 将模型转换成可编辑的多边形，进入"修改"面板，利用切割修改将模型切割出图12-54所示的轮廓。

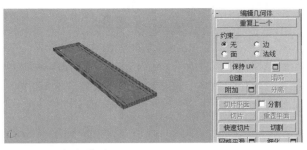

图 12-54　切割修改

55 激活多边形选择模式，选择路面部分的多边形，为其添加倒角修改，设置倒角的"高度"为-500，"轮廓量"为-200，如图12-55所示。

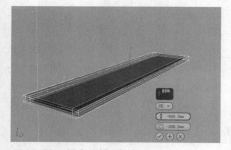

图12-55　添加倒角修改

56 激活多边形选择模式，选择桥面底部的顶点，利用缩放工具对所选的顶点进行缩放，如图12-56所示。

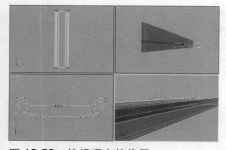

图 12-56　编辑顶点的位置

57 创建桥墩模型，在前视图中绘制一个图12-57所示的图形。

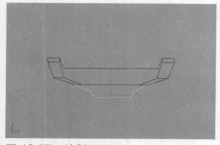

图 12-57　绘制图形

58 选中图形，进入"修改"面板，在修改器列表中选择"挤出"选项，设置挤出的"数量"为1 200，如图12-58所示。

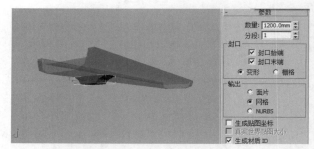

图12-58　添加挤出修改

59 在视图中创建一个半径为450、高度为3 500的圆柱体模型，将模型移动到图12-59所示的位置。

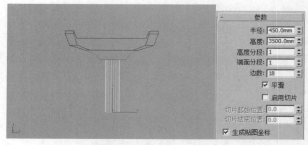

图 12-59　创建圆柱体模型

60 将模型复制4组，分别移动到图12-60所示的位置。

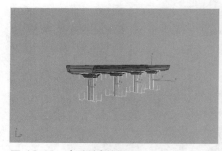

图 12-60　复制桥墩模型

61 创建栏杆模型，在图12-61所示的位置创建一个平面模型。

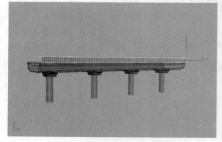

图 11-61　创建平面模型

62 选中模型，进入"修改"面板，在修改器列表中选择"晶格"选项，设置"半径"的值为30，"边数"的值为15，如图12-62所示。

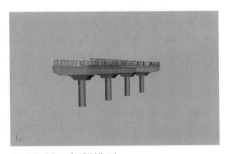

图 12-62　添加晶格修改

63 将栏杆模型复制一组，移动到图12-63所示的位置。

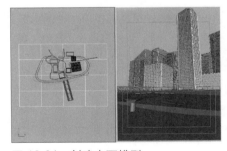

图 12-63　复制模型

64 在视图中创建一个平面模型，用来模拟水面效果，将模型移动到图12-64所示的位置。

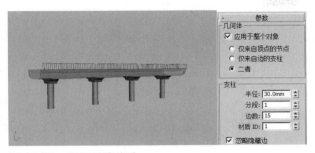

图 12-64　创建水面模型

65 将配套光盘中提供的树木01模型合并到场景中，复制若干组模型，移动到图12-65所示的位置。

66 将配套光盘中提供的树木02模型合并到场景中，复制若干组模型，移动到图12-66所示的位置。

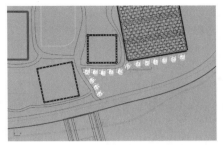

图 12-65　合并并复制树木01模型

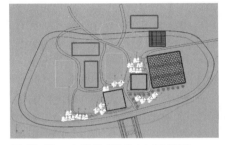

图 12-66　合并并复制树木02模型

67 将配套光盘中提供的树木03模型合并到场景中，复制若干组模型，移动到图12-67所示的位置。

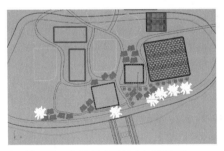

图 12-67　合并并复制树木03模型

68 将配套光盘中提供的帆船模型合并到场景中，复制一组模型，移动到图12-68所示的位置。

图 12-68　合并并复制帆船模型

69 将配套光盘中提供的游艇模型合并到场景中，复制一组模型，移动到图12-69所示的位置。

图 12-69　合并并复制游艇模型

70 创建路灯模型，在视图中绘制一条样条线，进入"修改"面板，勾选"在渲染中启用"和"在视图中启用"复选框，设置"厚度"的值为2，"边"的值为30，如图12-70所示。

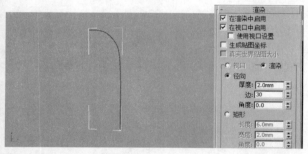

图 12-70　绘制样条线

71 在视图中创建一个半径为20、半球为0.5的球体模型，移动到图12-71所示的位置。

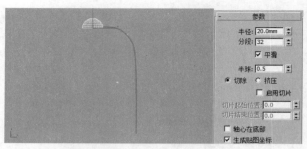

图 12-71　创建球体模型

72 利用缩放工具将模型沿Z轴缩小，如图12-72所示。

图 12-72　修改模型

73 将路灯模型成组，复制若干组模型，将模型移动到图12-73所示的位置。

图 12-73　复制模型

12.2　设置材质

74 设置楼体01材质，为漫反射通道指定一张配套光盘中提供的"楼体01"纹理贴图，将反射颜色的RGB值都设置为20，将"反射光泽度"的值设置为0.5，将"细分"的值设置为15，如图12-74所示。

75 进入"贴图"卷展栏，将漫射通道中的纹理贴图以实例的方式复制到凹凸通道中，设置"凹凸"的数量为10，如图12-75所示。

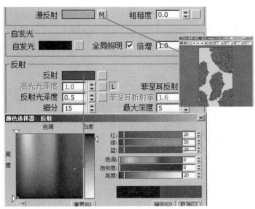

图 12-74 设置楼体01材质

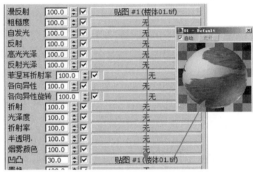

图 12-75 复制纹理贴图

76 将设置好的楼体01材质指定给对应的楼体模型，并为模型添加一个UVW贴图修改，设置贴图的方式为"长方体"，如图12-76所示。

图 12-76 指定楼体01材质

77 设置金属楼板材质，为漫反射通道指定一张配套光盘中提供的"金属板"纹理贴图，将"高光光泽度"的值设置为0.75，将"反射光泽度"的值设置为0.8，将"细分"的值设置为20，如图12-77所示。

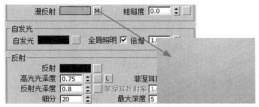

图 12-77 设置金属楼板材质

78 为反射通道指定一张衰减贴图，设置"衰减类型"为Fresnel，"折射率"为1.6，如图12-78所示。

图 12-78 设置衰减贴图参数

79 进入"贴图"卷展栏，将漫射通道中的纹理贴图以实例的方式复制到凹凸通道中，设置"凹凸"的数量为20，如图12-79所示。

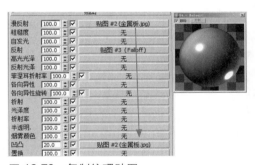

图 12-79 复制纹理贴图

80 将设置好的金属楼板材质指定给对应的楼体模型，并为模型添加一个UVW贴图修改，设置贴图的方式为"长方体"，如图12-80所示。

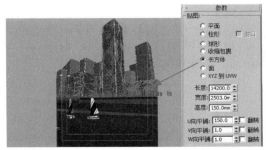

图 12-80 指定金属楼板材质

351

81 设置钢架材质，将漫反射和反射颜色的RGB值都设置为50，将"反射光泽度"的值设置为0.5，将"细分"的值设置为15，如图12-81所示。

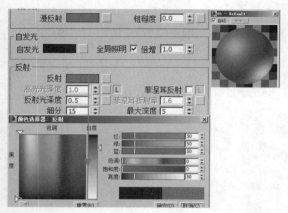

图 12-81　设置钢架材质

82 设置玻璃材质，将漫反射颜色的RGB值设置为90、154、198，将反射颜色的RGB值都设置为50，将"高光光泽度"的值设置为0.98，将"反射光泽度"的值设置为0.95，将"细分"的值设置为15，如图12-82所示。

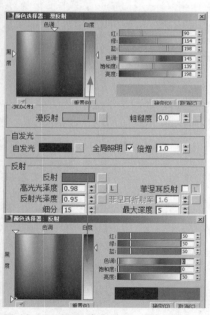

图 12-82　设置玻璃材质

83 将折射颜色的RGB值设置为6、26、40，将"光泽度"的值设置为0.98，将"细分"的值设置为15，勾选"影响阴影"复选框，如图12-83所示。

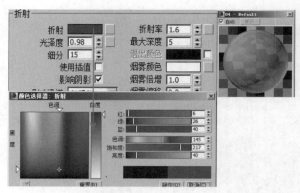

图 12-83　设置折射参数

84 将设置好的玻璃材质指定给所有楼体模型的窗户部分，如图12-84所示。

图 12-84　指定玻璃材质

85 设置草地材质，为漫反射通道指定一张配套光盘中提供的"草坪"纹理贴图，将"高光光泽度"的值设置为0.35，将"反射光泽度"的值设置为0.5，将"细分"的值设置为20，如图12-85所示。

图 12-85　设置草地材质

86 进入"坐标"卷展栏，设置U向的平铺值为10，V向的平铺值为10，"模糊"值为0.1，如图12-86所示。

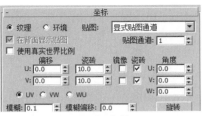

图 12-86　设置坐标参数

87 为反射通道指定一张衰减贴图，设置"衰减类型"为Fresnel，"折射率"为1.2，如图12-87所示。

图 12-87　设置衰减贴图参数

88 进入"贴图"卷展栏，为凹凸通道指定一张配套光盘中提供的"草坪-凹凸"纹理贴图，设置"凹凸"的数量为45，如图12-88所示。

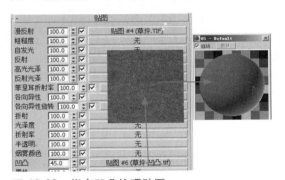

图 12-88　指定凹凸纹理贴图

89 将设置好的草地材质指定给对应的草地模型，并为模型添加一个UVW贴图修改，设置贴图的方式为"长方体"，如图12-89所示。

90 设置路面材质，为漫反射通道指定一张配套光盘中提供的"路面"纹理贴图，将"高光光泽度"的值设置为0.35，将"反射光泽度"的值设置为0.4，将"细分"的值设置为20，如图12-90所示。

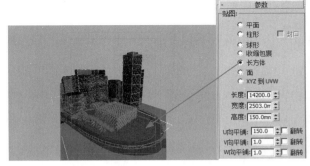

图 12-89　指定草地材质

图 12-90　设置路面材质

91 进入"坐标"卷展栏，设置U向的平铺值为15，V向的平铺值为15，"模糊"值为0.1，如图12-91所示。

图 12-91　设置坐标参数

92 为反射通道指定一张衰减贴图，设置"衰减类型"为Fresnel，"折射率"为1.1，如图12-92所示。

图 12-92　设置衰减贴图参数

93 进入"贴图"卷展栏,将漫射通道中的纹理贴图以实例的方式复制到凹凸通道中,设置凹凸的数量为50,如 图12-93所示。

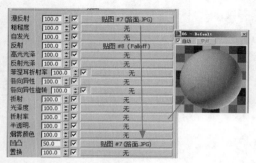

图 12-93 复制纹理贴图

94 将设置好的路面材质指定给道路模型,并为模型添加一个UVW贴图修改,设置贴图的方式为"长方体",如图12-94所示。

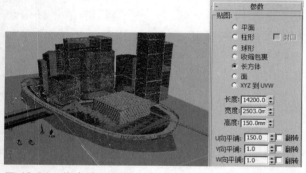

图 12-94 指定路面材质

95 设置水泥材质,为漫反射通道指定一张配套光盘中提供的"混凝土"纹理贴图,将"高光光泽度"的值设置为0.35,将"反射光泽度"的值设置为0.4,将"细分"的值设置为15,如图12-95所示。

图 12-95 设置水泥材质

96 进入"坐标"卷展栏,设置U向的平铺值为15,V向的平铺值为10,"模糊"值为0.1,如图12-96所示。

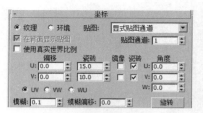

图 12-96 设置坐标参数

97 为反射通道指定一张衰减贴图,设置"衰减类型"为Fresnel,"折射率"为1.2,如图12-97所示。

图12-97 添加衰减贴图

98 进入"贴图"卷展栏,为凹凸通道指定一张配套光盘中提供的"混凝土-凹凸"纹理贴图,设置"凹凸"的数量为50,如图12-98所示。

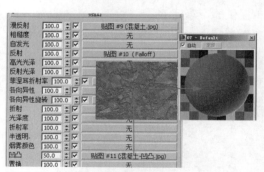

图12-98 指定凹凸纹理贴图

99 将设置好的水泥材质指定给桥梁模型,并为模型添加一个UVW贴图修改,设置贴图的方式为"长方体",如图12-99所示。

图12-99 指定水泥材质

100 设置栏杆材质，将漫反射和反射颜色的RGB值都设置为40，将"反射光泽度"的值都设置为0.6，如图12-100所示。

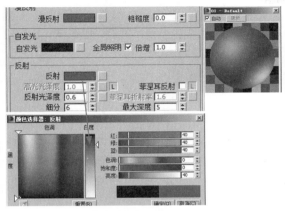

图12-100　设置栏杆材质

101 设置水材质，为漫反射通道指定一张配套光盘中提供的"水纹"纹理贴图，将反射颜色的RGB值都设置为60，将"反射光泽度"的值设置为0.96，将"细分"值设置为6，如图12-101所示。

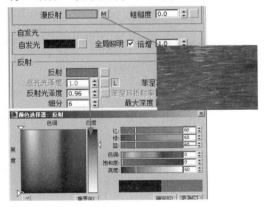

图 12-101　设置水材质

102 将折射颜色的RGB值设置为22、54、77，将"光泽度"的值设置为0.98，将"细分"的值设置为10，勾选"影响阴影"复选框，如图12-102所示。

103 设置路灯灯柱材质，将漫反射颜色设置为纯白色，将反射颜色的RGB值都设置为58，将"反射光泽度"的值设置为0.6，将"细分"的值设置为15，如图12-103所示。

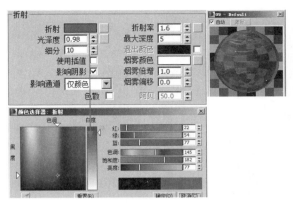

图 12-102　设置折射参数

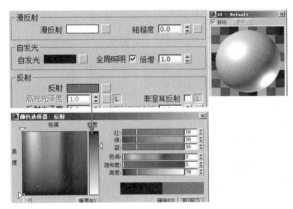

图 12-103　设置路灯灯柱材质

104 设置灯泡材质，勾选"颜色"复选框，将自发光的颜色设置为纯白色，如图12-104所示。

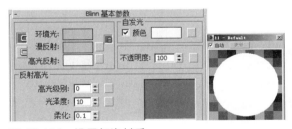

图 12-104　设置灯泡材质

105 设置松针材质，为漫反射通道指定一张配套光盘中提供的纹理贴图，将反射颜色的RGB值都设置为30，将"反射光泽度"的值设置为0.6，将"细分"的值设置为15，如图12-105所示。

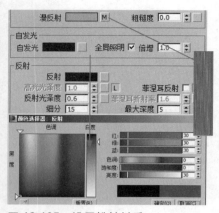

图 12-105　设置松针材质

106 设置树干材质，为漫反射通道指定一张配套光盘中提供的纹理贴图，将"反射光泽度"的值设置为0.35，将"细分"的值设置为15，如图12-106所示。

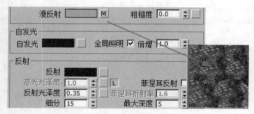

图 12-106　设置树干材质

107 进入"坐标"卷展栏，设置U向的平铺值为2，V向的平铺值为5，"模糊"值为0.1，如图12-107所示。

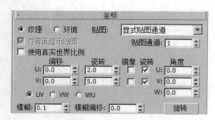

图12-107　设置坐标参数

108 进入"贴图"卷展栏，将漫射通道中的纹理贴图以实例的方式复制到凹凸通道中，设置"凹凸"的数量为45，如图12-108所示。

图 12-108　复制纹理贴图

109 设置椰子叶材质，为漫反射通道指定一张配套光盘中提供的纹理贴图，将反射颜色的RGB值都设置为20，将"反射光泽度"的值设置为0.7，将"细分"的值设置为15，如图12-109所示。

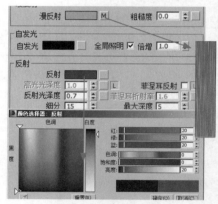

图 12-109　设置椰子叶材质

110 设置椰子树干材质，为漫反射通道指定一张配套光盘中提供的纹理贴图，将"反射光泽度"的值设置为0.6，将"细分"的值设置为15，如图12-110所示。

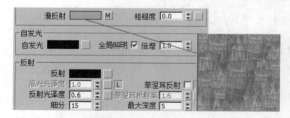

图 12-110　设置椰子树干材质

111 进入"贴图"卷展栏，将漫射通道中的纹理贴图以实例的方式复制到凹凸通道中，设置"凹凸"的数量为200，如图12-111所示。

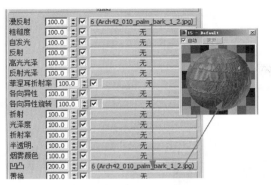

图 12-111　复制纹理贴图

112 设置芭蕉叶材质，为漫反射通道指定一张配套光盘中提供的纹理贴图，将反射颜色的RGB值都设置为10，将"反射光泽度"的值都设置为0.6，将"细分"的值设置为15，如图12-112所示。

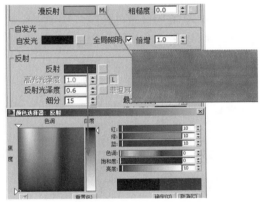

图 12-112　设置芭蕉叶材质

113 设置芭蕉树干材质，为漫反射通道指定一张配套光盘中提供的纹理贴图，将"反射光泽度"的值设置为0.3，将"细分"的值设置为20，如图12-113所示。

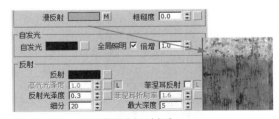

图 12-113　设置芭蕉树干材质

114 进入"贴图"卷展栏，将漫射通道中的纹理贴图复制到凹凸通道中，设置"凹凸"的数量为50，如图12-114所示。

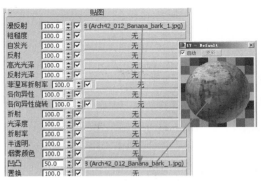

图 12-114　复制纹理贴图

115 设置芭蕉树枝材质，为漫反射通道指定一张衰减贴图，颜色分别设置成深绿和浅绿色。设置"反射光泽度"的值为0.5，"细分"的值为10，如图12-115所示。

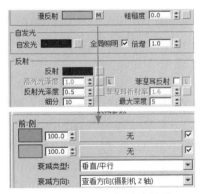

图 12-115　设置芭蕉树枝材质

116 设置帆船材质，先设置白色甲板材质，将漫反射颜色设置为纯白色，将反射颜色的RGB值都设置为15，将"反射光泽度"的值设置为0.65，将"细分"的值设置为13，如图12-116所示。

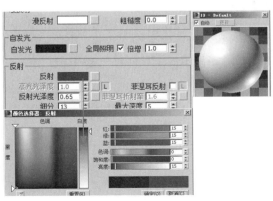

图 12-116　设置白色甲板材质

117 设置黑色甲板材质，将漫反射颜色设置为纯黑色，将反射颜色的RGB值都设置为15，将"高光光泽度"的值设置为0.6，将"反射光泽度"的值设置为0.85，将"细分"的值设置为13，如图12-117所示。

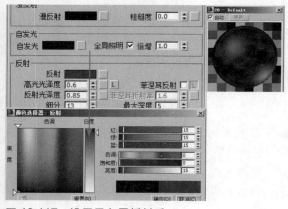

图 12-117　设置黑色甲板材质

118 设置船帆材质，为漫射通道指定一张混合贴图，设置"反射光泽度"的值为0.6，"细分"的值为15，如图12-118所示。

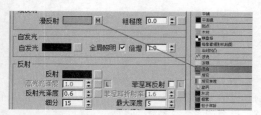

图 12-118　设置船帆材质

119 进入"混合参数"卷展栏，为混合量通道指定一张渐变坡度贴图，如图12-119所示。

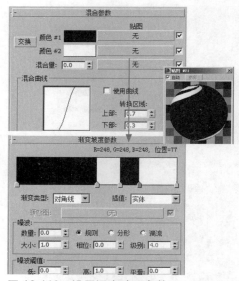

图 12-119　设置混合贴图参数

120 设置帆船金属材质，将漫反射颜色设置为纯黑色，将反射颜色设置为浅灰色，将"反射光泽度"的值设置为0.75，将"细分"的值设置为14，勾选"菲涅耳反射"复选框，如图12-120所示。

图 12-120　设置金属材质

12.3　布置灯光

121 进入VRay灯光创建面板，单击"VR-太阳"按钮，在图12-121所示的位置创建一盏VR阳光。

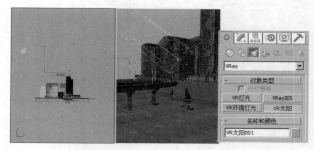

图 12-121　创建VR阳光

122 进入"修改"面板,将"浊度"的值设置为3,将"强度倍增"的值设置为0.005,将"大小倍增"的值设置为8,如图12-122所示。

图 12-122　设置VR阳光参数

123 对添加了VR阳光的场景进行测试渲染,得到的效果如图12-123示。

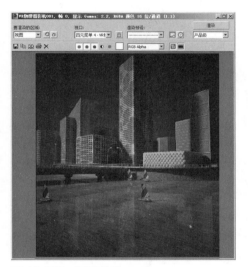

图 12-123　测试渲染

124 进入VRay灯光创建面板,单击"VR-光源"按钮,在图12-124所示的位置创建一盏VR灯光。

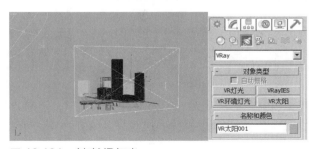

图 12-124　创建VR灯光

125 在视图中选中VR灯光,进入"修改"面板,设置"倍增器"的值为4,勾选"不可见"和"存储发光图"复选框,设置采样的"细分"值为20,如图12-125所示。

图 12-125　设置VR灯光参数

126 对添加了VR灯光的场景进行测试渲染,得到的效果如图12-126所示。

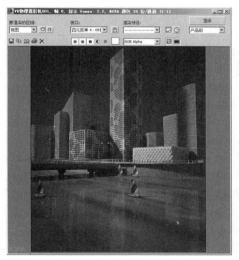

图 12-126　测试渲染

127 打开"渲染设置"窗口，设置图像输出尺寸："宽度"为600，"高度"为800，如图12-127所示。

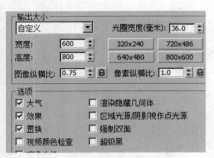

图 12-127 设置图像渲染尺寸

128 打开"VRay::全局开关"卷展栏，勾选"不渲染最终的图像"复选框，如图12-128所示。

图 12-128 设置"全局开关"参数

129 打开"V-Ray::图像采样器（反锯齿）"卷展栏，设置"图像采样器"的类型为"适应细分"，设置"抗锯齿过滤器"的类型为Mitchell-Netravali，如图12-129所示。

图 12-129 设置"图像采样器（反锯齿）"参数

130 进入"V-Ray::间接照明（GI）"卷展栏，首先勾选"开"选项，将"首次反弹"的"全局照明引擎"设置为"发光图"模式，将"二次反弹"的"全局照明引擎"设置为"灯光缓存"模式，如图12-130所示。

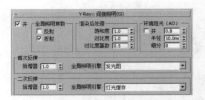

图 12-130 设置"间接照明"参数

131 打开"V-Ray::发光图（无名）"卷展栏，设置"当前预置"的模式为"低"，"半球细分"的值为20，勾选"显示计算相位"和"显示直接光"选项，勾选"在渲染结束后"组中的"自动保存"复选框，并指定一个渲染输出路径，将渲染得到的光子图进行保存，如图12-131所示。

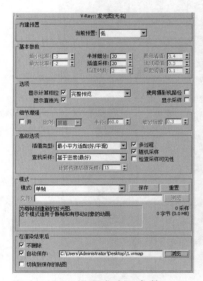

图 12-131 设置发光图参数

132 打开"V-Ray::灯光缓存"卷展栏，设置"细分"为500，勾选"显示计算相位"和"存储直接光"复选框，勾选"渲染后"组中的"自动保存"复选框，并指定一个渲染输出路径，将渲染得到的光子图进行保存，如图12-132所示。

133 打开"V-Ray::环境"卷展栏，启用"全局照明环境（天光）覆盖"选项，如图12-133所示。

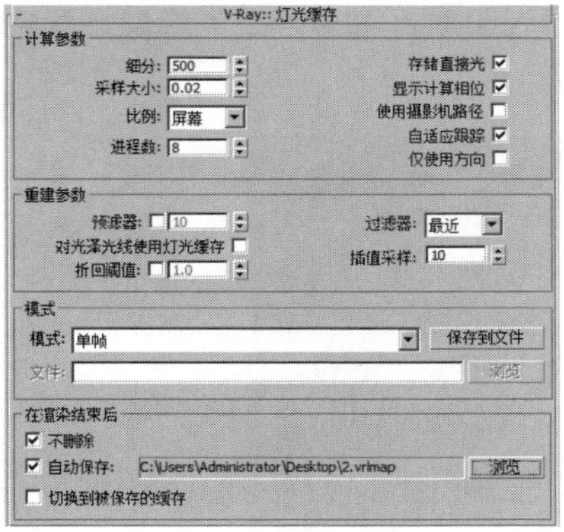

图 12-132　设置 "灯光缓存" 参数

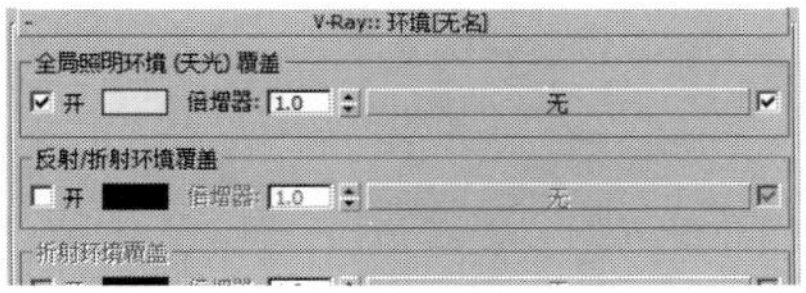

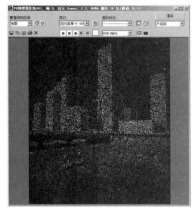

图 12-133　启用环境照明

134 进入 "V-Ray::颜色贴图" 卷展栏，将类型设置为 "指数"，勾选 "影响背景" 复选框，如图12-134所示。

图 12-134　设置 "颜色贴图" 参数

135 将当前视图切换到VR物理摄影机视图，按【F9】键，对光子图进行渲染保存，光子图效果如图12-135所示。

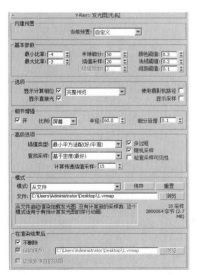

图 12-135　光子图效果

12.5　最终渲染输出

136 打开 "V-Ray::发光图（无名）" 设置 "当前预置" 为 "自定义"，"最小比率" 为-4，"最大比率" 为-3，"半球细分" 为50，"颜色阈值" 为0.3，"法线阈值" 为0.2，启用 "细节增强" 选项，将 "细分倍增" 的值设置为0.1，如图12-136所示。

137 打开 "V-Ray::DMC采样器" 卷展栏，设置 "适应数量" 为0.75，"最小采样" 为20，"噪波阈值" 为0.001，如图12-137所示。

图 12-136　设置 "发光图" 参数

图 12-137　设置 "DMC采样器" 参数

138 打开"V-Ray::灯光缓存"卷展栏，设置"细分"为1 500，如图12-138所示。

图12-138　设置"灯光缓存"参数

139 最后对摄影机视图进行渲染，图像的最终渲染效果如图12-139所示。

图12-139　最终效果

12.6　Photoshop后期处理

140 启动Photoshop，打开渲染输出效果图，将当前的图层复制一个，在"图层混合模式"下拉列表中选择"滤色"选项，设置"不透明度"为60%，效果如图12-140所示。

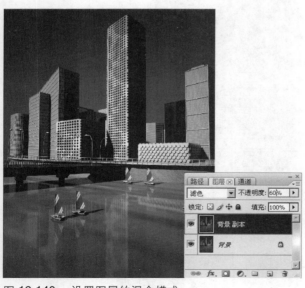

图12-140　设置图层的混合模式

141 选择背景图像，将当前所选的图像删除，如图12-141所示。

图12-141　删除背景

142 将配套光盘中提供的天空图像合并到效果图图层的下面，如图12-142所示。

图 12-142　合并背景图像

143 选中场景中的"玻璃"部分，按【Ctrl+B】组合键，打开"色彩平衡"对话框，设置"色阶"的值为-49、1、20，得到的效果如图12-143所示。

图 12-143　设置玻璃颜色

144 选择窗框部分，按【Ctrl+U】组合键，打开"色相/饱和度"对话框，设置"色相"的值为0，"饱和度"的值为47，"明度"的值为100，得到的效果如图12-144所示。

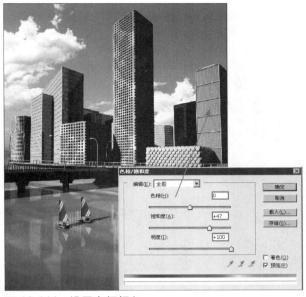

图 12-144　设置窗框颜色

145 选择"楼体01"部分，按【Ctrl+U】组合键，打开"色相/饱和度"对话框，设置"色相"的值为-5，"饱和度"的值为-60，"明度"的值为39，得到的效果如图12-145所示。

图 12-145　设置楼体01颜色

146 选择"水面"部分，为其添加"动感模糊"修改，设置"角度"的值为90，"距离"的值为30，得到的效果如图12-146所示。

图 12-146　为水面添加动感模糊修改

147 将所有图层合并，选择 "滤镜" → "锐化" → "USM锐化" 命令，弹出 "USM锐化" 对话框，设置 "数量" 的值为50， "半径" 的值为1.5，得到的效果如图12-147所示。

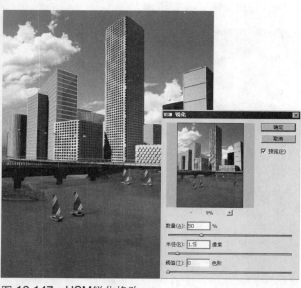

图 12-147　USM锐化修改

148 到此为止，效果图的后期处理工作已经全部完成，最终效果如图12-148所示。

图 12-148　最终效果

第13章 现代别墅

本章所选的是一个特殊的实例，因为在实例的最终效果中既有室外效果，又有室内效果，所以需要将室内效果图的制作方法和室外效果图的制作方法结合在一起。在学习的过程中读者要将这两大板块的知识结合和区分。室外植物效果的制作方法也是本章的一个学习重点。

01 创建一楼楼层模型，在视图中创建一个长度为6 000、宽度为12 000、高度为2 600的长方体模型，如图13-1所示。

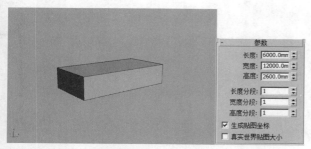

图 13-1　创建长方体模型

02 进入"修改"面板，在修改器列表中选择"法线"选项，在"参数"卷展栏中勾选"翻转法线"复选框，如图13-2所示。

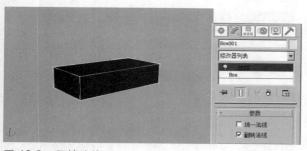

图 13-2　翻转法线

03 在视图中选中模型并右击，在弹出的快捷菜单中选择"转换为"→"转换为可编辑多边形"命令，将模型转换成可编辑的多边形，如图13-3所示。

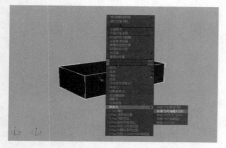

图 13-3　将模型转换成可编辑的多边形

04 按【2】键，进入"修改"面板，利用"编辑几何体"卷展栏下的"分离"修改将模型上所有的面分离成单独的多边形，如图13-4所示。

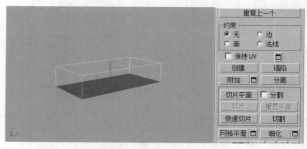

图 13-4　分离多边形

05 选中顶面模型，按【Alt+Q】组合键，将其孤立出来。利用"编辑几何体"卷展栏下的"切割"修改切割出一楼和二楼的通道轮廓，如图13-5所示。

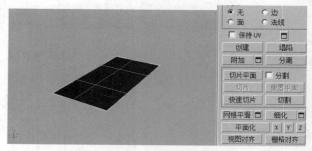

图 13-5　切割出一楼和二楼的通道轮廓

06 进入多边形选择模式，选择上一步骤中切割出的轮廓面，为其添加挤出修改，设置"挤出高度"为-200。删除挤出后的轮廓面，如图13-6所示。

图 13-6　添加挤出修改

07 选中正面模型，按【Alt+Q】组合键，将其孤立出来。利用"编辑几何体"卷展栏下的"切割"修改切割出落地窗的轮廓，如图13-7所示。

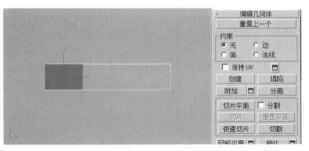

图 13-7　切割出落地窗的轮廓

08 进入多边形选择模式，选择上一步骤中切割出的轮廓面，为其添加挤出修改，设置"挤出高度"为-200。删除挤出后的轮廓面，如图13-8所示。

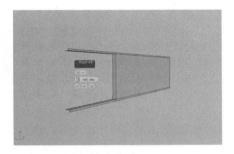

图 13-8　添加挤出修改

09 选中正面模型，按【Alt+Q】组合键，将其孤立出来。利用"编辑几何体"卷展栏下的"切割"修改切割出落地窗和窗户的轮廓，如图13-9所示。

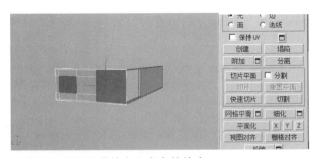

图 13-9　切割出落地窗和窗户的轮廓

10 进入多边形选择模式，选择上一步骤中切割出的轮廓面，为其添加挤出修改，设置"挤出高度"为-200。删除挤出后的轮廓面，如图13-10所示。

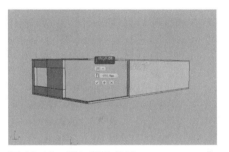

图 13-10　添加挤出修改

11 创建门框模型，将视图切换为顶视图，利用线工具在顶视图中绘制出图13-11所示的样条线。

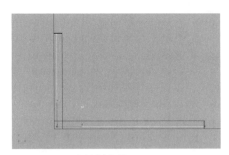

图 13-11　绘制样条线

12 将上一步骤中绘制的样条线转换成可编辑的样条线，为图形添加100个单位的轮廓修改，如图13-12所示。

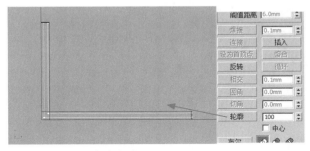

图 13-12　添加轮廓修改

13 进入"修改"面板，在修改器列表中选择"挤出"选项，设置挤出的"数量"为100，如图13-13所示。

14 将模型转换成可编辑的多边形，选中顶部的多边形，为其添加倒角修改，如图13-14所示。

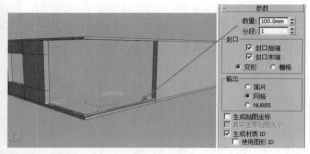

图 13-13　为图形添加挤出修改

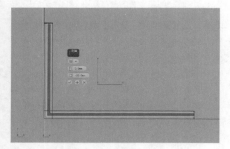

图 13-14　添加倒角修改

15 选择上一步骤中倒角修改产生的轮廓面，为其添加挤出修改，设置"挤出高度"为-30。如图13-15所示。

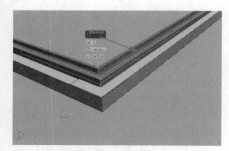

图 13-15　添加挤出修改

16 创建推拉门模型，在视图中绘制一个图13-16所示的矩形。

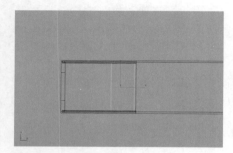

图 13-16　绘制矩形

17 将上一步骤中绘制的样条线转换成可编辑的样条线，为图形添加50个单位的轮廓修改，如图13-17所示。

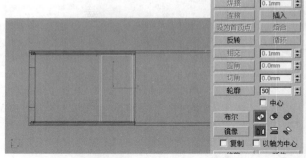

图 13-17　添加轮廓修改

18 进入"修改"面板，在修改器列表中选择"挤出"选项，设置挤出的"数量"为50，如图13-18所示。

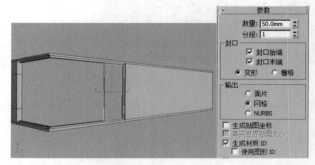

图 13-18　添加挤出修改

19 创建门把模型，在视图中创建一个长为200、宽为35、高为10、圆角为2的长方体模型，将模型移动到图13-19所示的位置。

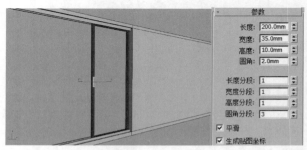

图13-19　创建长方体模型

20 利用线工具在图13-20所示的位置绘制一条样条线，进入"修改"面板，勾选"在渲染中启用"和"在视口中启用"复选框。

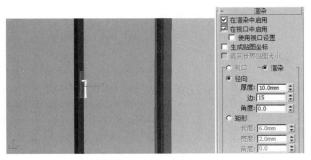

图 13-20　绘制样条线图形

21▶将推拉门模型上的所有模型成组，复制两组模型，将复制的模型移动到图13-21所示的位置。

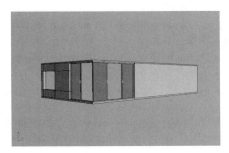

图13-21　复制模型

22▶在视图中创建一个长为150、宽为8 300、高为2 400的长方体模型，将模型移动到图13-22所示的位置。

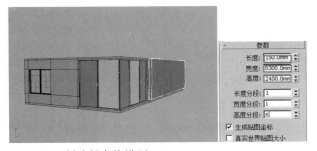

图13-22　创建长方体模型

23▶创建别墅内部的模型，在视图中创建一个长为300、宽为4 500、高为2 600、宽度分段和高度分段都为3的长方体模型，将模型移动到图13-23所示的位置。

24▶将模型转换成可编辑的多边形，对模型上顶点的位置进行重新编辑，如图13-24所示。

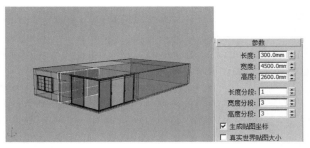

图13-23　创建长方体模型

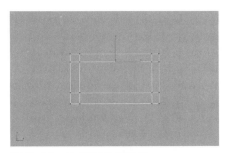

图13-24　编辑顶点的位置

25▶选择图13-25所示的多边形，为其添加挤出修改，设置"挤出高度"为－100。

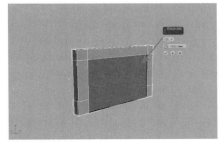

图13-25　添加挤出修改

26▶继续为模型添加挤出修改，设置"挤出高度"为-200，如图13-26所示。

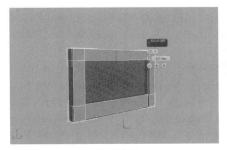

图 13-26　添加挤出修改

27 ▶ 在图13-27所示的位置创建一个楼梯模型，设置模型的类型为"开放式"。

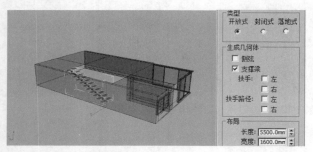

图 13-27　创建楼梯模型

28 ▶ 创建地毯模型，在视图中创建一个长为2 500、宽为3 200、高为10的长方体模型，将模型移动到图13-28所示的位置。

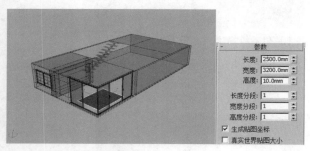

图 13-28　创建地毯模型

29 ▶ 将配套光盘中提供的"沙发"模型合并到场景中，利用"选择/缩放"修改工具将模型按照场景的空间比例进行适当缩放，移动到图13-29所示的位置。

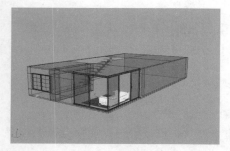

图 13-29　合并沙发模型

30 ▶ 将配套光盘中提供的"茶几"模型合并到场景中，移动到图13-30所示的位置。

31 ▶ 将配套光盘中提供的"椅子"模型合并到场景中，移动到图13-31所示的位置。

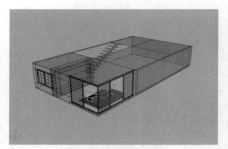

图13-30　合并茶几模型

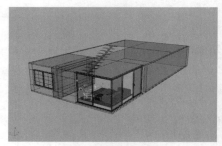

图13-31　合并椅子模型

32 ▶ 将配套光盘中提供的"柜子"模型合并到场景中，利用"选择/缩放"修改工具将模型按照场景的空间比例进行适当缩放，复制一组模型，分别移动到图13-32所示的位置。

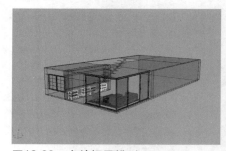

图13-32　合并柜子模型

33 ▶ 将配套光盘中提供的"雕塑"模型合并到场景中，利用"选择/缩放"修改工具将模型按照场景的空间比例进行适当缩放，移动到图13-33所示的位置。

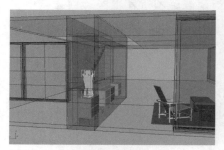

图 13-33　合并雕塑模型

34 将配套光盘中提供的"图书"、"音响"和"盆景"模型合并到场景中，分别移动到图13-34所示的位置。

图 13-34　合并图书、音响和盆景模型

35 将配套光盘中提供的"装饰画"模型合并到场景中，利用"选择/缩放"修改工具将模型按照场景的空间比例进行适当缩放，移动到图13-35所示的位置。

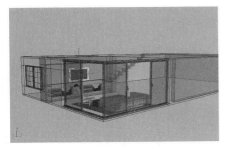

图13-35　合并装饰画模型

36 将配套光盘中提供的"落地灯"模型合并到场景中，移动到图13-36所示的位置。

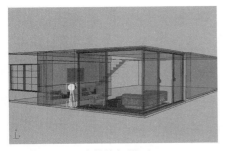

图 13-36　合并落地灯模型

37 下面创建出二楼的所有模型，先在视图中创建一个长度和宽度都为6 000、高度为2 600的长方体模型，移动到图13-37所示的位置。

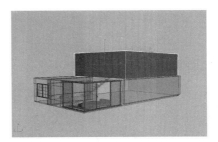

图13-37　创建长方体模型

38 将模型复制一组，利用"选择/缩放"修改工具，适当修改模型的大小，将模型移动到图13-38所示的位置。

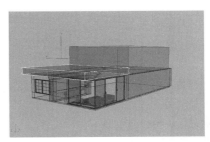

图13-38　复制模型

39 利用线绘制工具在顶视图中绘制出图13-39所示的样条线图形。

图13-39　绘制样条线图形

40 将上一步骤中绘制的样条线转换成可编辑的样条线，为图形添加50个单位的轮廓修改，如图13-40所示。

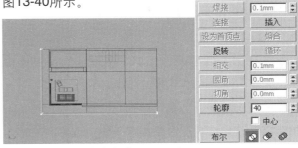

图 13-40　添加轮廓修改

41 选中图形，进入"修改"面板，在修改器列表中选择"挤出"选项，设置挤出的"数量"为150，如图13-41所示。

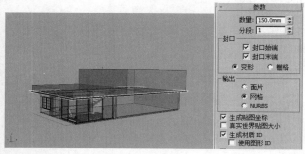

图 13-41　添加挤出修改

42 将模型复制若干组，分别移动到图13-42所示的位置。

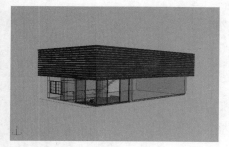

图 13-42　复制模型

43 选中任意一个模型，将其转换成可编辑的多边形，单击"附加"修改将其他的模型合并在一起，如图13-43所示。

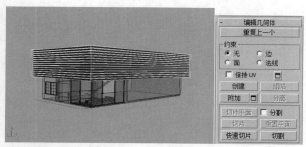

图13-43　合并模型

44 在视图中创建两个图13-44所示的长方体模型，将模型移动到适合的位置。

45 选中步骤43中添加了附加修改的模型，激活布尔运算修改，在视图中单击上一步中创建的长方体模型，得到的效果如图13-45所示。

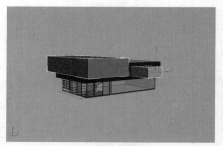

图 13-44　创建长方体模型

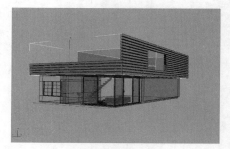

图 13-45　布尔运算修改

46 创建二楼窗户模型，在视图中绘制一个图13-46所示的矩形。

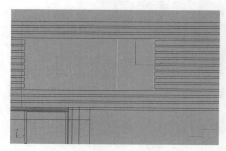

图 13-46　绘制矩形

47 将上一步骤中绘制的矩形转换成可编辑的样条线，为图形添加50个单位的轮廓修改，如图13-47所示。

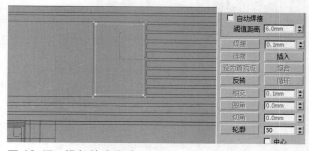

图 13-47　添加轮廓修改

48 选中图形，进入"修改"面板，在修改器列表中选择"挤出"选项，设置挤出的"数量"为100，如图13-48所示。

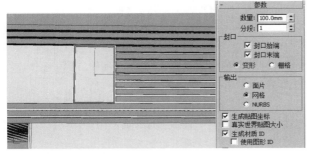

图 13-48 添加挤出修改

49 利用平面创建工具创建出玻璃模型，移动到图13-49所示的位置。

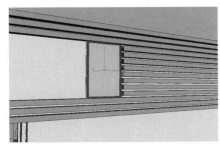

图 13-49 创建玻璃模型

50 将窗框模型和玻璃模型成组，复制两组模型，将模型移动到图13-50所示的位置。

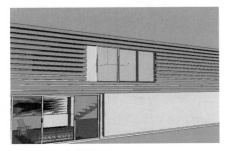

图 13-50 复制模型

51 创建三楼楼体模型，在视图中绘制一个图13-51所示的图形。

52 选中图形，进入"修改"面板，在修改器列表中选择"挤出"选项，设置挤出的"数量"为2 600，如图13-52所示。

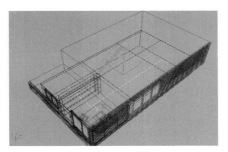

图13-51 绘制图形

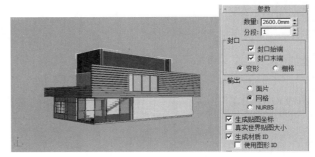

图 13-52 添加挤出修改

53 在视图中创建一个图13-53所示的平面模型。

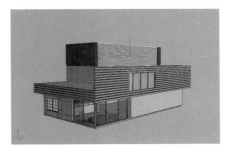

图13-53 创建平面模型

54 选中平面模型，进入"修改"面板，在修改器列表中选择"晶格"选项，设置"半径"为"25"，"边数"为"6"，如图13-54所示。

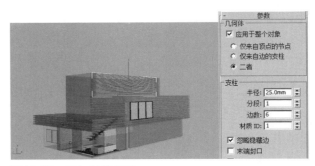

图13-54 添加晶格修改

55 将当前的视图切换到顶视图，在顶视图中绘制一个图13-55所示的样条线。

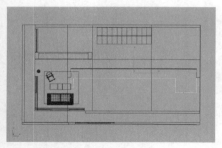

图 13-55　绘制样条线

56 将上一步骤中绘制的样条线转换成可编辑的样条线，并添加200个单位的轮廓修改，如图13-56所示。

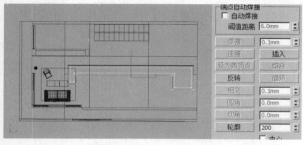

图 13-56　添加轮廓修改

57 选中图形，进入"修改"面板，在修改器列表中选择"挤出"选项，设置挤出的"数量"为2 600，如图13-57所示。

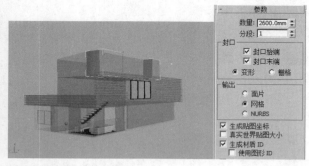

图 13-57　添加挤出修改

58 在视图中创建一个图13-58所示的长方体模型，将模型移动到适合的位置。

59 选中步骤57中添加了挤出修改的模型，激活布尔运算修改，在视图中单击上一步中创建的长方体模型，如图13-59所示。

图 13-58　创建长方体模型

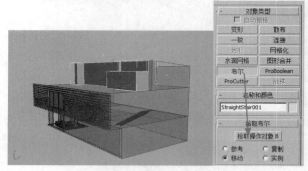

图 13-59　布尔运算修改

60 创建三楼推拉门模型，在图13-60所示的位置创建一个平面模型，进入"修改"面板，将"长度分段"设置为3，将"宽度分段"设置为10。

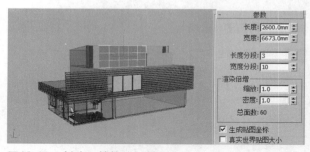

图13-60　创建三楼推拉门模型

61 将模型转换成可编辑的多边形，对模型上顶点的位置进行重新编辑，如图13-61所示。

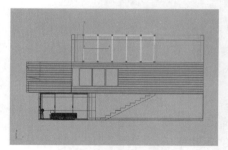

图 13-61　编辑顶点的位置

62 ▶ 选择图13-62所示的多边形，为其添加挤出修改，设置"挤出高度"为-100。

图 13-62 添加挤出修改

63 ▶ 创建栏杆模型，利用线绘制工具在顶视图中绘制一个图13-63所示的图形。

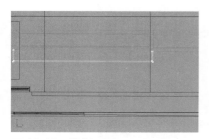

图 13-63 绘制图形

64 ▶ 选中图形，进入"修改"面板，在修改器列表中选择"挤出"选项，设置挤出的"数量"为100，如图13-64所示。

图 13-64 添加挤出修改

65 ▶ 将栏杆模型复制若干组，排列成图13-65所示的布局。

图 13-65 复制模型

66 ▶ 创建房顶模型，利用线绘制工具在左视图中绘制一个图13-66所示的图形。

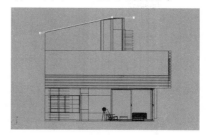

图 13-66 创建房顶模型

67 ▶ 选中图形，进入"修改"面板，在修改器列表中选择"挤出"选项，设置挤出的"数量"为15 000，如图13-67所示。

图 13-67 添加挤出修改

68 ▶ 创建出二楼和三楼之间的楼梯模型，将模型移动到图13-68所示的位置。

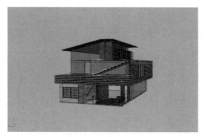

图 13-68 创建楼梯模型

69 ▶ 最后创建出阳台部分的栏杆模型，别墅楼体模型就全部创建完毕了，造型如图13-69所示。

图 13-69 别墅楼梯造型

13.2 布置环境背景

70 创建地面模型，在视图中创建一个长为90 000、宽为80 000的平面模型，移动到图13-70所示的位置。

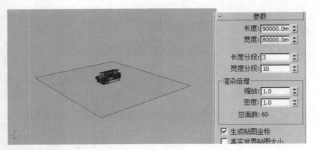

图 13-70 创建地面模型

71 选中地面模型，将其转换成可编辑的多边形，利用"编辑几何体"卷展栏下的"切割"修改切割出水池的轮廓，如图13-71所示。

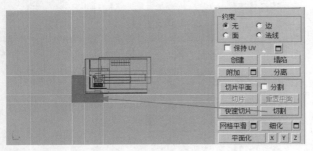

图 13-71 切割出水池的轮廓

72 选中水池轮廓面，为其添加倒角修改，设置"轮廓量"的值为-300，如图13-72所示。

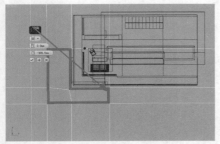

图 13-72 添加倒角修改

73 选中添加了轮廓修改后所得到的多边形，为其添加挤出修改，设置"挤出高度"为30，如图13-73所示。

图13-73 添加挤出修改

74 选中水面部分的多边形，为其添加挤出修改，设置"挤出高度"为-300，如图13-74所示。

图 13-74 添加挤出修改

75 创建围墙模型，将当前的视图切换到顶视图，在顶视图中绘制一个图13-75所示的样条线图形。

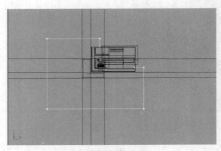

图 13-75 绘制样条线图形

76 将上一步骤中绘制的图形转换成可编辑的样条线，为图形添加200个单位的轮廓修改，如图13-76所示。

77 选中图形，进入"修改"面板，在修改器列表中选择"挤出"选项，设置挤出的"数量"为2 600，如图13-77所示。

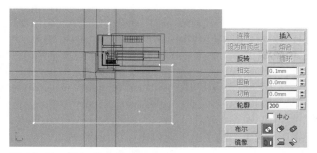

图 13-76　添加轮廓修改

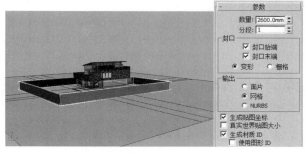

图 13-77　添加挤出修改

78 选中围墙模型，将其转换成可编辑的多边形，选中图13-78所示的顶点，对所选顶点的位置进行移动。

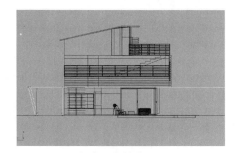

图 13-78　移动顶点的位置

79 为场景创建一台临时摄影机，如图13-79所示。

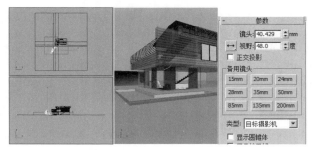

图 13-79　创建临时摄影机

80 将配套光盘中提供的"树木02"模型合并到场景中，利用"选择/缩放"修改工具将模型按照场景的空间比例进行适当缩放，复制一组模型，分别移动到图13-80所示的位置。

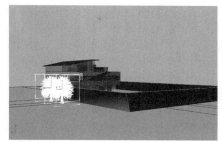

图 13-80　合并树木02模型

81 将配套光盘中提供的"树木01"模型合并到场景中，利用"选择/缩放"修改工具将模型按照场景的空间比例进行适当缩放，复制两组模型，分别移动到图13-81所示的位置。

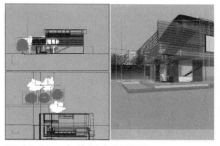

图 13-81　合并树木01模型

82 将配套光盘中提供的"树木03"模型合并到场景中，利用"选择/缩放"修改工具将模型按照场景的空间比例进行适当缩放，复制一组模型，分别移动到图13-82所示的位置。

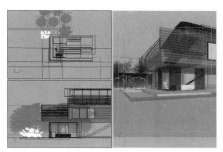

图 13-82　合并树木03模型

83▶将配套光盘中提供的"草"模型合并到场景中，复制3组模型，移动到水池的位置，如图13-83所示。

图 13-83　合并草模型

84▶将配套光盘中提供的"树木04"模型合并到场景中，复制两组模型，移动到图13-84所示的位置。

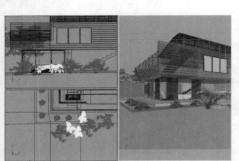

图 13-84　合并树木04模型

85▶将配套光盘中提供的"树木05"模型合并到场景中，复制两组模型，移动到图13-85所示的位置。

图13-85　合并树木05模型

86▶将配套光盘中提供的"树木06"模型合并到场景中，移动到图13-86所示的位置。

图13-86　合并树木06模型

87▶将配套光盘中提供的"树木07"模型合并到场景中，移动到图13-87所示的位置。

图13-87　合并树木07模型

88▶将配套光盘中剩余模型依次合并到场景中，完整的场景模型如图13-88所示。

图 13-88　完整的场景模型

13.3 设置楼体材质

89 设置大理石材质，为漫反射通道指定一张配套光盘中提供的"混凝土"纹理贴图，将"高光光泽度"的值设置为0.78，将"反射光泽度"的值设置为0.65，将"细分"的值设置为15，如图13-89所示。

图 13-89　设置大理石材质

90 进入"坐标"卷展栏，设置U向的平铺值为10，V向的平铺值为10，"模糊"为0.8，如图13-90所示。

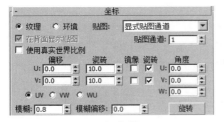

图 13-90　设置坐标参数

91 为反射通道指定一张衰减贴图，设置"衰减类型"为Fresnel，如图13-91所示。

图 13-91　设置衰减贴图参数

92 将设置好的大理石材质指定给别墅内部的地面模型，并为模型添加一个UVW贴图修改，设置贴图的方式为"长方体"，如图13-92所示。

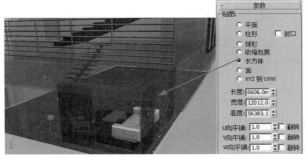

图 13-92　指定大理石材质

93 设置乳胶漆材质，将漫反射颜色设置为纯白色，将反射颜色的RGB值都设置为20，将"高光光泽度"的值设置为0.35，将"反射光泽度"的值设置为0.35，将"细分"的值设置为20，如图13-93所示。

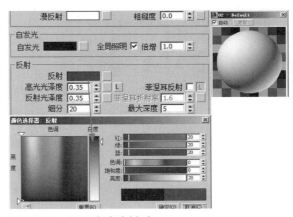

图 13-93　设置乳胶漆材质

94 将设置好的乳胶漆材质指定给所有墙体模型，如图13-94所示。

图 13-94　指定乳胶漆材质

95 设置铝合金材质，为漫反射通道指定一张配套光盘中提供的"钢板"纹理贴图，将"高光光泽度"的值设置为0.78，将"反射光泽度"的值设置为0.85，将"细分"的值设置为15，如图13-95所示。

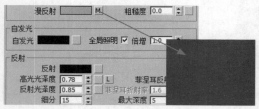

图 13-95 设置铝合金材质

96 为反射通道指定一张衰减贴图，设置"衰减类型"为Fresnel，"折射率"为1.2，如图13-96所示。

图 13-96 设置衰减贴图参数

97 进入"贴图"卷展栏，将漫反射通道中的纹理贴图复制到凹凸通道中，设置"凹凸"的数量为40，如图13-97所示。

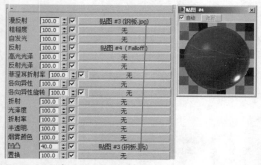

图13-97 复制纹理贴图

98 将设置好的铝合金材质指定给窗框和门框模型，并为模型添加一个UVW贴图修改，设置贴图的方式为"长方体"，如图13-98所示。

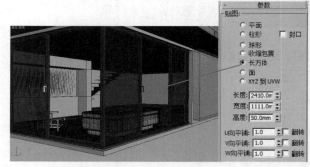

图13-98 指定铝合金材质

99 设置玻璃材质，将漫反射颜色的RGB值设置为204、247、255，将反射颜色的RGB值都设置为30，将"反射光泽度"的值设置为0.9，将"细分"的值设置为12，如图13-99所示。

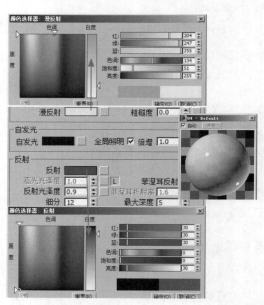

图13-99 设置玻璃材质

100 将折射颜色的RGB值设置为219、249、255，将"光泽度"的值都设置为0.98，将"细分"的值设置为10，勾选"影响阴影"复选框，如图13-100所示。

101 设置装饰木纹材质，为漫反射通道指定一张配套光盘中提供的"千带松木"纹理贴图，将"高光光泽度"的值设置为0.6，将"反射光泽度"的值设置为0.65，将"细分"的值设置为15，如图13-101所示。

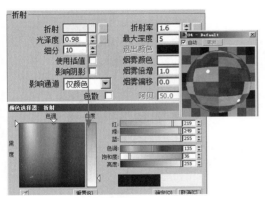

图13-100 设置折射参数

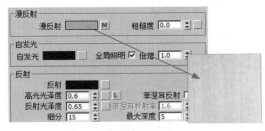

图13-101 设置装饰木纹材质

102 进入"坐标"卷展栏，设置U向的平铺值为10，V向的平铺值为1，W向的旋转值为90，"模糊"值为0.5，如图13-102所示。

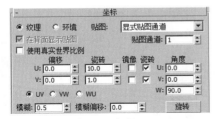

图13-102 设置坐标参数

103 为反射通道指定一张衰减贴图，设置"衰减类型"为Fresnel，如图13-103所示。

图 13-103 设置衰减贴图参数

104 进入"贴图"卷展栏，将漫反射通道中的纹理贴图复制到凹凸通道中，设置"凹凸"的数量为25，如图13-104所示。

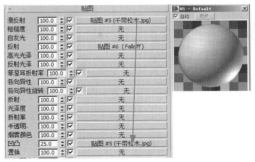

图 13-104 复制纹理贴图

105 将设置好的装饰木纹材质指定给装饰墙模型，并为模型添加一个UVW贴图修改，设置贴图的方式为"长方体"，如图13-105所示。

图 13-105 指定装饰木纹材质

106 设置水泥材质，为漫反射通道指定一张配套光盘中提供的"混凝土01"纹理贴图，将"高光光泽度"的值设置为0.4，将"反射光泽度"的值设置为0.35，将"细分"的值设置为20，如图13-106所示。

图 13-106 设置水泥材质

107 进入"坐标"卷展栏，设置U向的平铺值为3，V向的平铺值为1，"模糊"值为0.2，如图13-107所示。

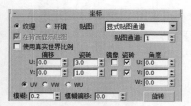

图 13-107　设置坐标参数

108 为反射通道指定一张衰减贴图，设置"衰减类型"为Fresnel，"折射率"为1.1，如图13-108所示。

图 13-108　设置衰减贴图参数

109 进入"贴图"卷展栏，为凹凸通道指定一张配套光盘中提供的"混凝土01-凹凸"纹理贴图，设置"凹凸"的数量为35，如图13-109所示。

图 13-109　指定凹凸贴图

110 将设置好的水泥材质指定给水泥墙模型，并为模型添加一个UVW贴图修改，设置贴图的方式为"长方体"，如图13-110所示。

图 13-110　指定水泥材质

13.4　设置家具材质

111 设置地毯材质，为漫反射通道指定一张配套光盘中提供的"地毯纹理"纹理贴图，将"高光光泽度"的值设置为0.35，将"反射光泽度"的值设置为0.35，将"细分"的值设置为15，如图13-111所示。

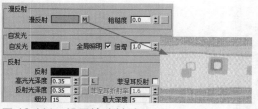

图 13-111　设置地毯材质

112 进入"坐标"卷展栏，设置U向的平铺值为3，V向的平铺值为4，"模糊"值为0.1，如图13-112所示。

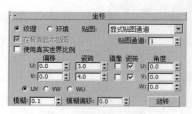

图 13-112　设置地毯材质

113 为反射通道指定一张衰减贴图，设置"衰减类型"为Fresnel，"折射率"为1.1，如图13-113所示。

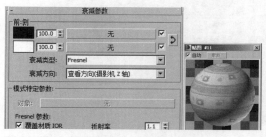

图 13-113　设置衰减贴图参数

114 进入"贴图"卷展栏，为凹凸通道指定一张配套光盘中提供的"地毯纹理-凹凸"纹理贴图，设置"凹凸"的数量为-20，如图13-114所示。

图 13-114　指定凹凸贴图

115 将设置好的地毯材质指定给地毯模型，并为模型添加一个UVW贴图修改，设置贴图的方式为"长方体"，如图13-115所示。

图 13-115　指定地毯材质

116 设置沙发布材质，为漫反射通道指定一张配套光盘中提供的"沙发布料"纹理贴图，将"高光光泽度"的值设置为0.45，将"反射光泽度"的值设置为0.4，将"细分"的值设置为20，如图13-116所示。

图 13-116　设置沙发布材质

117 为反射通道指定一张衰减贴图，设置"衰减类型"为Fresnel，"折射率"为1.1，如图13-117所示。

图 13-117　设置衰减贴图参数

118 进入"贴图"卷展栏，为凹凸通道指定一张配套光盘中提供的"沙发布料-凹凸"纹理贴图，设置"凹凸"的数量为16，如图13-118所示。

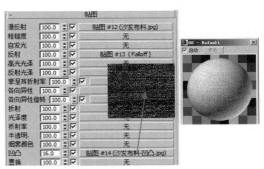

图 13-118　指定凹凸贴图

119 将设置好的沙发布材质指定给沙发模型，并为模型添加一个UVW贴图修改，设置贴图的方式为"长方体"，如图13-119所示。

图 13-119　指定沙发布材质

120 设置黄色亚克力材质，将漫反射颜色的RGB值设置为247、255、23，将反射颜色的RGB值都设置为35，将"高光光泽度"的值设置为0.85，将"反射光泽度"的值设置为0.93，将"细分"的值设置为16，如图13-120所示。

121 将黄色亚克力材质复制一份，命名为"黑色亚克力"，将漫反射颜色更改为纯黑色，如图13-121所示。

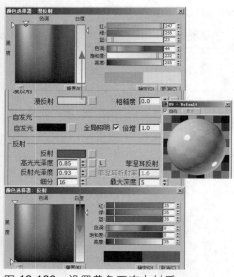

图 13-120　设置黄色亚克力材质

图 13-121　设置黑色亚克力材质

122 将设置好的黄色亚克力材质和黑色亚克力材质指定给茶几模型，如图13-122所示。

图 13-122　指定亚克力材质

123 设置椅子木纹材质，为漫反射通道指定一张配套光盘中提供的"黑木纹"纹理贴图，将反射颜色的RGB值都设置为45，将"高光光泽度"的值设置为0.75，将"反射光泽度"的值设置为0.8，如图13-123所示。

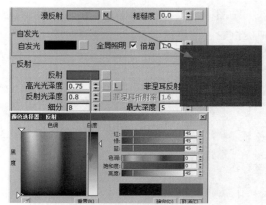

图 13-123　设置椅子木纹材质

124 进入"贴图"卷展栏，将漫反射通道中的纹理贴图复制到凹凸通道中，设置"凹凸"的数量为45，如图13-124所示。

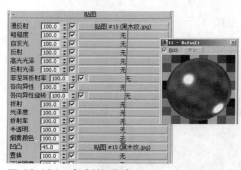

图 13-124　复制纹理贴图

125 将设置好的椅子木纹材质指定给椅腿模型，并为模型添加一个UVW贴图修改，设置贴图的方式为"长方体"，如图13-125所示。

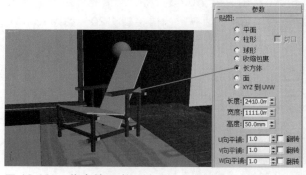

图 13-125　指定椅子木纹材质

126 将椅子木纹材质复制一份，命名为"柜子木纹"，将漫反射通道中的纹理贴图更改为配套光盘中提供的"胡桃木"纹理贴图，如图13-126所示。

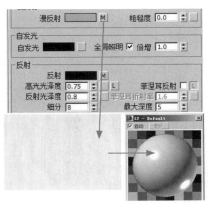

图 13-126　设置柜子木纹材质

127 将设置好的柜子木纹材质指定给柜子模型，并为模型添加一个UVW贴图修改，设置贴图的方式为"长方体"，如图13-127所示。

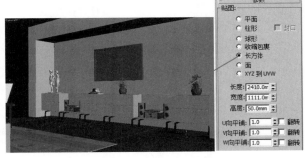

图 13-127　指定柜子木纹材质

128 设置装饰画材质，为漫反射通道指定一张配套光盘中提供的"油画"纹理贴图，将"反射光泽度"的值设置为0.5，将"细分"的值设置为15，如图13-128所示。

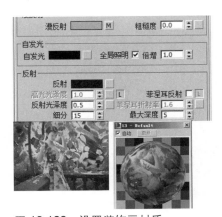

图 13-128　设置装饰画材质

129 进入"贴图"卷展栏，将漫射通道中的纹理贴图复制到凹凸通道中，设置"凹凸"的数量为45，如图13-129所示。

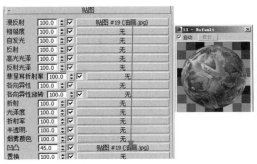

图 13-129　复制纹理贴图

130 设置雕塑材质，为漫反射通道指定一张配套光盘中提供的"石材"纹理贴图，将反射颜色的RGB值都设置为30，将"反射光泽度"的值设置为0.3，将"细分"的值设置为10，如图13-130所示。

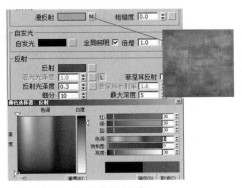

图 13-130　设置雕塑材质

131 进入"贴图"卷展栏，将漫反射通道中的纹理贴图复制到凹凸通道中，设置"凹凸"的数量为50，如图13-131所示。

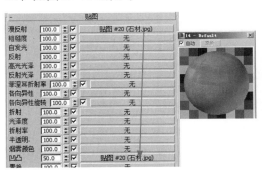

图 13-131　复制纹理贴图

13.5　为室外模型设置材质

132 设置水泥墙材质，为漫反射通道指定一张配套光盘中提供的"混凝土02"纹理贴图，将"高光光泽度"的值设置为0.3，将"反射光泽度"的值设置为0.4，将"细分"的值设置为12，如图13-132所示。

图 13-132　设置水泥墙材质

133 进入"贴图"卷展栏，将漫反射通道中的纹理贴图复制到凹凸通道中，设置"凹凸"的数量为40，如图13-133所示。

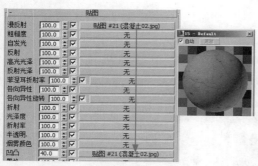

图 13-133　复制纹理贴图

134 设置草地材质，为漫反射通道指定一张配套光盘中提供的"草坪"纹理贴图，将"高光光泽度"的值设置为0.4，将"反射光泽度"的值设置为0.3，将"细分"的值设置为20，如图13-134所示。

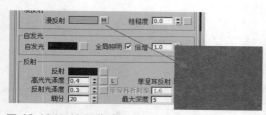

图 13-134　设置草地材质

135 为反射通道指定一张衰减贴图，设置"衰减类型"为Fresnel，"折射率"为1.3，如图13-135所示。

图 13-135　设置衰减贴图参数

136 进入"贴图"卷展栏，为凹凸通道指定一张配套光盘中提供的"草坪-凹凸"纹理贴图，设置"凹凸"的数量为120，如图13-136所示。

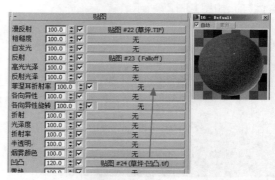

图 13-136　指定凹凸贴图

137 设置叶子材质，为漫反射通道指定一张配套光盘中提供的"荷叶"纹理贴图，将反射颜色的RGB值都设置为40，将"反射光泽度"的值设置为0.7，将"细分"的值设置为10，如图13-137所示。

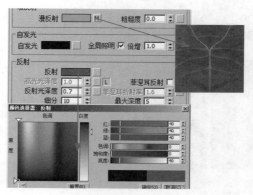

图 13-137　设置叶子材质

138 进入"贴图"卷展栏，为凹凸通道指定一张配套光盘中提供的"荷叶-凹凸"纹理贴图，设置"凹凸"的数量为30，如图13-138所示。

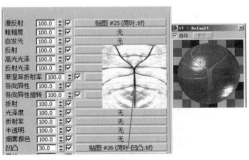

图 13-138 指定凹凸贴图

139 设置树枝材质，为漫反射通道指定一张衰减贴图，设置"反射光泽度"的值为0.7，"细分"的值为10。进入衰减贴图面板，为其指定一张配套光盘中提供的"树枝01"纹理贴图，如图13-139所示。

图 13-139 设置树枝材质

140 将设置好的叶子材质和树枝材质指定给对应的植物模型，如图13-140所示。

图 13-140 指定叶子和树枝材质

141 参照上面的方法，设置出其他的植物材质并——指定给对应的模型，如图13-141所示。

图 13-141 设置其他植物材质

13.6 创建VR物理摄影机

142 选择VR物理摄影机，在图13-142所示的位置创建一台VR物理摄影机。

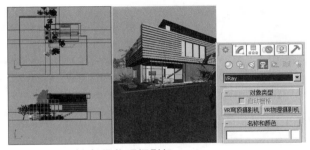

图 13-142 创建VR物理摄影机

143 进入"修改"面板，将"焦距"的值设置为30，如图13-143所示。

图 13-143 设置焦距

为场景布置灯光

144 进入VRay灯光创建面板，单击"VR-太阳"按钮，在图13-144所示的位置创建VR阳光。

图 13-144 创建VR阳光

145 进入"修改"面板，将"浊度"的值设置为2，将"强度倍增"的值设置为0.01，将"大小倍增"的值设置为10，如图13-145所示。

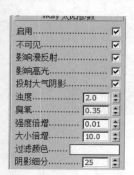

图 13-145 设置VR阳光参数

146 对添加了VR阳光的场景进行测试渲染，得到的效果如图13-146所示。

图 13-146 添加VR阳光后的效果

147 进入VRay灯光创建面板，单击"VR光源"按钮，在图13-147所示的位置创建一盏VR灯光。

图 13-147 创建VR灯光

148 在视图中选中VR灯光，进入"修改"面板，设置"倍增器"的值为7，勾选"不可见"和"存储发光图"复选框，设置采样的"细分"值为25，如图13-148所示。

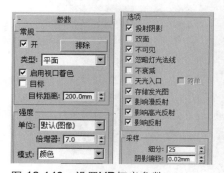

图 13-148 设置VR灯光参数

149 对添加了VR灯光的场景进行测试渲染，得到的效果如图13-149所示。

图 13-149 添加了VR灯光后的效果

150 为别墅内部添加灯光效果，进入VRay灯光创建面板，单击"VR光源"按钮，在图13-150所示的位置创建一盏VR灯光。

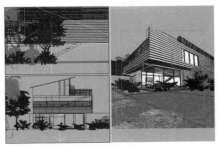

图 13-150　创建VR灯光

151 在视图中选中VR灯光，进入"修改"面板，设置"倍增器"的值为0.02，勾选"不可见"和"存储发光图"复选框，设置采样的"细分"值为25，如图13-151所示。

图 13-151　设置VR灯光参数

152 对添加了室内灯光的场景进行测试渲染，得到的效果如图13-152所示。

图 13-152　添加了室内灯光后的效果

153 为场景布置补光，进入VRay灯光创建面板，单击"VR光源"按钮，在图13-153所示的位置创建一盏VR灯光。

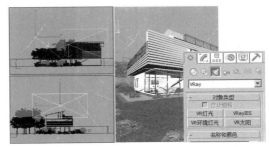

图 13-153　创建VR灯光

154 在视图中选中VR灯光，进入"修改"面板，设置"倍增器"的值为0.03，勾选"不可见"和"存储发光图"复选框，设置采样的"细分"值为25，如图13-154所示。

图 13-154　设置VR灯光参数

155 对添加了补光的场景进行测试渲染，得到的效果如图13-155所示。

图 13-155　添加了补光后的效果

156 打开"渲染设置"窗口，设置图像输出大小："宽度"为520，"高度"为600，如图13-156所示。

图 13-156 设置光子图像的渲染尺寸

157 打开"VRay::全局开关"卷展栏，勾选"不渲染最终的图像"选项，如图13-157所示。

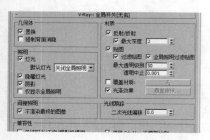

图 13-157 设置"全局开关"参数

158 打开"V-Ray::图像采样（反锯齿）"卷展栏，设置"图像采样器"的类型为"自适应细分"，设置"抗锯齿过滤器"的类型为Catmull-Rom，如图13-158所示。

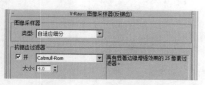

图 13-158 设置"图像采样（反锯齿）"参数

159 进入"V-Ray::间接照明（GI）"卷展栏，首先勾选"开"选项，将"首次反弹"的"全局照明引擎"设置为"发光图"模式，将"二次反弹"的"全局照明引擎"设置为"灯光缓存"模式，如图13-159所示。

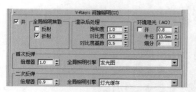

图 13-159 设置"间接照明（GI）"参数

160 打开"V-Ray::发光图（无名）"卷展栏，设置"当前预置"的模式为"低"，设置"半球细分"的值为30，勾选"显示计算相位"和"显示直接光"复选框，勾选"在渲染结束后"组中的"自动保存"复选框，并指定一个渲染输出路径，将渲染得到的光子图进行保存，如图13-160所示。

图 13-160 设置"发光图"参数

161 打开"V-Ray::灯光缓存"卷展栏，设置"细分"为500，勾选"显示计算相位"和"存储直接光"复选框，勾选"在渲染结束后"组中的"自动保存"复选框，并指定一个渲染输出路径，将渲染得到的光子图进行保存，如图13-161所示。

图 13-161 设置"灯光缓存"参数

162 进入"V-Ray::颜色贴图"卷展栏,将"类型"设置为莱茵哈德,勾选"影响背景"复选框,如图13-162所示。

图 13-162 设置"颜色贴图"参数

163 按【F9】键,对光子图进行渲染保存,光子图效果如图13-163所示

图 13-163 光子图效果

13.9 最终渲染输出

164 打开"渲染设置"窗口,设置图像输出大小:"宽度"为2 500,"高度"为2 885,如图13-164所示。

图 13-164 设置最终渲染输出大小

165 打开"V-Ray::发光图(无名)"卷展栏,设置"当前预置"为"自定义","半球细分"为50,"颜色阈值"为0.3,"法线阈值"为0.2,启用"细节增强"选项,将"细分倍增"的值设置为0.1,如图13-165所示。

166 打开"V-Ray::灯光缓存"卷展栏,设置"细分"的值为1 500,"进程数"的值为2,如图13-166所示。

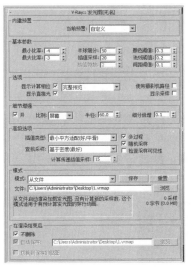

图 13-165 设置"发光图"参数

图 13-166 设置"灯光缓存"参数

167 打开 "V-Ray::全局开关" 卷展栏，取消勾选 "不渲染最终的图像" 选项，如图13-167所示。

图 13-167　设置 "全局开关" 参数

168 打开 "V-Ray::DMC采样器" 卷展栏，设置 "适应数量" 为0.5，"最小采样值" 为20，"噪波阈值" 为0，如图13-168所示。

图 13-168　设置 "DMC采样器" 参数

169 将当前视图切换到VR物理摄影机视图，按 【F9】键，对最终效果进行渲染保存，最终渲染效果如图13-169所示。

图 13-169　最终渲染效果

13.10　Photoshop后期处理

170 启动Photoshop，打开渲染输出效果图，将当前的图层复制一个，在 "图层混合模式" 下拉列表中选择 "滤色" 选项，设置 "不透明度" 为50%，效果如图13-170所示。

图 13-170　设置图层的混合模式

171 选择背景图像，利用渐变工具对背景进行填充，得到的效果如图13-171所示。

图 13-171　填充背景

172 选中场景中的 "装饰木纹" 部分，按【Ctrl+B】组合键，打开 "色彩平衡" 对话框，设置 "色阶" 的值为-6、6、11，得到的效果如图13-172所示。

图 13-172　设置装饰木纹材质

173 选择草地部分，按【Ctrl+U】组合键，打开"色相/饱和度"对话框，设置"色相"的值为5，"饱和度"的值为−29，"明度"的值为9，得到的效果如图13-173所示。

图 13-173　设置草地颜色

174 选择水面部分，按【Ctrl+U】组合键，打开"色相/饱和度"对话框，设置"色相"的值为0，"饱和度"的值为0，"明度"的值为−31，得到的效果如图13-174所示。

图 13-174　设置水面颜色

175 选择围墙外面的树木部分，按【Ctrl+U】组合键，打开"色相/饱和度"对话框，设置"色相"的值为0，"饱和度"的值为31，"明度"的值为−58，得到的效果如图13-175所示。

176 选中场景中的荷叶部分，按【Ctrl+B】组合键，打开"色彩平衡"对话框，设置"色阶"的值为−2、0、8，得到的效果如图13-176所示。

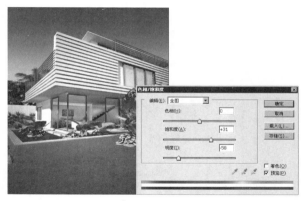

图 13-175　设置树木颜色

图 13-176　设置荷叶颜色

177 选中场景中近处的植物，按【Ctrl+U】组合键，打开"色相/饱和度"对话框，设置"色相"的值为0，"饱和度"的值为−24，"明度"的值为−2，得到的效果如图13-177所示。

图 13-177　设置植物颜色

178 选中场景中玻璃部分，按【Ctrl+U】组合键，打开"色相/饱和度"对话框，设置"色相"的值为1，"饱和度"的值为59，"明度"的值为-2，得到的效果如图13-178所示。

图 13-180 设置图层的混合模式

图 13-178 设置玻璃颜色

179 将所有图层合并，选择"滤镜"→"锐化"→"USM锐化"命令，弹出"USM锐化"对话框，设置"数量"的值为50，"半径"的值为1，效果如图13-179所示。

图 13-181 设置整体图像颜色

182 到此为止，效果图的后期处理工作已经全部完成，最终效果如图13-182所示。

图 13-179 USM锐化修改

180 将当前的图层复制一个，在"图层混合模式"下拉列表中选择"滤色"选项，设置"不透明度"为20%，效果如图13-180所示。

181 按【Ctrl+B】组合键，打开"色彩平衡"对话框，设置"色阶"的值为-15、1、12，效果如图13-181所示。

图 13-182 最终效果

第14章 清爽洗浴间

本章主要介绍洗浴间建模和材质的制作。简洁的洗浴间给人带来清爽的感觉。

01 在顶视图中创建长度为706，宽度为534，高度为385的长方体，如图14-1所示。

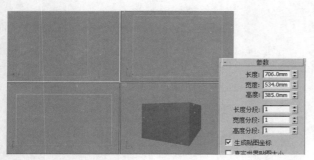

图14-1 创建长方体

02 将视角进入长方体，并在修改面板中选择旋转法线命令，保持长方体被选中状态，单击鼠标右键，在出现的快捷菜单中，将长方体转换为可编辑多边形，如图14-2所示。

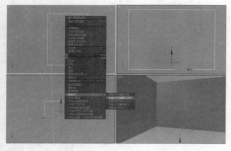

图14-2 旋转法线

03 下面开始做窗洞。单击键盘快捷键数字【2】键，即可进入线子对象层级，如图14-3所示。

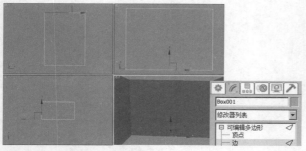

图14-3 进入线子对象层级

04 这样接着选择可编辑多边形上下两条边，在修改命令面板中执行连接命令，并将连接边的分段数设置为2，如图14-4所示。

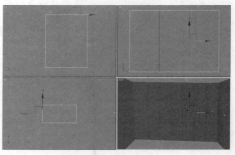

图14-4 执行连接命令

05 打开2.5维捕捉，将连接出来的线捕捉到右面的边上，由于窗洞离墙面的距离是300，所以，锁定X轴，在X的右侧输入-300，如图14-5所示。

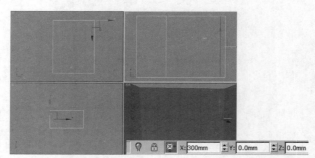

图14-5 确定距离

06 由于窗洞的宽度为150，将第二条线与第一条线的方法，一样调整好位置，如图14-6所示。

图14-6 调整窗洞位置

07 窗洞的宽度就出来了，下面进入线子对象层级，选择刚才调整好的线，执行连接命令，并设置连接边的分段数为2，如图14-7所示。

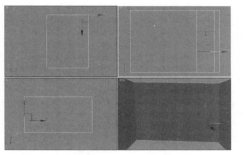

图 14-7 连接出线

08▶ 由于窗子离地面的距离为40，所以将分出来的下面一条线选中，将它捕捉到地面，锁定Y轴，在Y轴右侧输入40，如图14-8所示。

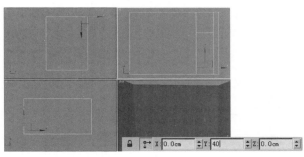

图 14-8 执行捕捉命令

09▶ 由于窗洞的高度的是200，所以，将上面的线选中，捕捉到下面的线上，锁定Y轴，在Y轴右侧输入200，如图14-9所示。

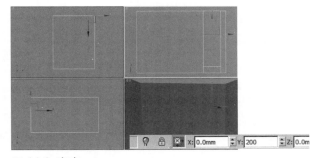

图 14-9 窗高

10▶ 单击键盘快捷键数字【4】键，进入面子对象层级，在前视图中将刚才分割好的面选中并删除，这样第一个窗洞就制作好了，如图14-10所示。

11▶ 接着制作第二个和第三个窗洞。由于它们在同一堵墙上，所以一起制作。首先调整视角，进入到线子对象层级，选中图中所示的两条线如图14-11所示。

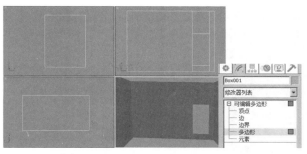

图14-10 删除面

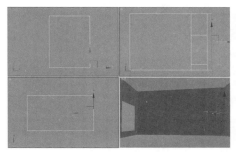

图 14-11 选中线段

12▶ 将选择的两条线段，在修改面板中，选择连接命令，将连接边分段数设置为2，单击确定按钮，如图14-12所示。

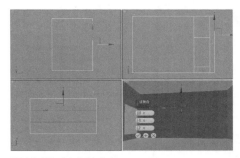

图14-12 创建长方体

13▶ 由于窗子离地面的距离为40，所以将分出来的下面一条线选中，将它捕捉到地面，锁定Y轴，在Y轴右侧输入40，如图14-13所示。

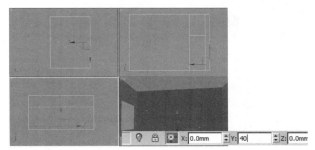

图 14-13 调整距地高度

14 由于窗洞的高度的是200，所以，将上面的线选中，捕捉到下面的线上，锁定Y轴，在Y轴右侧输入200，如图14-14所示。

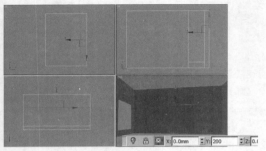

图14-14 调整窗洞高度

15 进入到线段子对象层级中，选择刚才设置好高度的两条线段，如图14-15所示。

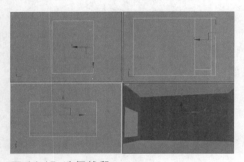

图 14-15 选择线段

16 在修改面板中，将选中的两条线段执行连接命令，并设置连接边段数为4，用来制作另外两个窗洞，如图14-16所示。

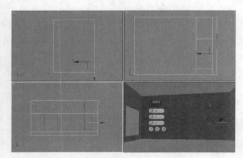

图 14-16 连接命令

17 由于左面的窗子离墙面的距离是30，所以在前视图中，选择刚才链接出来的最左边一条线，将它捕捉到左墙上，并锁定X轴，在X轴右侧输入30，如图14-17所示。

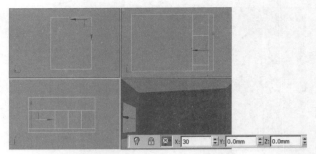

图 14-17 调整位置

18 打开2.5维捕捉，将第二线捕捉到左面的线上，由于窗洞的宽度距离是120，所以，锁定X轴，在X的右侧输入120，如图14-18所示。

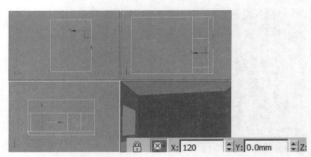

图14-18 调整窗洞位置

19 由于两个窗洞间的距离是240，所以将第三条线捕捉到左面的边上，锁定X轴，在X的右侧输入240，如图14-19所示。

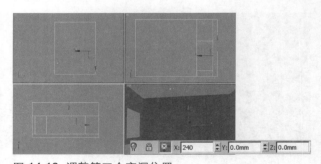

图 14-19 调整第三个窗洞位置

20 选择最后一条之前连接出来的线段，将它捕捉到刚调整好的线段上，窗洞的宽度为120，所以，锁定X轴，在X的右侧输入120，如图14-20所示。

21 用同一种方法制作出门洞，在这里，门的高度为210，宽度为99。进入到面子对象层级中，选择之前制作的三个窗洞和门洞的面，并将它们删除，如图14-21所示。

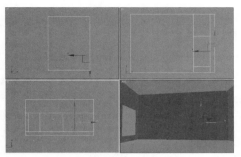

图 14-20 调整边位置

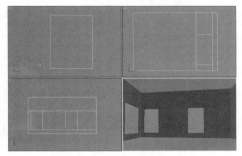

图 14-21 删除窗洞效果

22 进入线段子对象层级中，将窗洞和门洞的边全部选中，如图14-22所示。

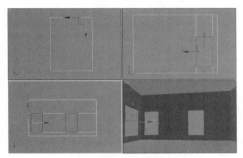

图 14-22 选择门窗洞线

23 保持线段被选中状态，在修改面板中执行挤出命令，将门、窗洞的墙面挤出，将墙的厚度设置为24，如图14-23所示。

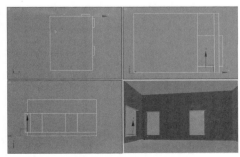

图 14-23 挤出墙面

24 进入面子对象层级，选择地面，执行修改面板中的分离命令，将分离名称设置为地面，如14-24所示。

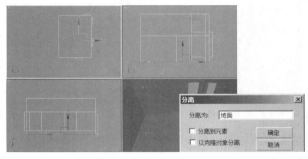

图 14-24 将地面分离出

25 进入线段层级，选择地面的两条边，在修改面板中执行连接命令，将连接边分段数设置为2，单击确定按钮，如图14-25所示。

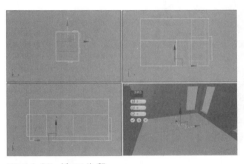

图 14-25 地面分段

26 将连接出的两条线选中，再次在修改命令面板中执行连接命令，将连接边分段数设置为2，并调整好位置，作为浴池槽，如图14-26所示。

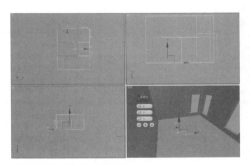

图 14-26 调整浴池槽

27 由于浴池槽的深度是69，所以，进入面子对象层级中，选择之前调整好的浴池槽的面，在修改面板中执行挤出命令，将挤出高度设置为69，如图14-27所示。

图14-27 挤出深度

28 在顶视图中创建一个长度为320，宽度为50，高度为8的长方体，作为洗浴间的台面，并将长方体台面转换为可编辑多边形，将它修改成效果如图14-28所示，将两个洗漱盆的槽制作出来。

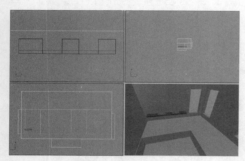

图 14-28 创建台面

29 在顶视图中继续创建顶面栅格，效果如图14-29所示。

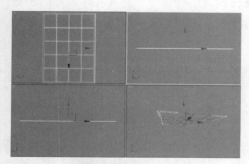

图 14-29 创建顶面栅格

30 在前视图中创建宽度为345，高度为60，长度为2的长方体，作为镜面，并将它复制两个，对齐在墙面上，根据墙面的尺寸进行调整镜面的尺寸，如图14-30所示。

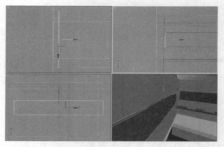

图14-30 调整浴池槽

31 将场景模型合并到场景中来，效果如图14-31所示。

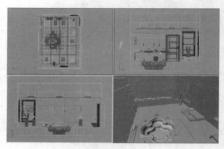

图14-31 合并模型

32 在视图中创建两个反光板，如14-32所示。

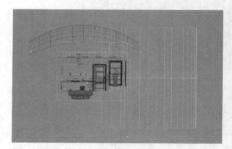

图 14-32 添加反光板

14.2 为场景布置灯光

到这里，敞开式厨房的模型就制作完成了，下面就要检查模型是否有问题，比如破面、漏光和重面等问题。

33 首先设定一个通用的材质球，来代替场景中的所有物体的材质。把漫反射通道中的颜色设置为R：230，G：230，B：230，给它一个230的灰度主要是因为让物体对光线的反弹更充分，如图14-33所示。

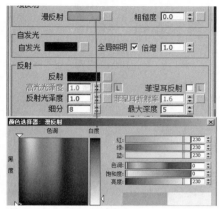

图14-33 设置测试材质球

34 按快捷键【F10】键将渲染面板打开，在通用面板中设置渲染图像的尺寸，图像高度为320，宽度为240，由于这里是测试材质渲染效果图的尺寸，所以不要把尺寸设置大了，如图14-34所示。

图14-34 设置测试尺寸

35 在这里用VRay渲染器渲染图像，所以将默认的渲染窗口关闭，如图14-35所示。

图 14-35 关闭默认窗口

36 设置帧缓冲区卷展栏。勾选"启用内置帧缓冲区"复选框，如图14-36所示。

图 14-36 设置帧缓冲区

37 设置全局开关卷展栏。将默认灯光复选框去掉勾选，将"覆盖材质"复选框勾选，并将设置好的测试材质复制到覆盖材质右侧的按钮上，这样场景中的材质就会被测试材质所覆盖，如图14-37所示。

图 14-37 设置全局光参数

38 设置图像采样器卷展栏。将图像采样器的类型设置为固定，并将抗锯齿过滤器关闭，为了加快测试渲染速度，将细分值设置为1，如图14-38所示。

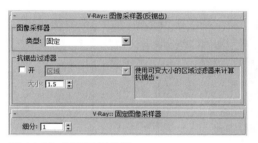

图 14-38 设置采样参数

39 设置间接照明卷展栏。将首次反弹全局照明引擎设置为发光图，将二次反弹全局照明引擎设置为灯光缓存，如图14-39所示。

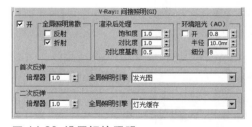

图 14-39 设置间接照明

40 设置发光图卷展栏。为了加快测试渲染速度，将当前预置设置为自定义，最小比率和最大比率都设置为-4，将半球细分设置为30，如图14-40所示。

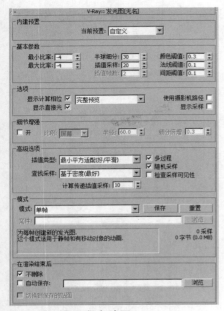

图14-40 设置发光贴图

41 设置灯光缓冲卷展栏。同样也是为了加快测试渲染速度，将细分设置为300，如图14-41所示。

图 14-41 设置灯光缓存

42 设置颜色贴图卷展栏。将颜色贴图类型设置为线性倍增，并将伽马值设置为2.2，如图14-42所示。

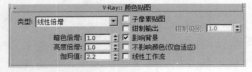

图 14-42 设置颜色贴图

43 在视图中添加一个目标摄像机，在透视图中按键盘【C】键，进入到摄像机视图，调整好摄像机的位置和参数，打开安全边框，如图14-43所示。

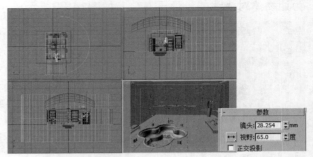

图14-43 添加目标相机

44 通过观察摄像机视图可以看出，图中的物体都有所倾斜，选中目标相机，不要选择目标点，按鼠标右键在出现的菜单中选择应用摄影机校正修改器，将图像进行校正，效果如图14-44所示。

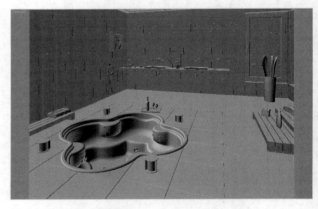

图 14-44 相机校正效果

45 接着在顶视图中创建VRay穹顶灯，并设置它的单位为默认，亮度值为12，将灯光的颜色设置为淡蓝色，如图14-45所示。

46 上面把测试渲染的参数都调节好了，灯光也调整好了，下面开始渲染测试效果图，观察模型是否有问题，渲染效果如图14-46所示。

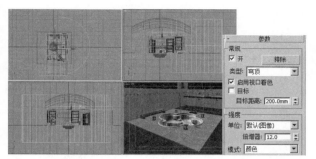

图 14-45 添加测试灯光

图 14-46 渲染测试

14.3 设置主体材质

通过对渲染图像的观察，可以发现模型没有出现什么问题，接下来开始制作场景中的材质。

47 首先是地板材质，墙面是由两种材质构成，黑胡桃和黑漆。按快捷键【M】键打开材质编辑器。选择多维/子对象基本材质将设置数量设置为2，如图14-47所示。

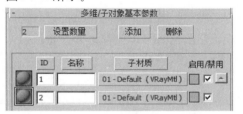

图 14-47 设置发光贴图

48 选择第一个材质球，将漫反射颜色的RGB值都设置为8，如图14-48所示。

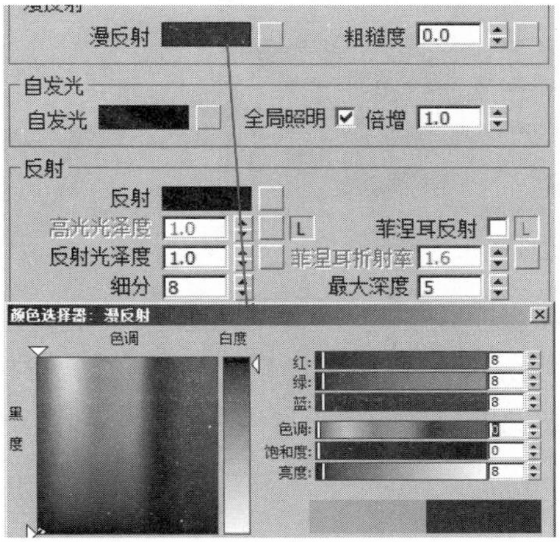

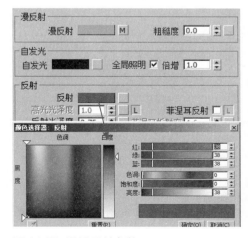

图 14-48 设置漫反射颜色

49 选择第二个材质球，在漫反射通道中添加贴图，如图14-49所示。

图 14-49 添加贴图

50 设置反射通道参数。将反射通道中颜色的RGB值都设置为38，将光泽度设置为0.75，将细分设置为10，如图14-50所示。

图 14-50 设置反射参数

403

51 到这里，地板材质就制作完成了，地板材质球效果如图14-51所示。

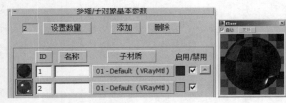

图 14-51 地板材质球效果

52 接着制作墙体材质，由于墙面的颜色不是纯白色的，所以在漫反射通道中，将它的颜色设置为RGB值都为252的值，如图14-52所示。

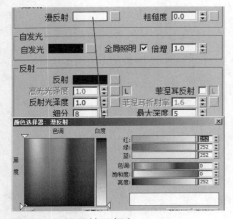

图 14-52 设置墙面颜色

53 在凹凸通道中添加噪波命令，并将凹凸值设置为13，将噪波大小设置为25，如图14-53所示。

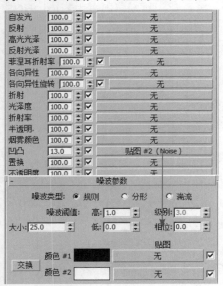

图 14-53 相机矫正

54 到这里墙面材质就制作完成了，它的材质球效果如图14-54所示。

图 14-54 墙面材质球效果

55 下面设置墙裙材质，在漫反射通道中添加位图贴图，如图14-55所示。

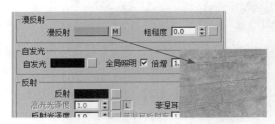

图14-55 添加位图贴图

56 观察墙裙的特点，表面带有高光和折射，在反射通道中，设置它颜色的RGB值都为35，将反射光泽度设置为0.85，如图14-56所示。

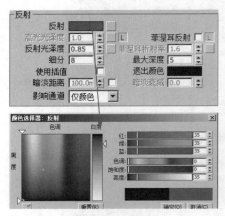

图 14-56 设置墙裙反射参数

57 由于墙裙材质也带有一定的凹凸现象，在贴图卷展栏中，将漫反射通道的贴图复制到凹凸通道中，并设置凹凸值为15，如图14-57所示。

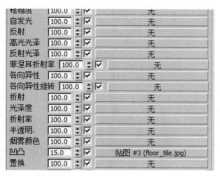

自发光 100.0 无
反射 100.0 无
高光光泽 100.0 无
反射光泽 100.0 无
菲涅耳折射率 100.0 无
各向异性 100.0 无
各向异性旋转 100.0 无
折射 100.0 无
光泽度 100.0 无
折射率 100.0 无
半透明. 100.0 无
烟雾颜色 100.0 无
凹凸 15.0 贴图 #3 (floor_tile.jpg)
置换 100.0 无
图 14-57 设置凹凸值

58 到这里墙裙材质就设置完成了，它的材质球效果如图14-58所示。

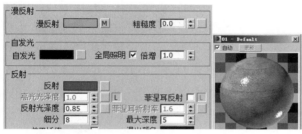

漫反射
漫反射 M 粗糙度 0.0
自发光
自发光 全局照明 倍增 1.0
反射
反射
高光光泽度 1.0 L 菲涅耳反射 L
反射光泽度 0.85 菲涅耳折射率 1.6
细分 8 最大深度 5
01 - Default
自动 更新
图 14-58 墙裙材质球效果

59 下面要制作的装饰瓷砖材质和墙裙材质的制作方法差不多，在漫反射通道中添加位图贴图，如图14-59所示。

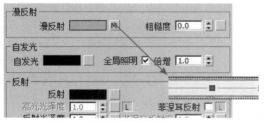

漫反射
漫反射 M 粗糙度 0.0
自发光
自发光 全局照明 倍增 1.0
反射
反射
高光光泽度 1.0 L 菲涅耳反射 L
图 14-59 添加装饰瓷砖贴图

60 设置反射通道参数。将反射通道中颜色的RGB值都设置为35，将反射光泽度设置为0.85，将细分设置为8，如图14-60所示。

61 由于装饰瓷砖材质也带有一定的凹凸现象，在贴图卷展栏中，将漫射通道的贴图复制到凹凸通道中，并设置凹凸值为15，如图14-61所示。

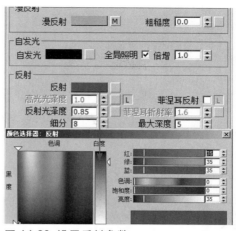

漫反射
漫反射 M 粗糙度 0.0
自发光
自发光 全局照明 倍增 1.0
反射
反射
高光光泽度 1.0 L 菲涅耳反射 L
反射光泽度 0.85 菲涅耳折射率 1.6
细分 8 最大深度 5
颜色选择器：反射
色调
白度
黑
度
红: 35
绿: 35
蓝: 35
色调: 0
饱和度: 0
亮度: 35
图 14-60 设置反射参数

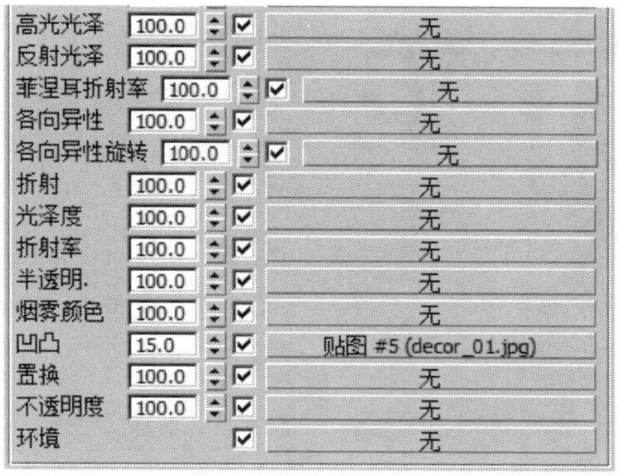

高光光泽 100.0 无
反射光泽 100.0 无
菲涅耳折射率 100.0 无
各向异性 100.0 无
各向异性旋转 100.0 无
折射 100.0 无
光泽度 100.0 无
折射率 100.0 无
半透明. 100.0 无
烟雾颜色 100.0 无
凹凸 15.0 贴图 #5 (decor_01.jpg)
置换 100.0 无
不透明度 100.0 无
环境 无
图14-61 设置凹凸

62 到这里装饰瓷砖材质就制作完成了，它的材质球效果如图14-62所示。

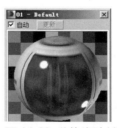

01 - Default
自动 更新
图 14-62 装饰瓷砖材质球效果

63 下面制作大理石材质，选择一个VRay材质球，在漫反射通道中添加位图贴图，如图14-63所示。

64 设置反射通道参数。由于大理石带有一定的反射和相对较小的高光，所以将反射通道中的颜色设置为RGB值都为35的值，将光泽度设置为0.85，将细分设置为8，如图14-64所示。

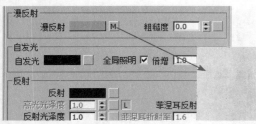

图 14-63 添加大理石贴图

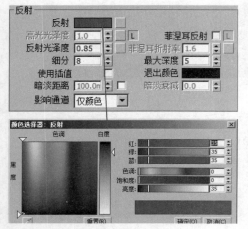

图 14-64 设置反射参数

65 由于大理石材质也带有一定的凹凸现象，在贴图卷展栏中，将漫射通道的贴图复制到凹凸通道中，并设置凹凸值为15，如图14-65所示。

图 14-65 设置大理石凹凸值

66 大理石材质设置完成了，它的材质球效果如图14-66所示。由于木纹材质带有一些反射，所以将反射通道中的颜色的RGB值都设置为40，将高光光泽度设置为0.65，将光泽度设置为0.75，将细分设置为10，如图14-66所示。

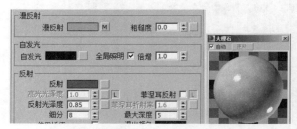

图 14-66 大理石材质球效果

14.4 设置家具材质

67 下面开始制作木纹材质，在漫反射通道中添加木纹贴图，如图14-67所示。

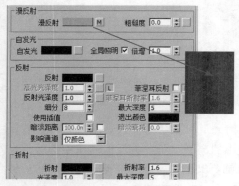

图14-67 设置木纹材质漫射参数

68 由于木纹材质带有一些反射，所以将反射通道中的颜色的RGB值都设置为40，将高光光泽度设置为0.65，将反射光泽度设置为0.75，将细分设置为10，如图14-68所示。

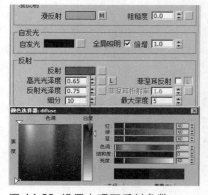

图 14-68 设置大理石反射参数

69 由于木纹材质表面也带有一定的凹凸现象，在贴图卷展栏中，将漫反射通道的贴图复制到凹凸通道中，并设置凹凸值为25，如图14-69所示。

图 14-69 设置木纹凹凸值

70 到这里木纹材质就制作完成了，木纹材质球效果如图14-70所示。

图 14-70 木纹材质球效果

71 下面制作金属材质。在漫反射通道中把颜色设置为R：60，G：60，B：60。如图14-71所示。

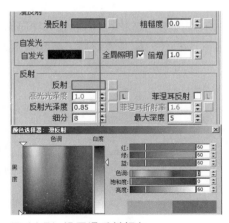

图 14-71 设置漫反射颜色

　　由于金属材质带有一定的反射现象，所以在反射通道中把颜色设置为R：150，G：150，B：150，并将反射光泽度设置为0.85，如图14-72所示。

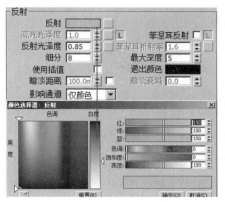

图 14-72 设置金属材质反射参数

72 到这里，金属材质就制作完成了，金属材质球效果如图14-73所示。

图 14-73 金属材质球效果

73 白瓷材质的制作。由于这里制作的是白瓷材质，所以将漫反射通道中的颜色的RGB值都设置为250，如图14-74所示。

图 14-74 设置白瓷颜色

74 由于白瓷材质带有一定的反射现象且带有较小的高光，所以在反射通道中把颜色设置为R：35，G：35，B：35，并将反射光泽度设置为0.9，如图14-75所示。

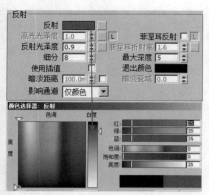

图 14-75 设置白瓷反射参数

75 白瓷材质制作完成，它的材质球效果如图14-76所示。

图 14-76 白瓷材质球效果

14.5 设置装饰品材质

76 下面接着设置浴巾材质。在漫反射通道中添加浴巾贴图，如图14-77所示。

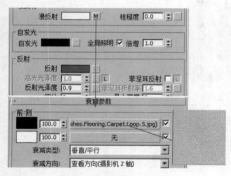

图14-77 添加浴巾贴图

77 在凹凸通道中指定一张凹凸贴图，并将凹凸值设置为80，将模糊值设置为0.2，如图14-78所示。

图 14-78 设置凹凸值

78 浴巾材质设置好了，它的材质球效果如图14-79所示。

图 14-79 浴巾材质球效果

79 设置酒瓶材质。酒瓶材质是由玻璃，纸标签和金属瓶盖三种材质构成的。按快捷键【M】键打开材质编辑器。选择多维/子对象基本材质，将设置数量设置为3，如图14-80所示。

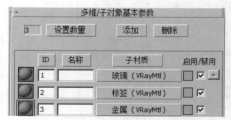

图 14-80 使用多维子材质

80 在漫反射通道中设置RGB的值都为8，作为酒瓶的颜色，如图14-81所示。

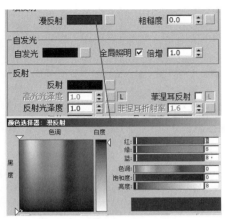

图 14-81 设置酒瓶颜色

81 由于酒瓶材质带有一定的反射现象，而且表面带有相对较小的高光，所以在反射通道中把颜色设置为R：45，G：45，B：45，并将反射光泽度设置为0.9，如图14-82所示。

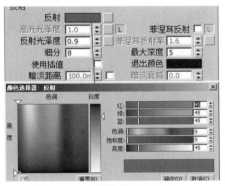

图 14-82 设置反射参数

82 这样玻璃材质就制作完成了，下面开始制作标签材质，打开第二个材质球，在漫反射通道中添加一张标签贴图，如图14-83所示。

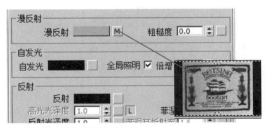

图 14-83 添加标签贴图

83 接着制作漫反射颜色，将漫反射通道中颜色的RGB值都设置为0，如图14-84所示。

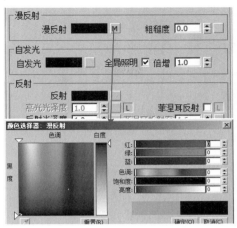

图 14-84 设置金属漫反射颜色

84 在反射通道中设置金属的颜色，由于金属的光泽度相对较小，所以，将反射光泽度设置为0.8，将细分值设置为7，如图14-85所示。

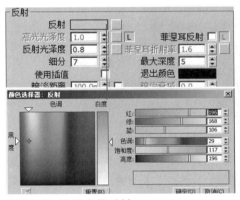

图 14-85 设置金属反射

85 将金属的折射率设置为0.47，为了让金属看起来更细腻，将它的细分值设置为50，如图14-86所示。

图 14-86 设置金属折射

86 到这里，酒瓶材质就制作完成了，它的材质球效果如图14-87所示。

图 14-87 酒瓶材质球效果

87 下面设置镜面材质。选择一个VRay材质球，将漫反射通道中的颜色设置为RGB都为0的纯黑色，如图14-88所示。

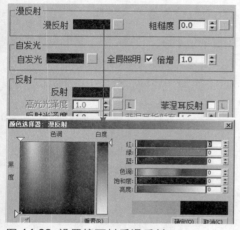

图 14-88 设置镜面材质漫反射

88 如果把镜面的反射颜色设置为纯白色，镜面的渲染效果会发灰，所以，在反射通道中，将漫反射颜色设置为RGB值都为250，如图14-89所示。

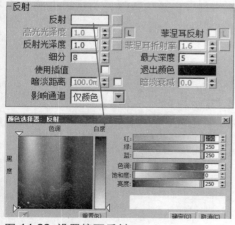

图 14-89 设置镜面反射

89 在折射参数面板中，将镜面的折射率设置为1.01，其他参数保持默认，如图14-90所示。

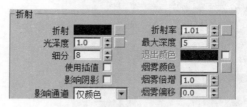

图 14-90 设置折射参数

90 到这里镜面材质设置完成，它的材质球效果如图14-91所示。

图 14-91 镜面材质球效果

91 下面开始制作玻璃材质。玻璃材质在生活中是非常常见的，它不仅有反射而且有折射。所以在漫反射通道中，将玻璃的漫反射颜色设置为RGB值都为0的纯黑色，如图14-92所示。

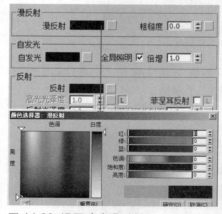

图 14-92 设置玻璃漫反射

92 接着在反射通道中将漫反射颜色设置为RGB值都为250，将玻璃的反射光泽度设置为0.98，将细分值设置为3，将衰减方式设置为菲涅耳，如图14-93所示。

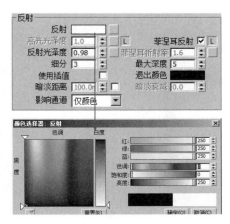

图 14-93 设置玻璃反射

93 设置玻璃的折射参数。将折射通道中的颜色设置为RGB值都为253，将玻璃的折射率设置为1.517，并将细分设置为50。为了让光线透过玻璃，勾选影响阴影复选框，如图14-94所示。

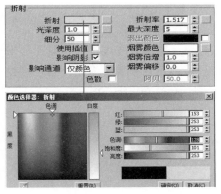

图14-94 设置玻璃折射

94 到这里，玻璃材质就设置完成了，它的材质球效果如图14-95所示。

图 14-95 玻璃材质球效果

95 下面开始设置窗框木头材质。窗框木头材质是由木纹材质组成的，运用多维/子对象材质，并将数

量设置为2，如图14-96所示。

图 14-96 设置多维子材质

96 选择第一个材质球，用VRay材质设置窗框木头材质。将漫反射通道中的颜色设置为R：255，G：248，B：285，并在漫反射通道中添加贴图，如图14-97所示。

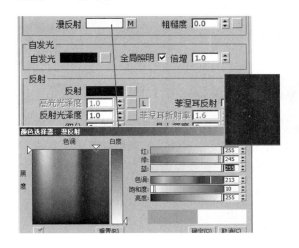

图 14-97 设置漫反射参数

97 将反射通道中的颜色设置为RGB都为20 的值，将高光光泽度设置为0.7，反射光泽度设置为0.8，如图14-98所示。

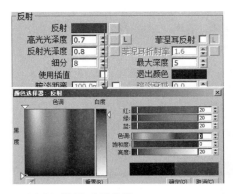

图14-98 设置反射参数

98 第二个材质球的设置和第一个是一样的，这样就把窗框木头的材质球设置完成了，它的材质效果如图14-99所示。

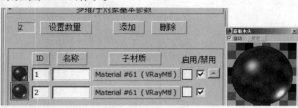

图 14-99 多维子材质球效果

99 设置VRay的灯光材质。在不透明度右侧的按钮中添加灯光材质贴图，如图14-100所示。

图 14-100 添加灯光贴图

100 灯光材质球效果如图14-101所示。

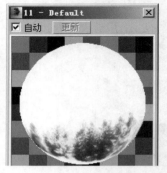

图 14-101 灯光材质球效果

101 到这里，场景中的材质就设置完成了，下面开始渲染光子图。

14.6 设置光子图渲染参数

102 按键盘上的【F10】键，打开"渲染场景"对话框，打开全局开关卷展栏，取消默认灯光复选框，勾选不渲染最终的图像复选框，如图14-102所示。

图 14-102 设置全局开关

103 打开间接照明卷展栏，勾选开复选框，设置首次反弹的全局照明引擎为"发光图"模式，设置二次反弹的全局照明引擎为"灯光缓存"模式，如图14-103所示。

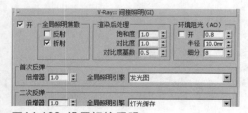

图14-103 设置间接照明

104 打开图像采样（反锯齿）卷展栏，设置图像采样的类型为"自适应确定性蒙特卡洛"，将抗锯齿过滤器的类型设置为Catmull-Rom，如图14-104所示。

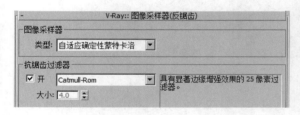

图 14-104 设置图像采样器

105 在发光图卷展栏中，设置当前预置为低，设置半球细分为30，勾选显示相位和显示直接光复选框，勾选自动保存复选框，将渲染得到的光子图保存，如图14-105所示。

106 打开灯光缓存卷展栏，设置细分为500，勾选显示相位和显示直接光复选框，勾选自动保存复选框，将渲染得到的光子图保存，如图14-106所示。

图 14-105 设置发光图

图 14-106 设置灯光缓存

107 打开环境卷展栏，将全局光环境复选框打开，将倍增器设置为5.0，如图14-107所示。

图 14-107 设置环境卷展栏

108 将渲染光子图的参数设置好以后，按键盘上的【F9】键渲染光子图，渲染的光子图效果如图14-108所示。

图 14-108 渲染光子图效果

14.7 最终渲染输出

109 下面开始正式渲染图像了。设置最终渲染参数，首先设置最终渲染图像的尺寸，将尺寸设置为宽度为1500，高度为1667。如图14-109所示。

图 14-109 设置最终渲染尺寸

110 设置全局开关卷展栏。取消勾选不渲染最终的图像和最大深度复选框，勾选光滑效果复选框，如图14-110所示。

图 14-110 全局开关最终设置

413

111 在发光图卷展栏中，将当前预置的类型设置为高，如图14-111所示。

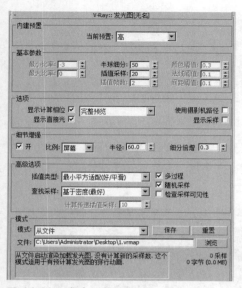

图 14-111 发光图最终设置

112 在灯光缓存卷展栏中，为了让图像更清晰，将细分设置为1 200，如图14-112所示。

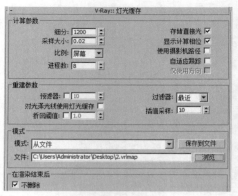

图 14-112 灯光缓存最终设置

113 最终效果如图14-113所示。

图 14-113 最终效果

14.8 Photoshop后期处理

114 将渲染的最终效果图用Photoshop CS4打开，由于图像整体效果比较暗，所以按快捷键【Ctrl+L】键将色阶编辑对话框打开进行调整，将输出色设置为10，如图14-114所示。

图 14-114 调整色阶

115 按键盘快捷键【Ctrt+B】将色彩平衡对话框打开并进行调整，效果如图14-115所示。

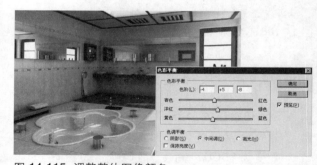

图 14-115 调整整体图像颜色

116 为了让图像更加的清晰，在滤镜菜单栏下选择锐化中的智能锐化，设置锐化数量为百分之90，半径为1像素，效果如图14-116所示。

117 到这里，效果图全部制作完成，最终效果如图14-117所示。

图 14-116 调整整体图像颜色

图 14-117 最终效果

读 者 意 见 反 馈 表

亲爱的读者:

感谢您对中国铁道出版社的支持,您的建议是我们不断改进工作的信息来源,您的需求是我们不断开拓创新的基础。为了更好地服务读者,出版更多的精品图书,希望您能在百忙之中抽出时间填写这份意见反馈表发给我们。随书纸制表格请在填好后剪下寄到:北京市西城区右安门西街8号中国铁道出版社综合编辑部 王宏 收(邮编:100054)。或者采用传真(010–63549458)方式发送。此外,读者也可以直接通过电子邮件把意见反馈给我们,E-mail地址是:lych@foxmail.com 我们将选出意见中肯的热心读者,赠送本社的其他图书作为奖励。同时,我们将充分考虑您的意见和建议,并尽可能地给您满意的答复。谢谢!

所购书名: _____

个人资料:

姓名: _____ 性别: _____ 年龄: _____ 文化程度: _____

职业: _____ 电话: _____ E-mail: _____

通信地址: _____ 邮编: _____

您是如何得知本书的:

☐书店宣传 ☐网络宣传 ☐展会促销 ☐出版社图书目录 ☐老师指定 ☐杂志、报纸等的介绍 ☐别人推荐
☐其他(请指明) _____

您从何处得到本书的:

☐书店 ☐邮购 ☐商场、超市等卖场 ☐图书销售的网站 ☐培训学校 ☐其他

影响您购买本书的因素(可多选):

☐内容实用 ☐价格合理 ☐装帧设计精美 ☐带多媒体教学光盘 ☐优惠促销 ☐书评广告 ☐出版社知名度
☐作者名气 ☐工作、生活和学习的需要 ☐其他

您对本书封面设计的满意程度:

☐很满意 ☐比较满意 ☐一般 ☐不满意 ☐改进建议

您对本书的总体满意程度:

从文字的角度 ☐很满意 ☐比较满意 ☐一般 ☐不满意
从技术的角度 ☐很满意 ☐比较满意 ☐一般 ☐不满意

您希望书中图的比例是多少:

☐少量的图片辅以大量的文字 ☐图文比例相当 ☐大量的图片辅以少量的文字

您希望本书的定价是多少:

本书最令您满意的是:

1.

2.

您在使用本书时遇到哪些困难:

1.

2.

您希望本书在哪些方面进行改进:

1.

2.

您需要购买哪些方面的图书?对我社现有图书有什么好的建议?

您更喜欢阅读哪些类型和层次的计算机书籍(可多选)?

☐入门类 ☐精通类 ☐综合类 ☐问答类 ☐图解类 ☐查询手册类 ☐实例教程类

您在学习计算机的过程中有什么困难?

您的其他要求: